2012—2013

冶金工程技术

学科发展报告

REPORT ON ADVANCES IN METALLURGICAL ENGINEERING AND TECHNOLOGY

中国科学技术协会　主编

中国金属学会　编著

中国科学技术出版社

·北　京·

图书在版编目（CIP）数据

2012—2013冶金工程技术学科发展报告／中国科学技术协会主编；
中国金属学会编著．—北京：中国科学技术出版社，2014.2
（中国科协学科发展研究系列报告）
ISBN 978－7－5046－6530－0
Ⅰ.①2…　Ⅱ.①中…　②中…　Ⅲ.①冶金工业－学科发展－研究
报告－中国－2012—2013　Ⅳ.①TF

中国版本图书馆CIP数据核字（2014）第006363号

策划编辑	吕建华　赵　晖
责任编辑	包明明
责任校对	凌红霞
责任印制	王　沛
装帧设计	中文天地

出　　版	中国科学技术出版社
发　　行	科学普及出版社发行部
地　　址	北京市海淀区中关村南大街16号
邮　　编	100081
发行电话	010-62103354
传　　真	010-62179148
网　　址	http://www.cspbooks.com.cn

开　　本	787mm×1092mm　1/16
字　　数	327千字
印　　张	13.75
版　　次	2014年4月第1版
印　　次	2014年4月第1次印刷
印　　刷	北京市凯鑫彩色印刷有限公司
书　　号	ISBN 978－7－5046－6530－0/TF·25
定　　价	49.00元

2012—2013
冶金工程技术学科发展报告

REPORT ON ADVANCES IN METALLURGICAL ENGINEERING AND TECHNOLOGY

首席科学家 殷瑞钰

专家组成员 （按姓氏笔画排序）

干　勇　王　立　王　喆　王一德　王天义
王运敏　王国栋　王维兴　王筱留　王新华
尹忠俊　冯根生　曲　英　朱　荣　朱苗勇
仲增墉　闫柏军　闫晓强　孙彦广　苏天森
杜　斌　李士琦　李文秀　李维国　李新创
杨天钧　沙永志　沈峰满　张龙强　张寿荣
张欣欣　张泾生　张建良　张春霞　张海军
张家芸　张清东　张福明　陆钟武　陈其安
明世祥　周光华　周国治　郑　忠　赵　沛
施东成　洪及鄙　徐安军　徐金梧　翁宇庆
高　怀　唐　荻　黄礼富　康永林　颉建新
董　瀚　董元篪　韩跃新　温燕明　谢建国
蔡九菊　蔡志鹏　管克智　谭雪峰　戴　坚

学术秘书 倪伟明　罗光敏　高　斌

序

科技自主创新不仅是我国经济社会发展的核心支撑，也是实现中国梦的动力源泉。要在科技自主创新中赢得先机，科学选择科技发展的重点领域和方向、夯实科学发展的学科基础至关重要。

中国科协立足科学共同体自身优势，动员组织所属全国学会持续开展学科发展研究，自 2006 年至 2012 年，共有 104 个全国学会开展了 188 次学科发展研究，编辑出版系列学科发展报告 155 卷，力图集成全国科技界的智慧，通过把握我国相关学科在研究规模、发展态势、学术影响、代表性成果、国际合作等方面的最新进展和发展趋势，为有关决策部门正确安排科技创新战略布局、制定科技创新路线图提供参考。同时因涉及学科众多、内容丰富、信息权威，系列学科发展报告不仅得到我国科技界的关注，得到有关政府部门的重视，也逐步被世界科学界和主要研究机构所关注，显现出持久的学术影响力。

2012 年，中国科协组织 30 个全国学会，分别就本学科或研究领域的发展状况进行系统研究，编写了 30 卷系列学科发展报告（2012—2013）以及 1 卷学科发展报告综合卷。从本次出版的学科发展报告可以看出，当前的学科发展更加重视基础理论研究进展和高新技术、创新技术在产业中的应用，更加关注科研体制创新、管理方式创新以及学科人才队伍建设、基础条件建设。学科发展对于提升自主创新能力、营造科技创新环境、激发科技创新活力正在发挥出越来越重要的作用。

此次学科发展研究顺利完成，得益于有关全国学会的高度重视和精心组织，得益于首席科学家的潜心谋划、亲力亲为，得益于各学科研究团队的认真研究、群策群力。在此次学科发展报告付梓之际，我谨向所有参与工作的专家学者表示衷心感谢，对他们严谨的科学态度和甘于奉献的敬业精神致以崇高的敬意！

是为序。

2014 年 2 月 5 日

前 言

本报告是在中国科协统一部署和领导下，依据《中国科协学科发展研究项目管理实施办法》（2012年修订）的规定，侧重近4年冶金工程技术学科的发展研究编写的。本报告只涉及钢铁相关的冶金工程技术，有色金属冶金等不包括在本报告内。

钢铁冶金工程是国民经济建设的基础行业之一，为机械、能源、化工、交通、建筑、航空航天、国防军工等各行各业提供所需的材料产品。随着冶金新技术、新设备、新工艺的出现以及冶金工程流程学理论和实践的推广应用，钢铁产品将向更洁净和更高性能方向发展，达到资源、能源的高效利用及环境保护和钢铁行业的绿色发展和可持续发展。

本报告分综合报告和专题报告两部分。综合报告对近年来新一代钢铁流程的产业化、低品位难选矿综合利用、高效低成本转炉洁净钢生产技术、大中型高炉高风温和长寿化、冶金装备大型化和智能化、新一代控轧控冷技术、高品质特钢、轧制与品种、节能减排技术的进步、冶金前沿技术的研究与发展等各个方面进行了综述。根据行业发展的形势变化以及学科发展情况，与《2008—2009冶金工程技术学科发展报告》相比，专题报告除保留冶金物理化学、冶金反应工程、钢铁冶金（炼铁、炼钢）、轧制、冶金机械及自动化分学科外，还增加了冶金原料开采与矿物加工工程、冶金热能工程、冶金流程工程学和冶金工厂设计等内容。

共有四十余位冶金行业的专家学者参加了综合报告和专题报告的研究和撰写，首席科学家殷瑞钰院士和相关专家分别对综合报告和各专题报告进行了评审和修改。我们诚挚地向为本报告研究作出贡献的所有专家表示谢意！

本报告可以向国家有关部门和冶金科技工作者提供我国冶金工程技术的新理论、新成果、新技术以及与国外的对比差距、我国的发展方向等有关信息和观点，供大家参考。

由于项目研究时间较紧，学科发展进程把握不够全面，且水平有限，不当之处，敬请读者不吝批评指正。

中国金属学会

2013年10月

目　录

综合报告

专题报告

ABSTRACTS IN ENGLISH

Comprehensive Report

Reports on Special Topics

综合报告

冶金工程技术学科的研究现状与发展前景

一、引言

冶金工程技术学科是工程技术学科中的重要学科，它是推动冶金行业发展的基础和保证。尤其是2008年世界金融危机出现以来，冶金工程技术学科的新发展已经成为中国钢铁工业战胜困难、优化结构、节能降耗，与国民经济其他部分一起实现持续稳定发展最重要的动力[1-3]。

冶金工程技术学科在基础科学研究上，分别在冶金热力学、冶金动力学、冶金熔体和溶液理论、冶金与能源电化学、资源与环境物理化学等多个分支学科，提出一些创新理论、观点及应用成果[4, 5]。例如，①提出了描述硅铝酸盐熔体结构，计算其中氧离子含量，预报复杂熔渣体系黏度和电导率的新模型，建立电导率和黏度的定量关系；②通过实验证明，中国学者提出的气固相反应动力学模型具有普适性，对抗高温氧化的无机材料研制和筛选具有指导作用；③将熔盐电解与碳热还原结合，有效改进了金属钛及合金制备技术；④中科院过程所团队提出以亚熔盐提供高化学活性和高活度的负氧离子的碱金属高浓度离子介质处理钒渣，可提高钒回收率，实现钒铬同步提取的尾渣综合利用。

在冶金技术学科上，既重视单工序、单体设备、单项技术的技术开发和应用研究，更重视系统集成和交叉学科集成的技术研发，如综合利用选矿各种新工艺技术，进行优化组合，解决了我国低品位、难选矿的综合利用水平；大中型高炉利用自主创新技术在高风温、长寿化取得长足的进步；在冶金设备大型化、自动化和智能化上取得新进展。在剖析和优化炼钢各工序流程的基础上进行系统技术集成，提出了高效、低成本洁净钢生产系统技术。新一代控轧控冷技术根据产品组织和性能需要，基于超快冷技术和冷却速度可精确控制、冷却路径可选择的工艺技术，综合利用析出强化、相变强化和细晶强化，同时实现节能减排和提高钢材综合性能的目的。在现代化装备及自动化技术基础上，利用高效低成本的洁净钢生产系统技术，在量大面广的产品上普遍提高了钢材的洁净度、均匀性、强度和韧性的综合性能及质量。在关键品种开发上满足了新兴产业发展的需要（如高铁、超超临界火电机组、高牌号取向和无取向硅钢、核电和航空航天工业等）。推广“三干、三利用”等关键共性技术，进而利用系统节能理论和能量流网络优化技术，使我国吨钢综合能耗、吨钢耗新水、污染物综合排放水平大幅度下降。

进入21世纪以来，冶金热能工程学科在工业领域率先开展了工业生态学的研究，提出“源头治理”是治本，“末端治理”是治标。为进行“源头治理”，本学科把物质的减量化和保护生态环境的视野扩展到产品的整个“生命周期”，即产品设计、原燃料供应、产品生产、产品使用，一直到产品报废后的回收等各环节，都要符合保护生态环境的要求。

现代钢铁企业在发展进程中，提出了要在基础科学、技术科学基础上，发展解决综合性、集成性的工程科学命题，以解决更大尺度、更高层次的复杂性、集成性问题，而这些问题对企业和社会发展极其重要[6,7]。1993年起由中国工程院院士殷瑞钰进行了“冶金流程工程学”探索性研究，在2004年出版了《冶金流程工程学》专著，2011年出版了英文版，2012年该书日译本出版。2013年，殷瑞钰院士又出版了新作《冶金流程集成理论与方法》。这两本书是我国独创的关于冶金流程工程理论的重要著作，把钢铁生产流程中相关的物质流、能量流以及循环过程所涉及的有关要素——功能—结构—效率问题上升到工程科学的层次上来认识、研究和分析，形成冶金流程工程学。冶金流程工程学从宏观层面上研究冶金制造，流程动态运行的物理本质、结构和整体行为。应用这些理论，指导了京唐钢铁公司、重庆钢铁公司等新一代大型钢铁生产流程的设计、建设和运行。沙钢和唐钢等原有生产流程中“界面技术”的优化和改造，也是冶金流程工程学研究成果的应用结晶。

近年来，在冶金前沿技术研究，如薄带铸轧、薄板坯的半无头轧制技术、清洁能源在钢铁生产中应用和低温冶金技术理论和实践等都取得新进展。

根据行业发展的形势变化以及学科发展情况，本年度学科专题报告除保留冶金物理化学、冶金反应工程、钢铁冶金（炼铁、炼钢）、轧制、冶金机械及自动化分学科外，特别增加了冶金原料与预处理、冶金热能工程、冶金流程工程学和冶金工厂设计等分学科。

虽然受到国际金融危机和钢铁工业低利润周期的影响，但国内外钢铁学术交流仍很活跃，冶金科技进步奖和中国金属学会冶金青年科技奖的评审推动了行业的科技进步。2010—2012年度，行业科技成果中有25项获国家发明奖和国家科技进步奖，冶金科技奖一等以上共33项。其中宝钢“特薄带钢高速酸轧工艺与成套装备研究开发”、“低温高磁感取向硅钢制造技术的开发与产业化”和“先进高强度薄带钢制造技术与产业化”分别获“中国钢铁工业协会、中国金属学会冶金科学技术奖”2011年、2012年和2013年度特等奖。冶金科技书籍的出版和期刊优化也是冶金工程技术学科发展的一个重要方面。

近些年来，冶金企业、科研院所和高校重视自主创新能力的提升，既重视国外专利专有技术的消化、吸收、再创新，更重视自主专利技术的申报和专有技术的研发，以及创新方法的推广应用。这是实现钢铁工业结构调整和振兴的强大基础。

2012年，我国钢产量达7.17亿吨，占世界46%以上。国内钢材自给率达104.5%，市场占有率达 97.0%。钢材品种、质量、性能不断提高，已能基本满足国民经济快速发展的需要，大部分企业具备较强的竞争力。但就行业总体上看与世界先进钢铁企业比还存在一定差距。

企业盈利能力下降，自主创新水平仍有待提高，创新环境有待改善，钢铁行业创新支撑体系还有待完善和加强，钢铁前沿技术的研发和应用还需投入更多的财力和人力。我国重点统计企业吨钢 SO_2 排放 2012 年达 1.53kg/t，而新日铁 2009 年为 0.44kg/t。吨钢烟粉尘排放 2012 年我国重点统计企业为 0.99kg/t，而蒂森钢铁集团 2009 年为 0.42kg/t，浦项 2009 年烟粉尘排放为 0.14kg/t，如果考虑烟粉尘无组织排放（这部分没列入统计），差距将更大[8]。部分企业和工序未能达到节能减排，低碳发展国家规定新标准要求，冶金生态文明建设应引起我们高度重视。我国冶金行业发展的原料保障程度低，对外依存度高，发展的资源环境和生态压力不断增大。

本综合报告将就冶金工程技术学科的进展水平及其与国外的比较分析、学科发展展望及对策进行叙述。

二、冶金工程技术学科发展现状

（一）冶金工程技术学科发展的主要成绩

1. 新一代钢铁制造流程已产业化并不断取得较好效果

利用冶金流程工程学为指导，采用新一代可循环钢铁制造流程装备和工艺技术的有关理论，对工厂布置进行优化，对工艺和设备进行优化—协同选择，对生产流程进行整体性集成创新。首先实现产业化的首钢京唐公司投产三年多情况看，新一代钢铁制造流程紧凑、高效、顺畅，各工序优化、衔接匹配，实现了动态—有序运行。

新一代钢铁制造流程发挥钢铁产品制造、能源高效利用、转化和再利用以及消纳社会废弃物三大功能。

新一代钢铁制造流程对国内外行业先进技术高效集成，并进行自主创新，如世界上第一个 $5000m^3$ 级高炉全干式除尘，配有世界最大干熄焦 260t/h 的 7.63m 碳化室高度的大型焦炉，料层厚度 720mm 的 $500m^2$ 大型烧结机。

铁水罐多功能化（接铁、准确称量、运输、全量铁水脱硫、兑入脱磷转炉），取消鱼雷罐车运输、多罐倒包等环节，节约倒罐站建设，减少系统温降和倒罐过程的烟尘排放，节能高效。

工艺上采用全“三脱”（脱硅、脱硫、脱磷），通过铁水罐多功能和 KR 脱硫装置结合，铁水含硫量全部控制在 0.0025% 以下，绝大部分低于 0.001%。通过设计专用脱磷、脱硅转炉和脱碳炉分跨布置，互相衔接，做到高效生产，脱磷炉、脱碳炉生产周期为 20 ~ 28min，比传统转炉炼钢总渣量大幅减少，成本降低，成品［S］、［P］含量可控制在≤ 0.007% 以下。

快速 RH 真空精炼（2 处理工位、3 待机位）和高效板坯连铸（＞ 2m/min）、高效轧制（包括超快冷），具世界一流水平。

国内许多后续新建厂和一些老厂改造，都参照这些理念和工艺、设备的新集成技术，“十一五”重大科技发展支持项目“新一代可循环钢铁制造流程装备与工艺技术”的 15 个课题研究成果对完善设计、制造、施工和运行都取得较好的效果。

2. 低品位难选矿综合利用达世界先进（领先）水平

采用重选、磁选、反浮选、电选等几种选矿工艺的优化组合，结合自主开发的大型选矿机械和新浮选药剂，使我国低品位、难选矿综合利用达世界先进（或领先）水平[9]。

鞍山式磁铁矿和赤铁矿采用弱磁选—强磁选—反浮选或磁选—重选—反浮选联合流程，磁铁矿铁品位达 68%，回收率 80%，赤铁矿铁品位 66%，回收率 70%，SiO_2 ＜ 4%，并在国内推广应用。

攀枝花钒钛磁铁矿和承德钒钛磁铁矿，采用磁选、重选、浮选—电选及强磁—浮选联合流程，回收钒钛矿中的铁、钒、钛。开发出 V_2O_5、V_2O_3、VFe、VN 合金、含氮钒铁、钒电池等产品和相关工艺技术。

从钒钛矿尾矿中提钛，已能生产高钛渣、钛白粉、海绵钛、金属钛及钛合金等，此工艺技术在西昌新基地上得到应用，并促进国家关于攀西、承德和滇中三大产业基地的建设。

白云鄂博矿综合回收铁和稀土。

菱铁矿经特殊处理后可使精矿铁品位达 61%，成本达可经济开采的水平，并被钢铁企业采用。

3. 高效低成本转炉洁净钢生产技术已达国际先进水平

利用冶金物理化学理论，剖析炼钢工艺过程，与传统转炉工艺相比，提出了从铁水预处理、转炉炼钢到连铸更高效、更低成本的洁净钢生产系统技术。其关键工艺和技术应包括[10]：

高效 – 低成本铁水预处理技术

高效 – 长寿转炉冶炼技术

快速 – 协同的二次精炼技术

高速 – 无缺陷的全连铸技术

简捷 – 优化的流程网络技术

动态 – 有序的物流技术

达到：

生产高效化　冶炼周期可≤ 25min

钢水洁净化　转炉终点［S+P］≤ 150×10^{-6}，终点［O］≤ 350×10^{-6}

控制智能化　终点控制精度［C］≤ ±0.01%，温度≤ ±10℃，命中率≥ 90%，自动化炼钢率≥ 90%

炼钢生产过程绿色化　实现炼钢全工序负能炼钢，转炉钢渣、粉尘利用率≥ 90%

近三年来，中国钢铁工业铁水预处理和钢水精炼都有长足进步，行业铁水预处理率已达 65% 以上，钢水精炼比已达 70% 以上。铁水预处理中，机械搅拌脱硫法发展加快，而以转炉脱［Si］、脱［P］为特点的新一代铁水“三脱”技术已成为发展亮点。

最近两年，首钢和北京科技大学以及部分院校与钢厂合作对转炉“留渣 + 双渣”少渣炼钢进行开发和试生产，都取得了大幅度降低熔剂与钢铁料消耗、降低成本的良好效果。

4. 大中型高炉利用自主创新技术在高炉高风温和长寿化上取得长足进步

采用我国自主研发的顶燃式热风炉技术及空气、煤气双预热，以及热风炉围管、阀门保温、保养技术及高炉优化操作等技术，使我国多座大型高炉保持 1250 ± 50℃持续的高风温。特别是采用单烧低热值煤气（Q ≤ 3000kJ/m^3 左右）达到风温 1280 ± 20℃整套高风温技术[11, 12]。

采用科学的高炉设计炉型、耐火材料的选择和布置，冷却系统的匹配等优秀设计，严把耐火材料质量和施工质量关，完善检测手段，严格控制原燃料中碱金属和锌负荷，精心操作和科学护炉，使我国有些企业大中型高炉寿命接近 20 年[13, 14]。

5. 冶金装备大型化、自动化、智能化方面取得良好进展

近三年来，我国不仅自主设计、制造、投产了 4000m^3 及 5000m^3 级特大型高炉及配套特大型焦化、烧结、球团设备，其自动化、智能化达国际先进水平，自主研发了 200t 级电炉成套设备，世界最大断面圆坯连铸机，特大方矩型连铸机、特厚板坯连铸机也达到国际先进水平。我国自主研发的 400t 级矿用汽车和大型模锻设备已实现国产化。轧钢设备的进步也十分显著：2000mm 以下宽带钢连轧机组和 4000mm 以下中厚板生产机组完全由我国自主集成，并全部实现国产化。冷轧机组国产化已从单机架向连轧机推进，从普冷板轧机向汽车板、镀锡板、不锈钢板、硅钢板轧机推进，从中宽带轧机向宽带轧机推进。宝钢梅钢 1420 酸洗冷连轧机组建成投产，标志着我国酸洗冷连轧技术装备自主集成能力迈上新台阶，该机组完全由我国自主设计、自主集成，国产化率达 100%[15, 16]。

6. 新一代控轧控冷技术达到国际先进水平

我国自主研发并在近几年内迅速推广的新一代控轧控冷技术的基本原理是：①在奥氏体区间，在适于变形的温度区间内完成连续大变形和应变的积累，得到硬化奥氏体；②在轧后立即进行超快冷，使轧件迅速通过奥氏体相区，保持轧件奥氏体硬化状态；③在奥氏体向铁素体相变的动态相变点终止冷却；④后续依照钢材组织和性能的需要进行冷却路径的控制。即通过采用适当控轧 + 超快速冷却 + 接近相变点温度停止冷却 + 后续冷却路径控制来实现资源节约、节能减排的钢铁产品制造过程[17, 18]。可节约合金用量 30% 或提高钢材强度 100 ~ 200MPa，大幅度提高冲击韧性，节约钢材使用量 5% ~ 10%，有的产品可提高生产效率 35%，工序节能 10% ~ 15%。

7. 特钢企业走“专精特新”的发展道路，满足高品质特钢的需求

特钢企业在高品质特钢升级中，采用电渣重熔、真空冶炼等高洁净度冶炼技术，精确控制化学成分和夹杂物，采用凝固组织控制，达到细晶化、均质化、钢材表面质量和尺寸精度控制、钢材探伤和精整热处理等技术，形成我国特殊钢四大先进生产工艺流程，即特殊钢棒线材、特殊钢扁平材、特殊钢无缝管材、特殊钢锻材与锻件四类特钢生产流程。

高品质特殊钢质量得到较大提高，轴承钢氧含量可降低到 4×10^{-6}，齿轮钢带状组织可控制到一级，轴承钢的碳偏析可控制到 1.10，非调质钢的碳含量可控制在 ±0.02% 范围内，易切削钢的硫含量控制在 ±0.015% 范围内，热轧棒材尺寸精度可控制在 ±0.1mm。我国特钢企业可按照国际组织标准和大多数国家标准（ISO、GB、ASTM、JIS、DIN 等）组织生产[19-21]。

300 系奥氏体不锈钢板材和 400 系铁素体不锈钢板材在家居和工业各领域获得广泛应用。

特钢企业已能生产大多数汽车用特殊钢棒线材，石油开采用各种强度级别和特殊扣的无缝管材，电站用超超临界火电机组用锅炉管、转子钢、叶片钢，核电换热器用耐蚀合金 U 型管和大飞机用特殊钢。

8. 利用结晶学和相变理论为指导，完善细晶钢轧制理论和改进工艺，在量大面广的产品升级和关键品种开发上取得较好效果

包括采用强力轧制形变诱导铁素体相变以及相变和形变耦合的组织超细化理论和技术，以及针对低碳（超低碳）微合金贝氏体钢中温转变组织细化的理论和技术等。

建筑用钢材如 ≥ 400MPa 螺纹钢、抗震钢筋、高强度硬线，在钢结构中高强度抗震、耐火、耐候钢板和 H 型钢得到推广应用。造船用高品质耐蚀钢板，大型液化天然气（LNG）运输船用低温压力容器板。汽车用 700MPa 大梁钢，780 ~ 1500MPa 高强汽车板，超高强度帘线钢，高强镀锌板和高表面质量汽车板批量生产。研发了家电用薄规格、防指纹镀铝锌板，热镀锌无铬钝化板，无铬彩涂板，电工钢环保涂层板；电力工业用超临界、超超临界火电机组用耐热、耐高压管；核电机组用高性能不锈钢、合金钢管，低铁损、高磁感的硅钢、非晶带材等。特别是低温工艺生产高牌号取向硅钢（HiB）在宝钢和武钢等企业取得突破，并成功应用在我国三峡重点工程中。X80 厚规格管线钢已有多家企业可以生产。

9. 钢铁行业节能减排技术的研发和推广取得新成绩

钢铁行业以系统节能理论和技术为指导，以余热余能高效转化回收与利用为重点，近年来加大对节能减排、环境保护、污染物治理和废弃物的综合利用等方面的投入，重点推广了“三干三利用”节能减排技术（干法熄焦，高炉煤气干法除尘，转炉煤气干法除尘，

水综合利用，副产煤气利用，高炉渣、转炉渣综合利用）[22, 23]。

2010年11月我国已建成干熄焦达104套，能力10117万吨/年，重点统计钢铁企业焦化干熄焦率已达83%，居世界第一。高炉煤气干法除尘余压发电（TRT）2010年已达597套，居世界第一。转炉煤气干法除尘49套。重点统计企业焦炉煤气利用率达98.2%，高炉煤气利用率达95%，高炉渣综合利用率达97.4%，转炉渣综合利用率达93.1%，吨钢综合能耗由2005年694kgce/t降到2010年604.5kgce/t。我国吨钢SO_2排放由2005年的2.89kg/t下降到2012年的1.53kg/t，吨钢烟粉尘排放由2005年的2.22kg/t下降到2012年的0.99kg/t，吨钢耗新水由2005年的8.66m^3/t下降到2012年的3.75m^3/t。

以"能量流"运行规律，"能量流网络"优化为重点，40多家钢铁企业完成企业级能源管控中心建设，具备能量流网络化运行和控制。以产业生态学为指导，建设一批具有国际先进水平的清洁生产、环境友好型企业，使钢铁企业社会形象有很大改善。

10. 冶金前沿技术

薄带铸轧：宝钢进行了9年的中试后，于2012年开始自主设计、施工、计划在宁波建设我国第一条50万吨/年薄带铸轧生产线。北科大与华菱合作开发薄板坯半无头轧制技术取得较好效果[24]。

清洁能源在钢铁生产中应用：风能太阳能已在鞍钢鲅鱼圈和重钢等钢铁企业中得到应用[25]。

低温冶金：通过细磨铁矿粉并运用催化等手段研究加快铁矿粉在较低反应温度下的还原速度的理论和方法，为开发低能耗、低碳排放、高效的炼铁新工艺进行探索。

11. 学术交流、学术专著、人才培养等方面

（1）2010—2012年由中国金属学会主办的国内外学术交流299次，其中国际学术交流22次，发表论文16223篇，外方论文1069篇，参加人数共36798人，其中境外专家学者963人。第十届国际轧钢大会、第五届亚洲钢铁大会等在中国召开。

（2）学科研发成果获奖率和水平提高。2010—2013年评出3项冶金科学技术奖特等奖，并有306项成果分获冶金科学技术奖一、二、三等奖，4人获中国青年科技奖，2010—2012年共有25项冶金科技成果获国家发明奖和国家科技进步奖，2人获光华工程科技奖。2010年和2012年评出中国金属学会冶金青年科技奖26人，冶金先进青年科技工作者36人[26, 27]。

（3）学科专著出版量增加。期刊水平有新的提高，《金属学报》《材料与科学技术》英文版分别获2012年中国科协精品期刊和重点资助期刊。

（4）学科人才培养机制有新进步。以冶金工程技术学科为主要专业的北科大、东大等重点高校实施"211"工程三期、"985"工程、"优秀学科创新平台"建设，高校和科研院所、国家重点工程技术研究中心已达12个，国家重点实验室16个，国家工程实验室已达5个，国家工程研究中心已达10个[28]（参见表1）。

表 1　2009 年我国钢铁工业创新体系建设情况

创新型企业（家）	重点企业科技机构	国家重点实验室	国家工程实验室	国家重点工程技术中心	国家工程研究中心	企业技术中心
17	218	16	5	12	10	33

（二）冶金工程技术学科有关二级学科的主要发展成就

1. 冶金物理化学主要进展

（1）复杂熔渣体系物理性能的预报。提出描述硅铝酸盐熔体（如高炉渣等）结构，计算其中氧离子含量，预报复杂熔渣体系黏度和电导率模型。

（2）在冶金反应过程热力学上，中外专家合作进行炉渣脱硫能力、脱磷能力和相关熔渣相图的研究，并取得一定成绩。

（3）在冶金反应过程动力学上，提出气固相反应动力学新模型，该模型描述材料（如镁碳砖、AlN 等）等高温氧化动力学预报具有普适性。

（4）在资源和环境物理化学上，中科院过程所提出应用于两性金属（如 Cr、V、Ti、Al、Nb、Ta 等）的清洁生产和绿色过程的基础理论研究和应用。如用亚熔盐提供高化学活性和高活度的负氧离子的碱金属高浓度离子介质，用于处理钒渣，可提高钒的回收率，实现钒、铬同步提取和实现尾渣的综合利用。

2. 冶金反应工程学主要进展

（1）在电弧炉炼钢中，探讨了高马赫条件下描述氧枪射流流场的合理湍流模型，并在高效节能的集束氧枪中应用。

（2）考虑到高拉速薄板坯连铸结晶器内钢液的强烈非稳态湍流状态，分别利用大涡模拟及雷诺 $k-\varepsilon$ 模型描述结晶器内的湍流场，证明大涡模拟可以捕捉更多的随机漩涡，对结晶器内的瞬时流场预报更准确。

（3）铁矿粉的“低温还原”，研究了粒度小于 200 目（80μm）的铁氧化物具有更易于还原的热力学条件。研究了微米级尺度的铁氧化物气相还原过程，可在 1000℃以下达到工业化应用的还原速率。

3. 冶金原料与预处理主要进展

（1）露天地下联合开采。针对露天转地下开采难题，有关单位合作研究提出了三阶段开采理论（即矿体露天开采、露天转地下开采、地下开采）；露天深部矿体地下开采的合理界限。保持安全覆盖层移动迹线连续性和完整性的控制方法。对我国露天转地下开采和露天地下联合开采起到了较好的理论指导和工程示范作用。

（2）复杂难采矿地下开采技术。针对地下矿山复杂难采矿体，提出“采矿环境再造”

概念，实验研究实施了人工底柱、泄压开采、微震监测等控制技术。“采矿环境再造”这一科学命题的提出，将开采环境再造概念扩展到保证环境不遭到破坏，从根本上打破了传统采矿方法之间的界限，推动采矿技术的进步和发展。

（3）采选过程联合节能。基于选矿多碎少磨原理，从采矿爆破、运输、破碎、磨矿环节综合分析过程能耗与物资消耗、生产效率等指标，建立了理论模型和计算公式。

（4）选矿工艺技术的不断创新。我国铁、锰矿资源赋存条件差，贫、细、杂问题突出，选矿加工难度大，经多年选矿科技攻关及开发高效选矿设备，研发新型浮选药剂，对选矿全流程进行自动化控制，采用重选、磁选、浮选、反浮选、化学浸出等几种选矿工艺的优化组合，使我国低品位、难选共生矿综合选矿技术达国际先进水平。

4. 冶金热能工程学科主要进展

（1）采用系统节能的理论和技术。本学科服务对象从过去的单体设备扩展到生产工序（厂）、联合企业、整个冶金工业，把节能视野从能源扩大到非能源。系统节能理论和技术在钢铁企业得到全面普及和应用，并逐步推广到石化、建材等工业。

（2）深入研究钢铁企业“能量流”的运行规律和“能量流网络”的优化，以及能量流和物质流的相互关系和协同优化，包括能量流生产、回收、净化、存储、分配、使用和管网建设，上下工序之间“界面技术”的开发与应用，使相邻工序实现“热衔接”。钢铁生产过程余热余能的高效回收、转换与梯级利用。有 40 多家企业已建企业级能源管控中心，促进能量流网络优化和动态控制，达综合节能和系统节能的效果。

（3）冶金余热余能的高效转换、回收和利用。余热资源回收利用不仅要看回收热量的多少，还要看回收过程有效能的损失，要坚持“按质回收，温度对口，阶梯使用”。如烧结过程余热回收和利用，我国 66 台烧结机已配余热回收或发电；高炉煤气干法除尘余压发电（TRT）有 597 套，大于 1000M3 高炉 TRT 普及率达 98%；焦炉干式熄焦（CDQ）投产或在建 159 套，钢铁企业 CDQ 普及率 85%，其中采用高温、高压 CDQ 占 80% 左右；转炉煤气除尘及余热回收，国内采用第四代 OG 法除尘和 LT 干法除尘，干法除尘已达 40 余套；焦炉荒煤气显热回收、焦炉煤调湿工艺、副产煤气综合利用，已突破焦炉煤气和转炉煤气制甲醇，制液化天然气等资源节约和综合利用。钢渣处理开发了热焖、热泼、滚筒、风淬等多种处理技术。

（4）进入 21 世纪以来，东北大学利用冶金热能工程学在工业领域率先开展“工业生态学”研究，并组建了“国家环境保护生态工程重点实验室”和“工业生态研究所”。提出“源头治理”是治本，“末端治理”是治标。为了源头治理，应把物质的减量化和保护生态环境的视野扩展到产品的整个生命周期，即从产品的设计、原料的获得、产品的生产、产品的使用，一直到产品使用报废后的回收等各个环节都要符合保护生态环境的要求。

5. 炼铁主要进展

（1）高风温技术。高风温是现代高炉的主要技术特征。为此研发了适合 1280℃送风温度的热风炉结构和操作参数。采用双预热技术，使燃烧单一煤气的热风炉拱顶温度达

1400℃，并采用缩小拱顶温度与送风温度差的具体技术。优化热风管道系统结构，合理设置管道波纹补偿器和拉杆。防止炉壳产生晶间应力腐蚀。使高炉风温保持 1280 ± 20℃水平。

（2）高炉长寿技术。采用合理操作炉型。严把耐火材料（特别是碳砖及碳素捣打料）质量和施工质量。完善监测手段，特别要加强高炉薄弱环节的监测。严格控制炉料中碱金属和锌负荷。精心操作，科学护炉。使我国有些企业高炉寿命接近 20 年。

（3）低温冶金技术理论和应用。研究表明，微细铁矿粉具有纳米晶粒，有助于提高还原气体的利用率。细粒度与催化剂及改善冶金反应传输条件的反应器相结合，能够提高低温反应速度。此项工艺在红土镍矿、钒钛磁铁矿等矿种的低温还原实验室研究中取得成功，正在开发工业性试验。

（4）非高炉炼铁的理论和工艺。宝钢 COREX-3000 经 4 年多实践，在稳定生产、降低成本、提高铁水合格率上都有很大进步，但目前综合技术经济指标仍比不上高炉。转底炉处理冶金污泥及含锌粉尘取得较好效果。处理共生矿进行了一些有益探索（如 VTi 矿、含 Ni 红土泥矿等）。煤制气—竖炉还原，国内也在试验。

6. 炼钢主要进展

（1）铁水脱硫预处理。铁水脱硫预处理工艺目前采用喷吹法和机械搅拌法（包括 KR 法等）两种方法。

最近新建钢厂更多采用机械搅拌式铁水预脱硫。由于铁水和炉渣搅拌强度大，效率高，硫含量可降到 0.001% 以下，脱硫后颗粒状炉渣易于扒除，回硫少，生产优质钢种时不再采用 LF 钢包精炼，显著降低生产成本，提高生产效率。我国在采用机械搅拌法中，除吸收日本 KR 法技术外，在脱硫剂种类和搅拌器结构上都有所创新。

（2）转炉脱磷 + 转炉脱碳炼钢工艺技术。首钢京唐公司在国内首先采用了包括转炉预脱磷和脱硅，处理后铁水在另一转炉在少渣条件下进行脱碳吹炼的新工艺流程。与传统炼钢工艺相比：①炼钢石灰消耗和炉渣生成量大幅度降低；②炼钢周期可缩短至 30min 以内；③炼钢过程控制稳定性提高，出钢下渣少，钢水质量提高；④生产中高碳含量钢时，可以添加 Mn 矿进行直接合金化；⑤冶炼钢水中［S］、［P］含量可稳定地控制在 0.007% 以下；⑥脱碳转炉一次命中率大幅度提高。2 座 300t 脱磷转炉和 3 座 300t 脱碳转炉配合，炼钢周期缩短至 30min 内。

（3）“留渣 + 双渣”少渣炼钢工艺技术。在转炉冶炼前期温度低易于脱磷，并在温度上升至对脱磷不利之前将炉渣部分倒出，然后加入新渣料造渣进行第二阶段吹炼，结束后出钢，将液态炉渣留下，固化、装入废钢、铁水进行下一炉吹炼。由于上炉炉渣为下炉利用，因而显著降低白灰消耗和排放的渣量。在首钢、武钢、沙钢、三明钢铁公司试验后显著减少炼钢渣量，降低钢铁料消耗，外排渣由于低碱度，简化了炉渣处理工艺。

（4）RH 真空精炼装备和工艺技术。近几年来，RH 装置国产化迅速占据主导地位，满足了品种优化和质量提高的要求，并使投资大幅度下降。我国新建 RH 精炼装置在提高真空抽气能力、钢水循环速率、缩短精炼周期、保证冶金效果等高效真空精炼系统技术方面已处于国际领先行列。重钢建成并稳定生产世界上第一台机械真空泵 RH 装置，在大幅节能、提高系统稳定性和优化冶金效果上都具有一定优势，并推广到其他钢厂和VD工艺。

（5）超低氧特殊钢精炼连铸技术。轴承钢、齿轮钢、弹簧钢等高品质特钢要求 T［O］控制在（4 ~ 8）$\times 10^{-6}$ 超低氧含量范围，以提高抗疲劳性能等。采用铝脱氧、高碱度精炼渣、RH 真空精炼，严格保护浇注等工艺，实现超低氧特钢中非金属夹杂物微米尺寸、球状及较低熔点的控制技术。

（6）恒拉速连铸工艺技术。研究证明，拉速变动会改变结晶器内钢水流动状态，造成保护渣卷入、非金属夹杂物增多、拉漏等问题。通过提高炼钢—精炼—连铸协同生产组织水平，严格控制钢水到达连铸平台时间和温度，加强设备检修维护，减少拉漏预报系统误报率等措施，大幅度减少了连铸过程拉速变动。该技术首先是在武钢研发成功，效果明显。在首钢也得到较好应用，以首钢迁钢公司为例，四台板坯铸机恒拉速率（采用规程规定拉速时间 / 全部浇铸时间 ×100）达到 93% 以上，年拉漏次数≤ 1 次，并显著提高了汽车钢板、家电板、电工钢板表面品质。

（7）高拉速板坯连铸技术。首钢京唐公司与北京科技大学合作，采用高拉速连铸结晶器保护渣、优化结晶器铜板结构加强冷却、采用 FC 结晶器（电磁制动）、加强冷却防止铸坯鼓肚，浇铸 237mm 厚铸坯拉速达到 2.3m/min，生产冷轧薄板表面品质未受到影响。连铸浇铸周期由 40 ~ 50min 减少至 32min 左右。

（8）“炼钢—精炼—连铸”快节奏层流式运行技术。最近建成的首钢京唐公司炼钢厂，由于采用“一包到底”—KR 脱硫、转炉脱磷—转炉脱碳炼钢、大循环速率 RH 精炼、高拉速连铸，生产大部分钢种时可将转炉、精炼、连铸各自周期控制在 32 ~ 35min，从而实现“转炉—精炼—连铸”层流式生产组织模式。自 2012 年下半年开始，京唐公司炼钢厂开始进行“KR 脱硫—脱磷转炉—脱碳转炉—RH 精炼炉—高拉速铸机”一一对应的“层流式”生产试验，取得了很好结果（拉速 2.3m/min，转炉、精炼、连铸周期均≤ 32min）。

（9）电炉炼钢技术。我国电炉钢产量已超过 6000 万吨 / 年，与世界技术发展方向相同也取得了显著进步，主要成绩有：①大型化进展快。国产 100 ~ 200t 级电炉（含高阻抗电炉）已在多个钢厂和重型机械制造厂投入使用，达到国际先进水平。②电炉炼钢集束射流氧枪已在国内电炉生产中占据主导地位。③电炉系统信息技术研究和应用也取得较大进展，包括电极调节、供电曲线监测和优化。④电炉顶底复合吹炼技术的相关理论、装备和工艺技术研究取得进展，并在一些电炉上推广应用。底吹元件寿命已达 7000 炉以上。

7. 轧制学科主要进展

（1）轧制塑性变形理论。随着近年计算机和信息技术的快速发展，以三维有限元法（FEM）为代表的轧制过程大型数值模拟分析方法得到了迅速发展，有限元法作为一种有效的数值计算方法已经被广泛应用于轧制过程数值模拟分析。在轧制过程三维变形分析和组织性能分析理论方面，包括板带轧制变形分析和型钢轧制变形分析取得较好效果。基于弹性轧辊建立三维热力耦合有限元仿真模型，不仅可以模拟轧件的变形和温度变化，同时可以模拟轧辊的受力、变形及温度变化。其结果有助于加深对连轧过程的认识，有助于轧辊孔型的设计和工艺规程的制定。在全轧制热力耦合计算结果基础上，对大型 H 型钢冷却后残余应力进行仿真分析，可得到轧后 H 型钢残余应力分布。

（2）基于全流程监测与控制技术的板形控制理论。采用智能控制方法与现代控制的互相结合。如自适应的模糊神经网络控制，专家系统的最优化控制等都能取得良好的控制效果，生产中通过先进控制手段与工艺参数的合理匹配，能获得理想的板形。鞍钢 1780 生产线采用了世界上比较先进的 PC 交叉轧机的凸度控制技术，通过改变轧辊交叉角度，使凸度控制能力得到大幅度提高。宝钢梅钢 1420 冷轧机将金属三维变形模型、辊系弹性变形模型以及轧辊热变形与磨损模型等进行有机的耦合集成，建立基于轧制机理的严密准确的板形数学模型，将影响冷轧板形的轧制工艺、轧机设备和轧件材料等三方面的因素有机地联系起来，可以准确地进行冷连轧机板形预报与板形在线预设定。

（3）细晶粒钢轧制理论与工艺。包括：①铁素体 + 珠光体碳素钢采用强力轧制、形变诱导铁素体相变以及形变和相变耦合的组织超细化理论和技术；②结合奥氏体再结晶和未再结晶控制轧制和加速冷却控制的晶粒适度细化理论和技术；③基于过冷奥氏体热变形的低碳钢组织细化—形变强化相变理论和技术；④基于薄板坯连铸连轧流程（TSCR）的奥氏体再结晶细化 + 冷却路径控制的低碳钢组织细化与强化理论与技术；⑤针对低（超低）碳微合金贝氏体钢的中温转变组织细化的 TMCP+RPC 理论与技术。

在这些理论与技术研究的推动下，在长材、板带材和中厚板的强度升级或翻番，以及新产品开发中发挥出重大的作用和取得显著的效果。

（4）基于超快冷的 TMCP 技术。基本原理是：①在奥氏体区，在适于变形的温度区间完成连续大变形和应变积累，得到硬化的奥氏体；②轧后立即进行超快冷，使轧件迅速通过奥氏体相区，保持轧件奥氏体硬化状态；③在奥氏体向铁素体相变的动态相变点终止冷却；④后续依照材料组织和性能的需要进行冷却路径的控制。

关键组织调控技术包括晶粒细化控制技术、相间析出与铁素体晶内析出控制技术、铁素体晶内析出的热轧 + 冷轧全程控制技术、含 Nb 钢析出控制技术、贝氏体相变控制技术、在线热处理取代（或部分取代）离线热处理技术、双相钢与复相钢冷却路径控制技术、高强钢冷却过程中相变与板形控制技术、厚板与超厚板高质量高效率轧制技术等。

（5）薄板坯半无头轧制。主要技术进步与创新包括：①建立了高效灵活的半无头轧制生产组织模式和系统，保证了长短坯轧制的高效、灵活切换；②开发出超长连铸坯温度均匀化控制模型和系统及相关工艺技术（长连铸坯表面头尾温差≤ 20℃）；③开发出适应半无头轧制的辊缝润滑系统和技术；④建立全流程的半无头轧制系统集成技术。

实现 269m 超长连铸坯连续稳定轧制成 7 个切分卷、成品板最薄 0.77mm、厚度小于 2.0mm 薄规格比例及一切三以上轧制占半无头轧制产量的比例分别大于 96% 和 92%。

（6）薄板坯连铸连轧工艺、产品开发与组织性能控制。我国目前有薄板坯连铸连轧生产线 13 条，年产量约 3300 万吨。近期研究了各种微合金元素，在薄板坯连铸连轧各工序的固溶析出规律，组织演变规律和强化机理，并在生产技术和产品应用上取得一些成果。

如珠江钢厂薄板坯连铸连轧流程钛微合金化生产超高强度钢，生产薄规格和超薄规格热轧带钢。涟钢和北科大合作采用 Ti-Nb 微合金化开发出屈服强度 600 ~ 700MPa 的低碳高强度结构用钢及 700MPa 低碳贝氏体高强度工程机械用钢。

武钢和北科大合作，开发出 700MPa 级厚度 1.2 ~ 1.4mm 高强度薄规格板带钢，实现以热带冷。

8. 冶金机械及自动化主要进展

（1）在板形控制理论及技术方面。开拓研究板形自动控制的系统拓扑设计，板形控制策略，板形模式识别等，形成以板形调控功效为核心的板形控制技术，提出了基于实测带钢板形的板形前馈控制方法和板形闭环反馈解耦控制新方法，将人工神经网络方法、模糊推理、预测控制理论等先进方法应用于板形控制，建立具有多机架参与前馈和反馈并重，可实现控制目标与控制手段的双解耦，基于先进自动控制理论的新一代冷轧板形平坦度与边降的自动控制方法、模型和系统，发展了板形控制理论。

（2）板形表面缺陷在线监测方法与系统。北京科技大学自主研发了基于快速图像处理技术的连铸坯、热轧板带、冷轧板带表面缺陷在线检测方法和监测系统。

针对热轧板表面状况复杂的特点，采用形态滤波和神经网络等方法，开发了热轧钢板表面缺陷的监测与识别算法，解决了水、氧化铁皮与光照不均引起的误判问题，使缺陷检出率和识别率达国际先进指标。

（3）大型冶金设备集成创新。如我国自主研发 400t 大型矿用车，京唐 5500m^3 高炉煤气全干式除尘技术，500m^2 大型烧结机，大型铸机（大型圆坯、矩形坯、超厚板坯、大断面异型坯）、大型模锻设备实现国产化，干式真空泵在 RH 和 VD 真空处理工艺中应用，自主研发集成酸洗冷轧机组及酸洗镀锌生产线，PQF 三辊连轧管机组创新和新技术。

（4）生产过程自动控制。把工艺知识、数学模型、专家经验和智能技术结合起来，应用于炼铁、炼钢、连铸和轧钢等典型工位的过程控制和过程优化，如 550m^2 烧结机智能环闭控制、高炉操作平台专家系统、电弧炉炼钢能量优化利用技术、迁钢 210t 转炉炼钢自动化成套技术、宝钢 1880 热轧关键工艺及模型技术自主开发与集成，冷轧机板形控制核心技术等。

（5）生产管理控制。目前大中型钢铁生产企业中已普遍实施了 MES（制造执行系统），通过信息化促进生产计划调整、物流跟踪质量管理控制、设备维护水平的提升，减少工艺衔接间能耗。钢铁企业建立能源管控中心，通过信息技术、自动化技术实现电力、燃气、动力、水等能源介质的监控，能源和生产一体化平衡调配。

（6）企业的信息化。基于互联网和工业以太网的 ERP（企业资源计划）、CRM（客户关系管理）和 SCM（供应链管理）等成功应用，在更好满足客户要求、精细控制生产成本等方面发挥了作用。

9. 冶金流程工程学及冶金厂设计主要进展

冶金流程工程学研究主要内容：

（1）研究冶金流程动态运行的物理本质，指出流程动态运行的三要素：即“流”“流程网络”和“流程程序”。钢铁制造流程属于耗散结构和自组织过程，为描述流程物质流的整体行为，提出物质量（Q），温度（T），时间（t）三个基本变量，通过综合调控这些基本参量来实现物质流的衔接、匹配、连续和稳定。

（2）为了揭示时间因子在流程动态协调运行中的作用，将时间因子作为流程系统动态运行过程中的目标函数来研究，会有效促进不同操作方式的复杂生产流程实现稳定、连续 / 准连续运行。提出了流程动态运行过程中对时间因素的各种表现形式：时间点、时间域、时间序、时间位、时间周期等，有助于流程整体动态运行的编程。

（3）流程动态运行过程的研究认识到，相关的、异质的工序间协调和优化具有重要意义，为此引进一系列界面技术的概念和方法，例如，高炉和转炉之间的“一罐到底”技术。

提出指导钢厂制造流程运行优化的“炉机对应”原则，“能耗最小”原则，“拉速决定流量原则”和“连浇”原则，同时引入流程组织和控制的动态 Gantt 图，分别对应流程系统运行的有序性、稳定性、高效性和连续性。

（4）在钢铁制造流程中同时存在物质流和能量流网络和相关运行程序，要正确认识钢厂中物质流和能量流的动态—有序、协调—高效运行，促进能源转变效率提高，减少流程能量耗散和有害物质的排放，必须建立全流程性的能量流网络的概念，并指出应建立能源管控中心，起到实时动态调整的作用。

（5）流程宏观运行动力学机制和运行规则研究。提出了流程设计、生产运行过程中较为完整的规则体系，即：间歇运行的工序、装置要适应服从准连续 / 连续运行工序、装置动态运行需要；准连续 / 连续运行的工序、装置要引导规范间歇运行的工序、装置的运行行为以及运行程序；低温连续运行的工序、装置服从高温连续运行的工序、装置的运行需要；在串联—并联流程结构中，要尽可能多地实现“层流式”运行；上下游工序装置之间的能力匹配对应和紧凑布局是“层流式”运行的基础；制造流程整体运行一般应建立起推力源—缓冲器—拉力源的宏观运行力学机制。

（6）钢铁厂动态精准设计理论和方法研究，指出工程设计应体现诸多技术要素，技术单元在流程整体协同运行中的动态集成，以确保工程系统运行过程中整体有序性和稳定性，实现达产快、运行稳定有效、过程耗散优化。为此，应该研究、开发动态精准的设计理论和方法。

（7）现代钢厂功能拓展和循环经济。通过对钢厂生产流程动态运行物理本质的研究，揭示出钢厂应具有钢铁产品制造功能、能源高效转换功能和社会大宗废弃物消纳处理和再资源化三项功能。

研究了节能、清洁生产和钢铁工业绿色制造问题，提出钢厂环境问题要通过节能、清洁生产—绿色制造过程逐步实现环境友好，展望了钢铁企业有关生态工业链及未来在循环经济社会中的角色。

“新一代钢铁制造流程”实质是一个流程工程学与技术集成和优化的命题，京唐钢铁公司和重庆钢铁公司等新一代大型生产流程的设计、建设和投产后运行，以及沙钢、唐钢等原有钢铁生产流程中的局部优化、改造都是冶金工程流程学研究成果应用结晶。

新一代钢铁厂“动态—精准”设计理论和方法，对冶金厂设计理念、理论和方法提出新的认识，并将最新的研究成果应用于工程实践，推动了钢铁厂结构调整和优化，为钢铁厂节省了工程投资，实现生产集约化、工艺现代化、装备大型化、调控信息化、产品洁净化、资源循环化、环境友好化、效益最佳化和社会和谐发展。

三、冶金工程技术学科国内外比较分析

（一）学科总体上达到国际先进水平，部分领域处于领先水平

（1）在冶金熔体热力学及物理性质模型研究方面，我国继续保持国际前沿地位，将熔盐电解与碳热还原结合，有效改进了金属钛及合金制备技术。在亚熔盐法清洁生产铬盐和综合利用钒渣，以及处理红土铬矿等研究与应用方面处于国际先进水平[29]。

（2）国内冶金反应学科近年来取得的成果主要有：充分吸收计算流体力学的最新成果，应用于冶金反应器内流体流动的数值模拟；开发钢液凝固、特别是特大型钢锭凝固过程数值模拟优化工艺；推动创新清洁冶金技术，用于资源与能源节约型新流程、新反应器的设计与过程模拟；在更宏观尺度研究与更小尺度的研究发展中取得进展，如钢铁企业内碳迁移的研究、电炉炼钢流程能量优化及控制技术、微米级尺度铁氧化物气相还原研究、粒级小于200目铁氧化物颗粒的“低温还原”研究等[30]。

（3）在露天矿采矿工艺和运输技术研究方面，我国继续保持国际先进水平，包括露天陡坡开采，间断—连续开采，松土机—铲运机露天开采，陡坡铁路，露天转底下联合采矿工艺，高台阶采矿及装备大型化等[9, 31]。我国选矿工艺的不断创新，在开发有特色的高效选矿设备和选矿浮选药剂方面取得突破，达到国际先进（或领先）水平。

（4）在冶金热能工程学上，近年来，有关工业炉窑热工理论与控制方法得到广泛的推广应用，成功设计制造了一批节能型加热炉[22, 32, 33]。炉子的装备水平、热效率及计算机控制等均达国际先进水平，如以纯高炉煤气为燃料的蓄热式火焰炉技术应用于加热炉、热处理炉、高炉热风炉等。我国学者较早提出钢铁制造流程的物质流、能量流、信息流及其协调优化，注意多介质能量流网络优化方法及动态仿真。我国能源管控中心建设中有部分企业进入在线决策和优化运行。

（5）在炼铁方面，高炉煤气采用干法除尘技术和设备已在我国得到普及，配合TRT发电，取得节能减少污染的较好效果[34, 35]。高炉长寿化技术，通过设计合理内型，采用

无过热冷却体系和软水密闭循环冷却技术，优化高炉炉缸炉底内衬结构和耐火材料，设置完善高炉自动监测和控制系统，在我国部分高炉实现了生产稳定顺行，高效长寿。高炉高风温技术，我国已完全掌握单烧高炉煤气达到风温 1280±20℃的整套技术，高炉富氧喷煤技术在 2012 年重点企业平均喷煤量达 150kg/t，个别企业富氧率达 10%。

（6）在炼钢方面，经过多年的努力，我国已逐步建立起具有中国特色的高效率、低成本转炉洁净钢生产技术并达到国际先进水平[36，37]。钢中非金属夹杂物控制技术、薄板坯连铸连轧技术、常规板坯的恒拉速技术、炼钢工艺过程系统模拟和优化技术等都达到国际先进水平。

（7）在轧制学科上，基于轧后超快冷的新一代 TMCP 技术，在理论开发和实际应用上处于国际领先水平[38]。薄板坯半无头轧制技术处于国际先进水平。应用细晶钢轧制理论及工艺控制技术，在量大面广产品的升级和部分关键品种的开发上达国际先进水平（如高铁在线热处理钢轨、高牌号取向硅钢等）。

（8）在冶金机械与自动化上，在板形控制理论和技术上，建立具有多机架参与前馈和反馈并重，可实现控制目标与控制手段双解耦的冷轧板形平坦度与边降自动控制方法模型和系统，发展了板形控制理论。板带表面缺陷在线监测方法与系统达到国际先进水平。大型冶金设备集成创新在大型化、智能化上已达国际先进水平（如大型烧结机、机械真空泵在 RH 和 VD 的应用等）。

（9）在冶金流程工程学上，研究了冶金流程动态运行的物理本质，提出钢厂要在此基础上设计并构建动态—有序、协同—连续的新一代钢铁制造流程[39，40]。在理论和实际应用上达国际领先水平。

（二）存在不足与差距

（1）在冶金热力学、动力学实验研究领域与国际先进水平仍有较大差距。冶金科学用于熔体热力学性质，冶金过程机理及动力学研究方面，我国与加拿大、澳大利亚、瑞典等国保持的国际先进水平差距仍较大。冶金物化学科近年来仍缺少重大创新性研究及应用成果，总体上与国际水平仍有差距。

（2）在冶金反应工程学方面，开展高效、节能、减排再资源化中，工艺理论研究和生产工艺研究结合不够。

（3）在冶金原料与预处理方面，针对一定强度岩石，研究切割采矿技术，国外已达到开采大型化、生产连续化、装备现代化，我国还处于研发阶段。国外智能矿山的研究与开发向液压化、联动化、自动化发展，在深井开采技术上国外已列入发展战略，而我国刚起步。未来 5 年国外已列入重点研究的遥控开采设备及技术、集约化开采技术、深部提升运输技术、井下选矿厂建设技术，我国仍没列入计划。我国在高效节能选矿设备的系列化和大型化还存在差距，我国选矿设备自主研发少，仿制多，特别是大型破碎机、大型细磨设备，选矿全流程生产过程自动化控制和信息管理差距大，矿产资源综合利用率和安全生产和环境保护差距大。

（4）在冶金热能方面，2010 年我国钢铁工业吨钢能耗比先进产钢国家高 6.2%，即多 40kgce/t，若考虑国外轧钢系统深加工，差距为 13.5%，即 88kgce/t。钢铁生产过程余热余能回收利用与国外比有差距。基础理论研究滞后，节能理论体系、能量系统分析方法及评价指标等尚不完善。“静态”“平衡”的观点和研究方法落后，不能满足企业能源系统生产使用和管控的需要。

（5）在炼铁方面，高炉燃料比高（约多出 30 ~ 50kg/t）；一部分技术装备水平低，环保投入少，环境治理差；炉渣显热基本未回收。

（6）在炼钢方面，对电炉炼钢的研究大体上仍处于跟踪状态，对凝固过程理论和连铸技术创新方面缺乏原始创新性工作，高效率、低成本洁净钢生产平台技术的实施仍有待深化和普及。

（7）在轧钢方面，板材无头轧制技术在国际上已得到应用，如 JFE 热带无头轧制、韩国中间坯剪切压合技术、Arvedi 薄板坯无头轧制技术。我国还未开展这方面工作。钢材组织性能精确预报及柔性轧制与国外比仍有差距。学科交叉融合不够，创新能力不足，多数成果属于对国际新工艺、新技术、新产品的跟踪发展与局部创新。

（8）在冶金机械及自动化方面，目前仍有少量需国外引进的装备及关键部件，如超宽带热冷连轧机组、薄板坯连铸连轧机组、非高炉炼铁装备等。冶金装备技术研发中知识产权申报意识不强，产权维护和市场化转化困难，冶金装备缺乏品牌，自主创新不足，前瞻性技术储备缺乏。钢铁生产是典型多变量、非线性且动态变化系统，单一机理模型和数学模型精度不高，迫切需要研究开发数据驱动和知识驱动相结合的生产过程智能控制软件。在生产管理和能源管控方面，需研究开发综合业务模型、动态调度、智能优化等技术，提升全线计划排产，物流跟踪、质量跟踪、控制、设备预测维护、能源实时动态调配等技术。

四、冶金工程技术学科展望及对策

早在公元前 5 世纪，中国比欧洲早 2000 多年发明了生铁冶铸技术，对中国古代农业、军事、宗教等领域产生深远的影响，在缔造中华文明过程中发挥了重要作用。

近些年，我国冶金工程学科发展很快，尤其是冶金装备制造、冶金工艺流程优化和产品开发在理论和工程技术上都有长足的进步，人才培养也同步发展，中国已成为世界钢铁冶金研发的重点国家之一。

中国共产党十八大报告中提出建设“美丽中国”，要求“给子孙后代留下天蓝、地绿、水净的美丽家园”。十八大报告中提出加强生态文明建设的要求，为钢铁工业和学科发展指明了方向，提出了更严格的要求。

钢铁是 21 世纪最具创新潜力和可持续发展的材料之一，不仅在支撑我国国民经济快速发展和满足人民群众消费需求升级上具有重要作用，而且在推动我国经济绿色化进程中也发挥重要作用。在清洁生产、重化工循环经济的发展中，钢铁生产流程将起重要作用；另外废钢的回收已超过废纸、废塑料、玻璃等其他可回收材料的总量。钢铁行业要充分认识到，这不仅是我们的社会责任，更是提高未来竞争力的必然选择。

钢铁冶金企业绿色发展必须实现“两个转变”，即在发展模式上，从传统资源消耗、环境负荷增加的粗放发展走向更加注意节能减排、清洁生产、低碳发展的科学发展模式。在企业功能上，从单纯产品制造向钢铁产品制造、能源转换和消纳社会废弃物的生态型钢铁企业转变。钢铁企业在产品研发上，既要重视节能环保型材料的研发，更要重视质量和质量稳定性的提高；既要重视产品生产中的节能减排，更要重视产品在其他行业应用中带来节能减排的效果。

在工艺技术上要重点研发钢铁工业节能、环保、清洁生产技术的系统解决方案，并以一些薄弱环节为重点，加强研发。要研究烧结烟气综合治理，焦炉煤气合理利用技术，焦化水的系统处理以及减少 CO_2 排放的低碳冶炼和短流程工艺技术，在产业链延伸和管理上要加强对产品全生命周期的评价和全方位的管理，把设计、采购、运输、生产、营销和产品回收利用有机地结合起来，尽量减少对环境的影响，以符合绿色化的发展方向。

在冶金流程工程学上，应重点抓好与冶金工厂设计方面的结合，以动态—精准设计的理念和方法构建我国冶金工程设计的创新理论和设计方法革新的完整体系。既重视新厂建设中的应用，更要重视现有工厂改造和指导生产中的运用，要结合中国钢铁工业发展的实际，充分认识中国钢铁工业发展的复杂情况。冶金工程是一个复杂的、系统流程工程，要确保工程系统运行中动态有序性、高效协同性和稳定性。要注意现代钢厂功能的拓展优化，以融入我国循环经济和社会生活可持续发展的总体要求。

要高度关注信息学科和云计算技术的快速发展给冶金工程学带来的新机遇和挑战，特别是冶金装备与自动化、冶金工艺研究、冶金材料性能预测预报以及冶金基础理论研究带来新的研究方向、方法和新的进展，充分发挥信息学科和冶金工程学科交叉、优势互补、互相促进的优势，推进冶金流程工程学的知识驱动和信息化的数据驱动的有效结合，带动整个冶金工程技术学科迈上新台阶，并使钢铁工业走向智能化。

（一）冶金工程技术学科展望

今后学科发展的重点体现在以下 6 个方面。

（1）重视钢铁行业的绿色发展。钢铁是 21 世纪最具创新潜力和可持续发展的材料之一，钢铁冶金的绿色发展，不仅在支撑我国国民经济快速发展和满足人民群众消费需求升级上具有重要作用，而且在推动我国经济绿色发展上将发挥重要作用。

钢铁冶金企业绿色发展必须实现两个“转变”，即发展模式上，从单纯追求数量扩张的粗放型向节能减排、清洁生产、低碳发展的科学发展模式转变，在企业功能上从单纯钢铁产品制造向产品制造、能源高效转换和消纳社会废弃物的生态型钢铁企业转变。

钢铁企业应重视环境经营。环境经营的核心是技术创新，在产品开发上，既要重视节能、环保、新产品的开发，更要重视质量和质量稳定性的提高；既要重视产品本身生产的节能减排，更要关注新产品给其他行业使用过程所带来的节能减排的效果。要研究低碳冶炼和短流程新工艺。在产业链延伸和管理上，要加强对产品全生命周期、全方位的管理，把设计、采购、生产、运输、营销和产品回收利用等有机地结合起来，尽量减少对环境的影响，符合绿色化的发展方向。

（2）应重点抓好冶金流程工程学与冶金工厂设计、生产运行的结合，以动态精准设计的理念构建我国冶金工厂设计创新理论和设计方法的完整体系，既重视在新厂建设中的应用，更应重视现有工厂改造和指导日常生产中的运用。

（3）重视信息学科和云计算技术快速发展给冶金工程和冶金工程技术学科带来的新机遇和挑战，充分发挥信息学科和冶金工程技术学科交叉、优势叠加、互相促进的作用，带动整个冶金工程和冶金工程学更上新水平。

（4）关注国际冶金工程学科在各领域的研发热点和重点，特别是对行业和学科发展可能产生重要影响的研究方向和主要研究成果，集中财力、物力、加大对重点发展项目的投入强度、支持优势团队，力争在重点方向上有较快发展和突破。

（5）加强行业和学科创新支撑体系建设，包括政策支撑体系、技术服务体系、投融资服务体系、法律（知识产权）服务体系、人才培养和激励体系等。

（6）加强以企业为主体的产学研用之间的协同创新能力建设，掌握行业竞争和发展的主动权，特别要加强工艺和装备的创新、产品研发与升级、节能减排、清洁生产、生态环境协调发展。要通过工程流程完善与优化以及关键共性技术的研发和新成果推广应用等几方面工作，使钢铁企业原材料和能源消耗大幅度降低，环境保护和生态建设取得较大改善。同时在产业链上、下游延伸中注意发挥交叉学科的集成优化作用，提高冶金工程技术学科发展水平，提高我国冶金行业和企业综合竞争力和可持续发展能力。

上述诸多方面的发展方向将进一步体现在如下具体内容：

1. 在基础理论研发方面

（1）在冶金物理化学学科方面，未来 5 年应重点研究的方向：洁净钢精炼的相关冶金物理化学研究，特别是夹杂物生成及去除机理的动力学研究；高合金钢、低合金钢精炼相关的冶金物化研究，包括合金液及相关炉渣热力学性质和物理性质；我国贫、杂、多金属复合矿高效综合利用途径的探索；电化学方法在金属提取和合金制备中的应用；将冶金软科学与冶金物化结合进行的过程模拟和过程优化研究；冶金工业副产品及工业废弃物的高效回收和综合利用。希望通过努力继续保持现有优势学科国际领先地位，在下一个 5 年能够从总体上缩小与国际先进水平的差距，力争有 1 ~ 2 个研究方向达到国际前沿水平。

（2）在冶金反应工程方面，未来 5 年在开展高效、节能、减排、再资源化中，将工艺理论研究与生产工艺研究更紧密结合，并取得高效成果，大力开展低尺度效应和更大尺度效应的研究，总结普适性规律，取得工业应用成果。

2. 在冶金工程技术研发方面

（1）在冶金原料与预处理方面，今后应研究采矿设备大型化、高效化、自动化、智能化；要加强深部开采技术的研究，包括深部提升技术、井下选矿厂建设等；要研究矿山数字化、构建生态矿业工程方向发展；研究无人采矿和遥控采矿设备与技术。

要研究适合我国资源特点的高效选矿技术，包括阶磨阶选、细磨深选、提质降杂和低品位、共生矿综合利用技术；要研究高效节能选矿设备的系列化和大型化；高效、低毒（无毒）选矿药剂；采矿—选矿流程优化，选矿过程自动控制和选矿厂信息化管理技术；尾矿资源整体利用技术。

（2）在冶金热能工程学方面，继续深化冶金过程的物质流、能量流、信息流及其协同优化研究。特别是能量流网络的运行结构及表现形式，多因子能量流控制技术研究；钢铁制造流程中多介质能量流网络优化方法和动态仿真；物质—能量—信息流协同运行机制及控制策略；能量流网络化运行评价及其指标体系。

加强能源管控中心的进一步开发研究，使其能根据生产情况进行动态优化调度，确保生产用能稳定供应，经济运行和高效利用。应加强钢铁生产过程余热余能资源的回收和利用，特别是余热余能的分级回收与阶梯利用。加强高效蓄热式燃烧技术的开发研究，着重研究大型蓄热式加热炉的结构、操作和控制等，重点解决炉压波动大、冒火现象严重、炉子投资高、维修频繁和使用寿命短等问题。

（3）在炼铁方面应采用新工艺进一步提高焦炭质量，通过压块、捣固等方法提高焦炭质量，满足大高炉的要求，要开展适应大高炉焦炭质量指标评价体系研究；要深入研究矿石日渐贫化形势下的造块技术。要大力推广高风温和富氧技术。在考虑环境友好的前提下，提高高炉操作水平，进一步实现高炉稳定生产的低碳炼铁技术。大力开发新工艺、新技术，加强低 CO_2 排放，低碳炼铁新工艺、新流程的研究，在取得成果基础上，进行半工业性试验。

（4）在炼钢方面，应加强提高钢的洁净度的研究，以满足日益提高的钢材性能要求。要进一步提高去除杂质的限度，改进工艺，提高生产效率，优化高效率、低成本洁净钢生产平台集成技术。要加强对钢中非金属夹杂物控制的研究。氧气转炉炼钢全自动“一次命中”控制技术；围绕降低成本、提高质量、减少污染的炼钢新工艺、新设备的研究，包括以 RH 真空精炼为代表的各种精炼工艺的研究。推进恒拉速连铸，提高板坯高拉速技术；加大对电炉炼钢基础研究（大型化、高效化、智能化）。

（5）在轧钢方面，应加强研究的方向：

①开发不同类型的铸坯装送—热装节能技术；

②高性能、高强度钢材生产技术相关应用科学探索研究；

③大型异形材全轧程及冷却过程热力耦合模拟分析预测；

④钢材组织性能精确预报及柔性轧制技术；

⑤结合超快速冷却控制的轧制、冷却与组织性能一体化控制理论与技术；

⑥无头轧制、半无头轧制薄规格、超薄规格热带钢轧制相关的理论与技术；

⑦建立完整的钢材产品的设计、生产和应用评价技术与体系，以及钢铁材料数据库与科学选材系统，为下游用户正确选材、合理用材提供理论与技术支撑。

（6）在冶金机械及自动化方面，应充分认识到冶金装备是工艺实现手段和载体，是产品制造的工具和质量保障的条件。冶金装备研发能力既反映了冶金机械和自动化学科整体水平，也反映全行业冶金装备及工艺的技术水平和发展潜力。今后 5 年应重点研发：

①产品质量在线监测、性能预测和质量诊断技术；

②新型近终型铸轧技术，研发薄带铸轧、无头轧制、新型高速连铸装备；

③开发板坯在线快速加热技术；

④烟气脱硫、脱硝方法、工艺及装备研究；

⑤热连轧机组机、电、液耦合振动抑制与系统解耦动态设计方法及技术；

⑥冷连轧机组稳定高速轧制技术；

⑦冶金流程在线连续检测和监控系统，采用新型传感器技术，光机电一体化技术，软测量技术，数据融合和数据处理技术，实现关键工艺参数闭环控制，物流跟踪，能量平衡控制，环境排放实时控制和产品质量全过程控制；

⑧计算机流程模拟，支持生产组织、生产流程优化，支持新生产流程设计和新产品开发优化，实现以科学为基础的设计和制造；

⑨知识管理和商业智能，利用企业信息化积累的海量数据和信息，并将企业常年管理经验和集体智慧形式化、知识化为企业持续发展和生产、技术、经营管理各方面创新奠定坚实的核心知识和规律性认识。

各学科既要十分重视本学科发展的重点方向和研发水平，又要高度关注其他学科研发的方向、方法和新的进展，建立起开放而不是封闭的研发体系和机制，充分发挥多学科交叉、优势互补、互相启发、互相促进的优势。

（二）冶金工程技术学科发展对策

（1）提高行业和学科自主创新能力，完善行业科技创新体系和产业技术创新支撑体系建设。国家应从政策上（税收、金融）法规上（知识产权、劳动就业、高级人才培养）制定鼓励创新、激发创新、营造创新环境。应统筹协调行业发展战略，科技、教育和人才规划，建立和完善知识产权服务市场和技术交易体系。应建立高水平的产学研用创新战略联盟和技术研究平台，突破行业重点原始创新和共性关键技术。

（2）抓好新一代钢铁制造流程工艺技术知识的普及和宣传，宣传最近部分钢铁厂重视环保，提出环境经营理念，绿色产品制造，环境友好技术和工艺创新观念，抓好生态文明建设的好典型。改变人们传统上认为冶金行业是“高耗能、高污染”行业的旧观念，支持钢铁企业作为循环经济优先切入点和城市生态文明建设的积极推进者。

（3）利用国家新环保标准和节能减排的新要求，采取各种有效措施，淘汰落后产能、落后工艺和设备。

（4）应加大节能减排新技术的研发和成熟技术的推广工作。

（5）加大国内铁矿、锰矿和焦炭资源科学勘探力度，提高资源综合利用水平。

（6）加大对学科基础理论研究的支持，特别是学科前沿技术和重点关键领域，以及学科综合性研究领域的支持，力争尽快取得突破。

（7）加强对领军人才和骨干科技人才的培训、培养和激励，包括创新方法、创新文化的培训，鼓励独立提出一些学术见解，培育宽容的学术自由争鸣的气氛。

参考文献

[1] 中国金属学会，中国钢铁工业协会. 2011—2020中国钢铁工业科学与技术发展指南［M］. 北京：冶金工业出版社，2012.

[2] 中国钢铁工业发展报告（2012）. 中国钢铁工业协会，2012.

[3] 中国科学技术协会主编，中国金属学会编著. 2008—2009冶金工程技术学科发展报告［M］. 北京：中国科学技术出版社，2009.

[4] Guohua Zhang（张国华），Kuo-Chih Chou（周国治）. Simple method for estimating the electrical conductivity of oxide melts with optical basicity［J］. Metallurgical and Materials Transactions B，2010，41（1）：131-136.

[5] Chengjun Cao，Bo Jiang，Zhanmin Cao，et al. Preparation of titanium oxycarbide from various titanium raw materials：Part I［J］. Carbothermal reduction，Rare Metals，2010，29（6）：547-551.

[6] 殷瑞钰. 冶金流程工程学（第二版）［M］. 北京：冶金工业出版社，2009.

[7] 殷瑞钰. 节能、清洁生产、绿色制造与钢铁工业的可持续性发展［J］. 钢铁，2002，37（B）：1-8.

[8] 李新创，刘涛. 以应对雾霾为契机，切实提升钢铁工业环保水平［J］. 钢铁规划研究，2013，96（6）：3-9.

[9] 陈雯，余永富. 铁矿石选矿近十年来技术进步［C］//2013中国冶金矿山科技大会会刊. 北京：中国冶金矿山企业协会，2013.

[10] 殷瑞钰. 关于高效率低成本洁净钢平台的讨论——21世纪钢铁工业关键技术之一［J］. 炼钢，2011，27（1）：1-10.

[11] 吴启常，张建良，苍大强. 我国热风炉的现状及提高风温的对策［J］. 炼铁，2002，21（5）：1-4.

[12] 马金芳，万雷，贾国利，等. 迁钢2号高炉高风温技术实践［J］. 钢铁，2011，46（6）：26-31.

[13] 张寿荣，银汉. 中国高炉炼铁的现状和存在的问题［J］. 钢铁，2007，42（9）：1-8.

[14] 张寿荣，于仲洁. 武钢高炉长寿技术［M］. 北京：冶金工业出版社，2010：1-6.

[15] 徐金梧. 中国冶金装备技术现状及发展对策思考［J］. 中国冶金，2009，19（11）：1-4.

[16] 孙彦广. 我国冶金自动化技术进展和发展趋势分析［J］. 自动化博览，2008（Z1）：16-19.

[17] 王国栋，吴迪，刘振宇，等. 中国轧钢技术的发展现状和展望［J］. 中国冶金，2009，19（2）：1-14.

[18] 王国栋. 新一代TMCP技术的发展［J］. 轧钢，2012，29（1）：1-8.

[19] 董瀚，曹文全，时捷，等. 第3代汽车钢的组织与性能调控技术［J］. 钢铁，2011，46（6）：1-11.

[20] 董瀚，王毛球，翁宇庆. 高性能钢的M^3组织调控理论与技术［J］. 钢铁，2010，45（7）：1-7.

[21] 翁宇庆，杨才福，尚成嘉，等. 低合金钢在中国的发展现状与趋势［J］. 钢铁，2011，（09）：1-10.

[22] 蔡九菊，孙文强. 中国钢铁工业的系统节能和科学用能［J］. 钢铁，2012，47（5）：1-8.

[23] 蔡九菊，赫冀成，陆钟武. 过去20年及今后5年中我国钢铁工业节能与能耗剖析［J］. 钢铁，2002，37（11）：68-73.

[24] 康永林，周明伟，刘旭辉，等. 半无头轧制薄规格带钢的组织性能与板形[J]. 钢铁，2012，47(1)：44-50.

[25] 钢铁工业节能减排水平评价与“十二五”可持续发展战略[R]. 中国钢铁工业协会，2011.

[26] 中国科学技术协会年鉴(2011年)[M]. 北京：中国科学技术出版社，2011：383-386.

[27] 中国科学技术协会年鉴(2012年)[M]. 北京：中国科学技术出版社，2012：456-458.

[28] 钢铁工业“十二五”发展战略建议(总报告)[R]. 中国钢铁工业协会，2011：1-7.

[29] Kuo-Chih Chou. A general solution model for predicting ternary thermodynamic properties [J]. CALPHAD, 1995，19(3)：315-325.

[30] Lou Wentao，Zhu Miaoyong. Numerical simulations of inclusion behavior in gas-stirred ladle [J]. Metallurgical and Materials Transaction B，2013，44(3)：762-782.

[31] Brown E T. Progress and challenges in some areas of deep mining [J]. Transactions of the Institutions of Mining and Metallurgy，Section A：Mining Technology，2012，121(4)：177-191.

[32] Vehec J R. Technology Roadmap Research Program for the Steel Industry. Washington，DC，USA，2010.

[33] Danloy G，Berthelemot A，Grant M，et al. ULCOS-Pilot Testing of the Low-CO_2 Blast Furnace Process at the Experimental BF in Luleå [J]. Revue de Métallurgie，2009，106(1)：1-8.

[34] 杨天钧，张建良，左海滨. 节能减排 低碳炼铁 实现中国高炉生产的科学发展[J]. 中国冶金，2010，20(7)：1-7.

[35] Zhang Shourong, Yin Han. The Trends of Ironmaking Industry and Challenges to Chinese Blast Furnace Ironmaking in the 21st Century [C] // 5th International Conference on Science and Technology of Ironmaking. Shanghai, 2009：1-13.

[36] 王新华，朱国森，李海波，等. 氧气转炉“留渣+双渣”炼钢工艺技术研究[J]. 中国冶金,2013,23(4)：40-46.

[37] Yim C H，Seo J D. Advanced steelmaking technologies for CO_2 emission reduction and quality improvement [C] // 5th International Congress on Science and Technology of Steelmaking. Dresden，2012.

[38] Weng Yu-Qing，Kang Yong-Lin. Progress in China Steel Rolling Technology in the Past Ten Years [C] // Proceedings of the 10th International Conference on Steel Rolling. Metallurgical Industry Press，2010：1-21.

[39] 殷瑞钰. 冶金流程集成理论与方法[M]. 北京：冶金工业出版社，2013.

[40] Macedo C M, Schaeffer R, Worrell E. Exergy Accounting of Energy and Material Flows in Steel Production systems [J]. Energy，2001，26(4)：363-384.

撰稿人：洪及鄙　苏天森　仲增墉　李文秀

专题报告

冶金物理化学分学科发展研究

一、引言

冶金物理化学（简称冶金物化）与钢铁冶金、有色金属冶金等一起并列为冶金工程学科下属的二级学科。冶金物理化学是冶金工程技术的理论基础。

适应当时冶金工业发展的需求，申克（Schenck，德国）、启普曼（Chipman，美国）等在20世纪三四十年代创立了冶金物理化学学科。冶金物化的发展确实对当时钢铁生产技术的进步起到了推动作用。我国冶金物理化学学科由魏寿昆、邹元爔、陈新民、邵象华等老一辈科学家在20世纪50年代创立。历经五六十年的发展，已成为包括冶金热力学、冶金熔体与溶液理论、冶金动力学、资源与环境物理化学、冶金与能源电化学、材料制备物理化学等多个分支并具有一定国际影响的学科[1]。

得益于我国国民经济的高速发展，以及冶金工业发展和科技进步的推动，近年来，我国冶金物理化学也获得了较大的发展，在冶金熔体与溶液理论、资源与环境物理化学等的主要分支领域中取得了一系列创新性的理论及应用成果。

二、我国冶金物理化学发展现状

（一）冶金熔体与溶液理论

1. 熔渣（溶液）物理化学性质预报

我国学者于20世纪末提出的“新一代几何溶液模型”[2]近年来在国内外冶金、材料及化学的领域继续获得广泛应用。根据对国际杂志《相图计算》（*CALPHAD*）近十年的统计[3]，在溶液物理化学性质预报模型中，“新一代几何溶液模型”在该杂志被引用最多，表明该模型在国际同类研究中的领先地位。

复杂熔渣体系的物理性质与金属的熔炼和精炼过程密切相关。如熔渣的黏度与钢中夹杂物的上浮和去除、精炼反应的速度等密切相关；熔渣的电导率直接影响电渣重熔过程工艺参数的选取。由于高温实验的难度很大，准确预报这些物理性质对钢铁和有色金属冶金过程意义重大。硅铝酸盐熔渣结构复杂，这些熔渣的物理性质对冶金过程非常重要。最近，我国学者以 $CaO-MgO-Al_2O_3-SiO_2$ 四元渣为主要研究对象，用修正的光学碱度对该熔体的电导率进行了模拟，建立了能够成功预测含 Al_2O_3 熔渣体系电导率的模型[4]。定义了不同类型的氧离子以描述硅铝酸盐熔体的结构，提出计算氧离子含量的方法。

2. 连铸保护渣结构和性质研究

近年来，我国在连铸保护渣的结构和性质研究方面取得了长足的进步，具体地体现在立项项目的前沿性质、研究手段和方法的先进性及取得的成果等方面。例如，以二氧化钛和三氧化二硼替代氟化钙，并用拉曼光谱研究了这种无氟保护渣的微观结构及结晶特性[5, 6]。此外，利用温度时间转变图（TTT）、连续冷却转变曲线图（CCT）及单一热电偶技术（SHTT）已成为各种不同的连铸保护渣结晶特性及热辐射性质的常用研究手段。基于硅铝酸钙型（CAS）熔渣在高强度钢（如 TRIP 及 TWIP）连铸中的应用，对这些渣系的研究也得到加强。近来我国学者将分子动力学模拟（MD）方法用于 CAS 渣的研究，考察 Al_2O_3/SiO_2 比的变化对渣结构的影响。这些研究有利于解决在工业生产中控制渣成分的问题[7]。

（二）冶金热力学

1. 含过渡族金属氧化物熔渣热力学性质及相平衡研究

过渡族金属铌（Nb）作为钢中的微合金化元素，能够提高钢的强度而不降低钢的韧性，铌（Nb）与钒（V）和 / 或钛（Ti）一起协同作用细化钢的晶粒、改善组织和力学性能的效果更佳。这类钢种发展前景广阔。迄今，由于研究难度大，研究工作集中于相关材料的组织、性能与这些元素含量间的关系上，极少涉及精炼过程及相关的基础，特别缺乏精炼所需的相关炉渣研究。过渡族元素 Nb、V、Ti 是强氧化性的变价金属，一般在钢的精炼期还原性气氛下加入。这决定了对熔渣、金属液的研究需要在还原性气氛中进行，使得实验研究的难度较大。

我国一些学者已认识到相关研究的重要性，在国家课题资助下，关于含过渡族金属（V、Nb、Ti 等）氧化物熔渣的热力学性质研究已经起步，并取得进展。在 2012 年 5 月底举行的第九届国际熔渣、熔剂及熔盐学术会议上我国学者还报告了含铌氧化物熔渣中相平衡研究的初步结果[8]。

2. 与洁净钢生产关系密切的熔渣热力学研究

熔渣的脱硫能力（硫化物容量或简称硫容）、脱磷能力（磷酸物容量或简称磷容）关系着钢的质量。洁净钢要求的硫、磷及氧含量很低。相应地，对生产流程中各熔炼和精炼环节中渣的物理化学性质要求也就更苛刻。虽然脱硫、脱磷是经典问题，但这类问题研究深入仍具理论价值和现实意义。

在硫容研究方面，我国学者与国外合作，通过多种二元熔渣硫容与温度关系的提取，计算出相关硅酸盐聚合反应焓变；证实焓变值与渣系的碱度有关，焓变值在结构方面反映出金属和氧离子间化学键的离子性和聚合度的大小；用气/液平衡热力学方法研究得出1550 ~ 1650℃、$CaO-SiO_2-CrO_x$渣的硫容。这些数据对含铬钢的精炼具有应用价值[9]。在脱磷研究方面，通过高温实验及计算得出了碱金属添加剂（Na_2O、K_2O）提高磷在$CaO-SiO_2-Fe_tO-P_2O_5$熔渣和碳饱和铁液间分配比的作用，定量研究了这一作用的影响因素。所得结果对优化铁水炉外脱磷的操作具有实际意义和应用价值[10]。

关于钢液在炉外精炼同时、同氧位下的脱磷脱硫，相关研究已从理论上阐明氧化钙系熔剂不存在同时、同氧位脱磷脱硫的可能性。对氧化钡（BaO）系熔剂在钢液炉外精炼中不同时，但是同氧位下脱磷脱硫从理论上进行了探讨，并进一步在钢包炉内进行了试验[11, 12]。研究结果表明，在钢液炉外精炼过程中采用BaO系熔剂，有可能实现钢液在钢包炉内不同时，但同氧位条件下的脱磷脱硫。

（三）冶金动力学

由于钢铁冶金过程温度很高，其中的动力学研究需要进行动态实验，所以研究的难度比热力学还要大。以前我国学者的工作较少涉及这一领域，而是更专注于气/固反应，如矿物的还原、金属的氧化等的动力学研究。但是，近来出现了一些很好的趋势。冶金动力学原创性研究已从过去的以冶金气/固相反应范围向固/液相（如熔渣和金属液对耐火材料的侵蚀）、液/液相（如各种不同的炼钢过程）反应动力学扩展。例如，预脱磷炉+脱碳炉冶炼法原是日本学者提出的用正常的铁水冶炼超低磷钢的一项技术，能否用于处理我国低品质铁矿产出的高磷铁水原为一个未知数。最近我国学者用动力学实验及模型计算方法证明预脱磷炉+脱碳炉工艺处理高磷铁水可行性[13]。该项研究已引起国内外同行的很大关注。

（四）冶金与能源电化学

周期表中第4、5族金属及稀土金属等与氧的亲和力极强。需要在很高的温度下才能用火法从氧化矿中将其还原。所以还原所需的能耗是很高的。碱金属、碱土金属的熔盐体系熔化温度远低于氧化矿物的还原熔炼温度，如果能在熔盐体系通过电解沉积获得金属或合金，将会减少环境污染和能耗。所以，国内外科技人员极为重视研发熔盐电化学法提取稀有金属（如钛、锆、铪等）、稀土金属，以及直接制备其合金的技术。2001年英国D. J. Fray教授曾提出二氧化钛及高钛渣直接电解的技术（FFC法），用以获得钛和其他一些稀有金属[14]。但是，由于电解过程为固相扩散控制，进行得很慢，加上电流效率不高及终点氧含量还无法降低到商业上合格产品的要求，技术尚需改进。在2008—2009年我们提交的报告中曾提到，我国学者提出的碳热还原与熔盐电解的FCC法结合，用钛精矿或高钛渣制备金属钛和钛合金的新技术。该法与FCC法相比，在电流效率和过程速率方面都有较大的提高[15]。近年来，该团队对这项技术的各个环节及所涉及的基础问题继续进行深入研究，包括氧化钛的热力学性质[16]、碳热还原制备钛的碳氧化物的技术和相关基础问题[17]，解决了如FFC法中电流效率不高及终点氧含量高等问题。对熔盐电解法直接还原获得镁合金也进行了研究。此外，对熔盐电解法直接制备高纯铬粉[18]，以及从镝氧化物制备重稀土金属镝[19]等也进行了探索。

（五）材料制备物理化学

我国学者提出的气固相反应动力学新模型曾证明适用于塞隆（Sialon）等高级耐火材料的高温氧化动力学。近一两年来，通过气固相反应实验的验证及相关计算，证明了该模型能够描述一系列材料，如镁碳砖、AlN、多壁碳纳米管等的氧化动力学规律。从而，证明该模型对材料高温氧化动力学预报的普适性[20-22]。因此可预期，该模型对抗高温氧化的无机材料研制和筛选将有一定的指导作用。

（六）资源与环境物理化学

本学科十分重视资源综合利用及环境保护的研究。长期以来，资源与环境物理化学一直是本学科重点发展，而且发展较快的领域。在我国以铁矿为主的金属矿中，相当多一部分都有多金属共生、品位低、化学和矿相的组成复杂和难处理等特点。在世界优质金属矿物资源日益减少的状况下，国家和地方对这些资源的利用很重视。其中包括两个主要的发展方向，一是研究与开发能耗小、废弃物排放少的清洁生产工艺流程，替代原有的高污染、高排放的不合理流程；另一方向是研究开发高效回收和利用冶金生产和其他工业废弃物的技术。

在清洁生产工艺方面，通过长期的努力，已取得卓著的成绩。曾提出以亚熔盐态的碱金属氢氧化物为反应介质，在常压、较低温度下高效、高选择性地从铬铁矿生产铬盐、将钛铁矿或高钛渣中的钛转化为钛酸盐中间体，并实现钛与Ca、Mg、Fe的分离，以低碱耗、低成本处理高钛渣制备二氧化钛的优化工艺[23]。近年来，亚熔盐法还用于研究氧化铝清洁生产新技术。该技术具有处理低品位铝土矿和赤泥，排放极少的特点[24]。最近，还进行了清洁工艺生产铬盐后的铁渣中提取钾及资源化处理的研究。由于该铁渣与传统工艺产生的铬铁渣在成分结构上不同，目前还没有相关的提钾报道。已进行在酸性调节下浆化铁渣提钾的工艺参数进行了系统研究[25]。脱钾后的铁渣符合炼铁行业的要求，实现了提铬铁渣的资源化利用，进一步完善了亚熔盐法铬盐清洁生产工艺。

我国一批学者长期致力于炉渣、炉尘等废弃物的高效回收利用的研发及相关基础研究，并取得一些新成果。例如，在一些特殊成分高炉渣的利用方面，先后利用富硼高炉渣

合成 α’—塞隆—氮化铝—氮化硼复合陶瓷粉末[26]，利用高钛渣合成氮化钛/O’—塞隆陶瓷，并进行了相关基础研究[27]。

（七）冶金新技术

1. 超重力场条件下提纯金属的研究

外场（如重力场、电磁场）及非常规（如超重、失重）条件下对冶金过程的影响一直为国内外学者所关注。但是由于实验难度大，并未见系统的研究报道。最近，我国学者[28]在超重力条件下，进行了提纯铝的实验研究。研究了铁含量为 2.88%、1.73% 和 0.99% 的 Fe-Al 合金在超重力系数为 400，温度为 800℃反应 30min 后铁的分布情况。发现 Al_3Fe 颗粒被超重力驱赶到坩埚底部；对 3 种不同铁含量但是成分均匀的 Fe-Al 合金，得到坩埚底部和表面铁的浓度比分别高达 7.44、2.53 和 3.21。这一方面说明超重力对制备高纯 α-Al 的有效作用，同时也展现超重力场对提纯金属的潜在利用价值。

2. 焦炉煤气用于焦油裂解的研究

利用高温焦炉煤气的显热直接将焦油催化裂解或重整为小分子气体，这一过程既大幅增加了甲烷等的含量，又保护了环境，是一个绿色处理过程。上海大学[29, 30]对用焦炉煤气使焦油重整或裂解的催化剂进行了相关的研究，以 LiLaNi/γ-Al_2O_3、Ni/MgO/Al_2O_3、Ni-CeO_2/Al_2O_3 为催化剂，用甲苯、甲基萘等为焦油模拟化合物，研究了高温条件下焦油组分的催化重整反应，考察了不同催化助剂对催化剂活性的影响。

三、本学科国内外同类研究比较

（一）我国冶金物理化学学科近年来发展的背景

进入 21 世纪以来，我国冶金工业进入了较快发展阶段。不仅钢铁和主要有色金属的产量长期保持世界第一，生产技术和装备水平也出现大幅度提升。自 2008 年始的国际金融危机，加上最近一两年世界及我国经济发展速度放缓以及我国冶金工业原有的结构性问题，致使我国钢铁及金属铝等主要冶金产品出现了严重的产能过剩。我国冶金工业进入了一个调整期。需要适当压缩产能，淘汰落后产能，降低污染物排放；还要调整产品结构，进行技术革新并提高整个行业的经济效益，以利于今后行业的健康发展。

在我国综合国力提高和冶金工业快速发展的大背景下，进入 21 世纪以来，我国冶金物理化学获得了比 20 世纪更快的发展，在国际上也获得了举足轻重的地位，受到了广泛的重视。近年来，我国冶金工业的调整和升级，对冶金技术及相关基础研究提出了更高的要求，这对我国冶金物化学科发展也是一个机遇和推动。此外，我国矿产资源的特殊情况及开发利用面临的严峻环境挑战，对相关的基础研究提出了更高的要求。这一切，决定了我国冶金物化学科的另一特点：涵盖的研究领域广，其中资源与环境物理化学占据相当重要的地位。

（二）国际冶金物理化学学科发展的基本状况

1. 发达国家和地区冶金物理化学研究出现总体削弱趋势

由于生产成本竞争及环境压力，不少西方国家的冶金工业近年来出现了严重的萎缩，致使对相关研究的需求及投入下降，相关基础研究也大为削弱。最主要的表现是研究领域和方向的缩减。例如在美国，与钢铁冶金相关的领域仅保留了保护渣相关的研究；在英国，与钢铁冶金相关的领域中，仅有熔体物理性质研究仍在坚持进行。相关的研究主要集中在新能源开发及环境保护领域；在日本，传统的冶金物理化学研究有所削弱，与环境保护相关的研究得到加强。

不容忽视的是，世界主要的产钢及有色金属的发达国家，仍保持着在几个主要学科方向的国际前沿的优势地位。在这些方向上，我国同他们相比尚存一定差距。

2. 国际冶金物理化学研究的热点领域

（1）洁净钢精炼的相关冶金物理化学研究。夹杂物生成及去除的机理和动力学为该领域的重点研究方向。瑞典等国的洁净合金钢研究居世界前列。例如，他们已经做到将合金钢钢包处理过程中夹杂物的种类与化学变化及夹杂物的数量的变化与过程操作和过程的推进联系起来，从而有效控制夹杂物的生成，保证了钢的洁净度。

日韩两国在洁净碳素钢的相关研究方面居国际前列。由于洁净钢中的夹杂和气体含量很低，某些钢种的氧含量已达 10×10^{-6} 以下，在欧洲和日本甚至达到 5×10^{-6} 以下。此浓度已大大低于瓦格钠（C.Wagner）提出钢的稀液热力学理论时各种溶质的浓度。在此低浓度下，原来得出的热力学规律是否有变化是学者们关注的重要课题。此外，在低氧分压下钢的精炼也是研究热点。

（2）与高合金钢、低合金高强度钢精炼相关的冶金物理化学研究（含合金液及相关炉渣热力学和物理性质）。关于高合金钢液的热力学性质通常借用瓦格钠（C.Wagner）提出的以铁为溶剂的稀溶液热力学理论，这显然是欠妥的。近期高合金钢液的热力学性质研究已引起国外学者的重视；各类合金钢精炼相关的冶金物理化学研究也是热点。目前，相关的研究集中在含这些合金元素氧化物熔渣的热力学方面。

（3）将冶金软科学与冶金物化结合进行的过程动力学、过程优化与控制研究。冶金熔体和合金的热化学性质数据库及其在热力学和相图中的应用软件（如 FACT 和 THERMOCALC）分别由加拿大及欧共体国家开发研制，并有数十年的历史。这些国家的冶金学者在将这些软件应用于冶金物理化学的研究方面也具有优势。特别是在冶金过程研究中，还做到了将传输现象与化学反应计算结合，模拟和预报过程。

（4）电化学法提取金属和制备合金的研究。在熔盐介质中通过电解制备金属钛等的研究在20世纪末和21世纪初得到较快的发展。迄今，该项技术已扩展到制备多种难熔金属、稀散金属、稀土金属和合金，以及硅等。

（5）冶金工业的副产品及工业废弃物的高效回收与综合利用。发达国家对该领域的研究极为重视。例如，日本学者研究以 $FeO-SiO_2-MnO$ and $CaO-FeO-SiO_2-MnO$ 熔渣为原料用碳热还原生产锰铁及锰硅合金的方法。又如，不锈钢等高合金钢精炼渣中所含合金元素如铬、钒及钛等是重要的资源，欧盟国家对这些元素的回收利用非常重视。其途径是用铁碳、铁碳硅、铁碳铝或铁碳硅铝合金将铬、钒及钛等从炉渣所含的氧化物中还原出来。相关的研究已完成从实验室到中间工厂试验的过渡，并进行了经济效益和环境影响的评估。在欧美地区，利用废塑料中的氯回收废钢中的铅、锌等重有色金属的研究已经成熟，其技术已进行小规模的工业应用。

（三）我国冶金物理化学研究的特点及与国外先进水平的比较

（1）我国冶金物理化学学科近年来发展较快，涵盖的研究领域比较全。

（2）在冶金熔体热力学及物理性质模型研究方面继续保持国际前沿地位。

（3）亚熔盐法清洁生产铬盐、高效利用高钛渣及处理红土铬矿的研究与应用方面处于国际先进水平。

（4）近期我国在冶金热力学、动力学的实验研究领域有较大起色，出现不少亮点。但与国际先进水平，如日、韩、瑞典等国相比仍有较大差距。

（5）将冶金软科学用于熔体热力学性质，冶金过程机理及动力学研究方面，我国与加拿大、澳大利亚、瑞典等国保持的国际先进水平差距仍较大。

可以看出，近年来我国冶金物理化学学科取得不少进步，得到了国际公认。但是，仍缺少重大创新性的研究及应用成果。总体上与国际先进水平存在一定差距。

四、本学科发展趋势及展望

（一）未来 5 年应重点研究的方向及展望

（1）洁净钢、合金钢精炼相关的冶金物理化学研究。

（2）我国贫、杂、多金属复合矿产高效综合利用途径的探索。

（3）电化学方法在金属提取与合金制备中的应用。

（4）将冶金软科学与冶金物理化学结合进行的过程模拟和过程优化研究。我们希望通过努力继续保持现有的优势学科方向的国际领先地位，在下一个 5 年能够从总体上进一步缩小与国际先进水平的差距，力争再有一两个研究方向达到与国际前沿水平。

（二）建议采取的措施

（1）在项目立项上，集中财力物力支持在该研究方向上的优势团队，发展优势学科方向，力争在重点方向上有较快的突破和发展。

总结发现，冶金物化领域的重大创新多出自几个团队，他们在创新性的研究方面具有优势，应重点支持。另一方面，还应通过政策引导，引导和鼓励更多的集体成为新的创新团队。重复性的研究实际上是一种资源的浪费，应尽力避免或减少。

（2）在人才引进、设备购置等多方面向重点方向倾斜。

（3）出台政策、措施鼓励国际合作。

我们注意到，在冶金物理化学的主要研究成果中，很大一部分都有一定的国际合作研究背景。例如，人员的定期交流互访、项目合作、合作培养研究生等。国际合作对开展创新性的研究起了很大的推动作用。我们认为，只要不涉及国家机密或商业机密，就应大力提倡和促进国际合作。冶金物理化学作为应用基础学科，国际合作尤为重要。建议在国家政府层面出台政策和措施鼓励国际合作。

（4）对冶金软科学与冶金物理化学结合的研究和应用予以特别的重视和扶植。

在 20 世纪 80 年代和 90 年代，我国曾在该领域发展较快。进入 21 世纪以来，由于多种原因制约了我们前进的步伐，拉大了中外差距，成为当前我们较为薄弱的领域。其原因，有该领域特点（如要求人员数理基础、计算机及冶金专业基础都较好）使人才培养周期长的因素，也有项目获批难、长期连续获资助更难的原因。另外，我国在知识产权保护方面的不足也是一个重要因素。为从根本上扭转局面，使相关的研究迅速得以改善需要在政策层面予以特别的倾斜和鼓励，如项目的审批，人才的引进等。此外，需要注意相关的政策还需要有长期性和延续性，这样，才能保证该领域的研究能够持续发展，避免再次出现反复。

（5）希望有关部门研究现行的人才激励政策，并进行改革，使其适应我国冶金科技长远发展的需要。

参 考 文 献

[1] 张家芸．冶金物理化学［M］．北京：冶金工业出版社，2004.

[2] Kuo-Chih Chou．A general solution model for predicting ternary thermodynamic properties［J］．CALPHAD，1995，19（3）：315-325.

[3] 2013 年钢铁冶金新技术国家重点实验室评估报告［R］．北京：北京科技大学，2013，1.

[4] Zhang Guohua，Chou Kuo-Chih．Simple method for estimating the electrical conductivity of oxide melts with optical basicity［J］．Metallurgical and Materials Transactions B，2010，41（1）：131-136.

[5] Wang Zhen，Shu Qifeng，Chou Kuo-Chih．Structure of $CaO-B_2O_3-SiO_2-TiO_2$ Glasses：A Raman spectral study［J］．ISIJ International，2011，51（7）：2021-2027.

[6] Shu Qifeng, Wang Zhen, Jeferson L Klug, et al. Effects of B_2O_3 and TiO_2 on crystallization behavior of some slags in Al_2O_3–CaO–MgO–Na_2O–SiO_2 system [C] // Proceedings of the Ninth International Conference on Molten Slags, Fluxes and Salts (CD version). Beijing: organized by the Chinese Society for Metals, 2012.

[7] Zheng Kai, Zhang Zuotai, Yang Feihua, et al. Investigation of the structural properties of calcium aluminosilicate slags with varying Al_2O_3/SiO_2 ratios using molecular dynamics [C] // Proceedings of the Ninth International Conference on Molten Slags, Fluxes and Salts (CD version). Beijing: organized by the Chinese Society for Metals, 2012.

[8] Yan Baijun, Guo Ruibing, Zhang Jiayun. A study on phase equilibria in the CaO–Al_2O_3–SiO_2– "Nb_2O_5" (5 mass pct) system in reducing atmosphere [C] // Proceedings of the Ninth International Conference on Molten Slags, Fluxes and Salts (CD version). Beijing: organized by the Chinese Society for Metals, Beijing, 2012.

[9] Wang Lijun, Seshadri Seetharaman. Experimental studies on the sulfide capacities of CaO–SiO_2–CrO_x slags [J]. Metall Mater Trans B, 2010, 41 (2): 367–373.

[10] Li Guangqiang, Zhu Chengyi, Li Yongjun, et al. The effect of Na_2O and K_2O flux on the phosphorus partition ratio between CaO–SiO_2–Fe_tO–P_2O_5 slags and carbon saturated iron [C] // Proceedings of the Ninth International Conference on Molten Slags, Fluxes and Salts (CD version). Beijing: organized by the Chinese Society for Metals, 2012.

[11] 颜根发，董元篪，黄志勇，等. 钢液炉外精炼同位脱磷脱硫的可能性研究 [J]. 炼钢，2011，27 (5): 44–48.

[12] 董元篪，王海川. 钢铁生产过程的脱磷 [M]. 北京：冶金工业出版社，2012.

[13] Zhang Xie, Xie Bing, Diao Jiang, et al. Coupled reaction kinetics of duplex steelmaking process for high phosphorus hot metal [C] // Proceedings of the Ninth International Conference on Molten Slags, Fluxes and Salts (CD version), Beijing: organized by the Chinese Society for Metals, 2012.

[14] Chen Gorge Zheng, Derek J. Fray and Tom W. Farthing. Direct electrochemical reduction of titanium dioxide to titanium in molten calcium chloride [J]. Nature, 2000, 407 (September): 361–364.

[15] Jiao Shuqiang, Zhu Hongmin. Novel metallurgical process for titanium production [J]. J Mater Res. 2006, 21 (9): 2172–2175.

[16] Liu Yong, Lan Jinle, Zhang Boping, et al. High-temperature thermoelectric behaviors of highly dense polycrystalline nonstoichiometry tiox ceramics [C] // TMS 2010 139th Annual Meeting and Exhibition held in Seattle, Washington, Supplemental Proceedings, Volume 3: General Paper Selections. NJ: Wiley, 2010.

[17] Cao Chengjun, Jiang Bo, Cao Zhanmin, et al. Preparation of titanium oxycarbide from various titanium raw materials: Part I [J]. Carbothermal reduction, Rare Metals, 2010, 29 (6).

[18] Wang Jinxia, Xie Hongwei, Li Chengde, et al. Direct Electrochemical Preparation of Chromium Powder in Molten Salts [J]. Advanced Materials, Research, 2011, 284–286: 2146–2149.

[19] Pyonghun Kim, Hongwei Xie, Yuchun Zhai, et al. Direct electrochemical reduction of Dy_2O_3 in $CaCl_2$ melt [J]. Journal of Applied Electrochemistry, 2012, 42 (4), 257–262.

[20] Hou Xinwei, Chou Kuo-Chih. Quantitative investigation of the oxidation kinetics of magnesia/carbon composite [J]. Journal of the Ceramic Society of Japan, 2009, 117 (12): 1293–1296.

[21] Ankit Kumar Singh, Hou Xinmei, Chou Kuo-Chih. The oxidation kinetics of multi-walled carbon nanotubes [J]. Corrosion Science, 2010, 52 (5): 1771–1776.

[22] Hou Xinmei, Yue Changsheng, Ankit Kumar Singh, et al. Morphological development and oxidation mechanisms of aluminum nitride whiskers [J]. Journal of solid state chemistry, 2010, 183 (4): 963–968.

[23] 中国科学技术协会主编，中国金属学会编著. 2008—2009 冶金工程技术学科发展报告 [M]. 北京：中国科学技术出版社，2009.

[24] 陈利斌，张亦飞，张懿. 亚熔盐法处理铝土矿工艺的赤泥常压脱碱 [J]. 过程工程学报，2008，10 (3): 470–475.

[25] 翟超，王京刚，初景龙，等. 铬盐清洁工艺中含铬铁渣回收钾及资源化处理 [J]. 有色金属（冶炼部分），

2011 (7): 22-25.

[26] Jiang Tao, Wu Jie, Xue Xiangxin, et al. Carbothermal formation and microstructural evolution of alpha' -Sialon-AlN-BN powders from boron-rich blast furnace slag [J]. Advanced Powder Technology, 2012, 23 (3): 406-413.

[27] Jiang Tao, Xue Xiangxin, Duan Peining. Characterization and mechanical properties of TiN/O' -Sialon ceramics prepared from high titania slag [J]. Advanced Materials Research, 2011, 284-286: 1353-1357.

[28] Sun Shitong, Li Jingwei, Guo Zhancheng, et al. Reducing iron content in molten aluminum by super-gravity segregation [C] // Proceedings of the Ninth International Conference on Molten Slags, Fluxes and Salts (CD version). Beijing: organized by the Chinese Society for Metals, 2012.

[29] Yang Jun, Wang Xueguang, Li Lin, et al. Catalytic conversion of tar from hot coke oven gas using 1-methylnaphthalene as a tar model compound [J]. Applied Catalysis B: Environmental, 2010, 96 (1-2): 232-237.

[30] Zou Xiujing, Wang Xueguang, Li Lin, et al. Development of highly effective supported nickel catalysts for pre-reforming of liquefied petroleum gas under low steam to carbon molar ratios [J]. Internatinal Journal of Hydrogen Energy, 2010, 35 (22): 12191-12200.

撰稿人：张家芸　闫柏军

冶金反应工程分学科发展研究

一、引言

冶金反应工程学（Metallurgical Reaction Engineering）是在冶金反应器内的流体流动、质量传递和热量传递以及冶金宏观动力学（简称三传一反）的研究基础上，借助于数学和物理模拟方法，以研究和解析冶金反应器和系统的操作过程规律为核心，以实现冶金反应器和系统的优化操作、优化设计和比例放大为目的的新兴工程学科。冶金反应工程学的研究对象，顾名思义，是研究冶金反应的工程问题的科学。它以实际冶金反应过程为研究对象，就必须研究伴随各类传递过程的冶金化学反应的规律，即冶金宏观动力学，它又以解决工程问题为目的，就必须研究实现不同类型冶金反应的各类冶金反应器和系统的操作过程特征和规律，并把二者有机结合起来形成了独特学科体系。

冶金是由自然界的矿石等原材料提取金属和制备合金材料的生产过程，已有几千年的历史。20 世纪 30 年代化学热力学引进冶金领域开始了冶金的科学化进程。但是，热力学只能解决过程的方向和限度，不描述反应进行的过程。传统的化学动力学是由分子运动和结构等微观概念出发研究化学反应进行的机理和速度的科学，其研究不能直接应用于实际冶金反应器，从而导致了研究伴随流动、传热和传质的实际反应进行速度的宏观反应动力学的诞生。“三传”——动量传输、热量传输、质量传输理论认为：假设每一个微元体内在每一个瞬间都满足物质衡算、动量衡算、能量衡算，则在有限的时间、空间框架内，由有关边界条件和初始条件，构成定解问题，描述速度场、温度场、浓度场的微分形式，求解可得到物理量的时空分布的场函数——在每一时刻、在有限空间中每一个点上的速度或温度或浓度值，再将其与本征化学反应相集合就可更为贴切地定量描述真实的冶金工程现象。

信息技术在冶金工业广泛应用，从而使冶金工业日趋大型化、连续化和自动化。正是在这日新月异的技术革新浪潮中，冶金反应工程学应运而生。日本名古屋大学的鞭岩教授使用冶金反应工程学的学科名称在 1972 年出版专著《冶金反应工学学》[1]，标志着冶金反应工程学的学科的正式形成。

同一时期，欧美的许多学者也开始将传输理论、宏观动力学及反应工程学的研究方法应用于冶金反应器内部现象的解析[2-11]。1982 年中国金属学会冶金过程物理化学学会内成立了冶金过程动力学学科组，1990 年正式改名为冶金反应工程学术委员会。三十多年来，以冶金反应器及冶金过程数学模型为核心的冶金反应工程学得到了前所未有的发展。特别是近年来，冶金反应工程学学科发展进入了一个新的发展和壮大期，涌现了一大批从事冶金反应工程学研究的学者和研究生，研究工作异常活跃，研究成果水平不断提升。表现为充分吸收计算流体力学的最新成果应用于冶金反应器内流体流动的数值模拟，连铸过程钢液凝固和特大型钢锭凝固过程数值模拟与工艺优化获得新进展，清洁冶金技术，资源与能源节约型新流程、新反应器的设计与过程研究获得了新突破，研究更加注重宏观尺度和微观尺度的有机统一等[12]。

随着我国钢铁工业的迅猛发展，我国冶金反应工程学的研究与应用进入了一个蓬勃发展期，将重点进行冶金过程工艺模型实用化研究，冶金过程优化与控制的应用基础研究，工程放大理论和技术的研究，冶金体系传输动力学参数的测定及计算等方向研究，冶金反应工程学学科又将迎来新的发展期和引领国际的机遇。

二、冶金反应工程学国内发展现状

中国近年冶金反应工程学的研究非常活跃，各种研究百花齐放，不胜枚举。以北京科技大学、东北大学、上海大学、燕山大学和一重、唐钢、莱钢、中冶赛迪研究团队为代表的研究成果大致可归纳为以下 5 个方面：

（一）冶金反应器流动和边界层效应的研究与相应的工程技术研究结合取得进展

冶金反应器内的流动和边界层效应研究是冶金反应工程传统的研究内容，主要的研究方法有物理模拟和数值模拟，近年来进展的特点是与工程技术研究更加紧密的结合，取得实用效果[13-16]。如：

东北大学的研究团队研究转炉氧气炼钢工艺过程，涉及顶吹的超音速射流、底吹鼓泡流、熔池内金属液和渣层流动等复杂情况，利用 VOF 多相流模型描述多孔氧枪顶吹射流冲击液体所形成的凹坑，利用 DPM 离散相模型描述底吹气流对熔池搅拌作用，同时充分考虑超音速射流的可压缩性，采用超音速可压缩方程描述顶吹超音速射流。

北京科技大学的研究团队探讨了高马赫数条件下描述氧枪射流流场的合理的湍流模型，对比分析了 Standard k-ε、RNG k-ε、Realize k-ε、Standard k-ω 和 SST k-ω 等 5 种模型的模拟结果，结果表明由于 SST k-ω 模型充分考虑到边界层的影响，分别针对近壁面与远离壁面的不同的湍流特点对方程进行了不同的修正，更适合进行高马赫数条件下的氧枪射流流场的模拟，其计算结果与理论值及部分实验结果最为接近。

东北大学的研究者考虑到高拉速薄板坯连铸结晶器内钢液的强烈非稳态湍流状态，分别利用大涡模拟及雷诺 k-ε 模型描述结晶器内的湍流场，结果证明大涡模拟可以捕捉更多的随机漩涡，对结晶器内的瞬时流场预报更准确。

上海大学和东北大学的研究者针对 RH 精炼装置内为气、液、固多相高温反应，在描述气液两相流动及混合行为的基础上，耦合脱碳反应的热力学及动力学知识，同时充分考虑夹杂物的碰撞、长大及去除行为，建立了 RH 精炼装置内流动、混合、脱碳及夹杂物去除的数学模型，并运用合理的数学方法进行求解，进而对 RH 精炼装置展开充分的模拟与仿真计算。结果表明利用其模型计算所得示踪剂浓度变化、碳浓度变化及夹杂物浓度变化均与现场测量值符合良好，证明了该模型适用于生产实践的可靠性和有效性。与此类似，其他研究者分别针对 RH 钢液精炼中喷粉脱硫过程、AOD 精炼过程中的脱碳行为等也都进行了较好的数值模拟。

（二）钢液凝固过程的研究获得重大进展

钢液的凝固过程对铸件质量有重大的影响，然而因其实在 1500℃左右的高温下进行，难以观察和实测研究，始终是冶金工作者面对的技术难题，而冶金反应工程学的发展为解决这一难题提供了契机。连铸和铸造凝固过程和铸坯质量控制的研究一直是钢铁界的热点和重点，近年来国内运用冶金反应工程学的研究方法和理论开展了大量连铸和铸造凝固过程方面的研究，获得了一些重要进展和突破[17-21]。主要有：

燕山大学的研究团队对横截面为凹 24 边形的 135t，304 不锈钢大钢锭铸锭技术进行了数值模拟研究。仿真模拟得出 135t 钢锭的完全凝固时间为 32h44min。最后凝固区域在冒口上部，说明保温帽起到了良好的保温效果。根据温度场模拟的结果缩孔和疏松深度为 850mm，距离锭身上平面 350mm。仿真模拟得出高径比从 1.46 减小到 1.16，缩孔距锭身上平面的距离由原来的 350mm 增加到了 459mm。

中国第一重型机械集团公司和东北大学的研究团队进行了核电用 100t 级电渣钢锭电渣重熔工艺模拟及生产应用研究，对核电主管道和 12%Cr 转子钢用百吨级巨型电渣钢锭重熔过程建立了仿真数学模型，形成电渣重熔工艺过程三维数值模拟计算软件 ESR3D。模拟了电渣重熔全过程，包括电极熔化，金属熔滴自由下落，金属熔池的形成，金属熔池和渣池的上升、移动，三组电极分别更换，在线安装上结晶器，钢锭在水冷结晶器中凝固等。模拟并优化的电渣重熔工艺应用于生产 80 ~ 120t 大型电渣钢锭，其质量满足核电和超超临界火电机组技术要求。

东北大学的研究者针对连铸结晶器内钢凝固过程溶质晶界偏析和初凝坯壳的热 / 力学状态直接影响连铸坯表面及皮下质量的实际情况，采用数值模拟方法建立了伴随 δ / γ 相变的钢凝固两相区溶质微观偏析模型和板坯连铸结晶器内坯壳生长的热 / 力耦合有限元模型，研究分析了结晶器内 C，Si，Mn，P 和 S 溶质元素两相区内微观偏析特点及其对凝固前沿裂纹敏感性的影响和铸坯凝固过程坯壳——结晶器界面内气隙、保护渣、界面热流、坯壳温度场和应力场等动态分布规律，丰富了连铸结晶器的冶金理论。

东北大学的研究团队采用数值模拟仿真揭示了连铸过程钢液流动、凝固枝晶生长、溶质偏析等行为机理，突破了旨在消除连铸坯中心偏析和中心疏松的凝固末端轻压下理论，提出了确定轻压下的压下量、压下区间、压下效率的理论模型，开发了动态轻压下工艺控制核心技术，并在多家企业实施了应用。

（三）冶金反应工程推动创新清洁冶金技术的研究和应用

当代人类社会的发展对冶金技术提出了新的要求，指出是节能减排的技术方向，各种新设想、新概念、新技术、新工艺应运而生。对此，我国的冶金反应工程的研究也作出了巨大贡献[22-31]。

钢铁行业中炼铁是能耗和污染大户，对此世界各国开发出了几种非高炉炼铁新工艺，如奥钢联的 COREX 法、澳大利亚的 HIsmelt 法、韩国浦项与奥钢联联合开发的 FINEX 法等。随着这类新工艺的逐步投入生产，我国对其中关键工艺及参数进行了详细的模拟与仿真，例如对于 COREX C3000 竖炉内关键部位优化前后的煤气流分布、COREX 竖炉 Rist 操作线模型的建立及各参数的潜在影响等。

上海大学的研究者以铁浴式熔融还原为基础，提出了一种顶吹富氧、底吹富氢、上排侧枪喷吹粒煤与氧、下排侧枪喷吹粉煤的新一代 $C-H_2$ 熔融还原炼铁新技术，该工艺的主要思想是将 C 作为热源和部分还原剂，用 H_2 作为重要还原剂，最终目的是降低碳的利用和排放。研究团队对该工艺及相关反应器进行了详细的模拟与仿真计算。

东北大学的研究者将冶金行业的并流反应器引入城市生活垃圾处理方面，提出了城市生活垃圾并流竖炉气化熔融焚烧新工艺，其关键技术在于能够最大限度地利用生活垃圾自身所含的能量、最低限度利用外界辅助燃料，还对该工艺的可行性进行了详细论证。

北京科技大学的研究团队对此开展了一系列的非碳冶金实验探索，包括：完全利用风能、太阳能等非碳能源提供冶炼所需能量，获得 1600℃以上的高温；使用非碳介质提供电子实现铁氧化物的还原——电解水制氢还原铁矿石；利用清洁能源发电用于水溶液电解制铁等。对于其中涉及的流程设计、反应器设计等研究团队进行了深入系统的研究和论证。结果表明基于风光互补发电系统的非碳冶金技术可以获得冶金过程所需能量和 1600℃以上的高温，也能够提供还原反应用氢和水溶液电解制铁所需的电子，该技术方案还可推广应用于 Ti、Cu、Ni、Al、Mg 等金属的提取和冶炼。

（四）冶金反应工程学向更宏观尺度的研究取得进展

经典的传统的冶金反应工程学研究的是反应器内流动对冶金反应的影响。反应过程涉及的边界层一般是毫米（10^{-3}m）至厘米（10^{-2}m）尺度。而冶金反应器大都为米级（10^{0}m）或至多是数十米级（10^{1}m）；当前在低碳经济下冶金技术的发展对于资源环境、排放的关切加深，我国冶金反应工程的研究出现了向更为宏观尺度发展的趋势，将有关的研究扩展到单元工序，整个流程甚至涉及环境和社会。如：

唐山钢铁集团有限责任公司的研究者开展了关于钢铁企业内碳迁移的研究[32]。依靠碳迁移完成冶金过程的问题有化石燃料开采的环境问题，CO_2等温室气体问题，SO_2、NO_X、Dioxin等污染问题，固体废弃物污染问题，水污染问题；评价和优化碳迁移从质和能两方面考虑。指出碳是现代冶金工程不可或缺的重要元素，碳迁移联系着整个钢铁联合企业的各个环节：碳的耗散与管理水平、生产水平，经济技术指标和经济效益密切相关。2011年利用二次能源自发电比例达到了70%以上，年发电量达24.5×10^8kW·h，减排二氧化碳223万吨。厂区绿化率达到50%，公司主厂区绿地76.91hm^2，年吸收二氧化碳1230t，生产氧气923t，吸收有毒有害气体，绿地每年滞尘量838t。通过对企业内碳的来源和流向分析，针对不同单元或节点，采取不同的技术措施，使碳的消耗降低、碳的利用率提高，从而实现系统内碳迁移过程的优化，不仅可以提高企业的经济效益，而且改善了企业的社会观感，提高企业综合竞争力。

中冶赛迪对高炉炼铁单元工序的碳迁移进行了研究[33]。

莱钢特钢和北科大针对国内电弧炉炼钢烟气余热，除用于废钢预热外，未实现其他稳定工业化应用的现状，进行了电炉炼钢流程能量优化利用研究并取得了重要的应用成果：开发了电弧炉能量优化输入节能技术——电弧炉集束氧枪供氧技术和电弧炉能量分段控制技术，提高了化学能和电能转换为热量的速率和效率，实现化学能和电能优化输入；自主开发电弧炉烟气余热回收利用系统装备及技术，实现电弧炉烟气余热在“EAF–LF–VD”炼钢流程内循环再利用，取消燃油蒸汽锅炉；实现了“EAF–HGR–VD”系统能量优化，实现电弧炉冶炼和余热回收协调统一运行和EAF–HGR–VD系统的能量集成控制[34]。

北京科技大学和天津钢管公司合作进行了电弧炉炼钢过程的能量集成研究[35]。

（五）冶金反应工程学向更小尺度的研究有了新成果

我国古话说“见微知著”，近年来，许多研究关注更小尺度的冶金现象。例如更小粒度铁氧化物的气—固还原反应。为降低过程温度、提高反应速率、节能、减耗、为发展我国的直接还原铁（DRI）和冶金固体废弃物再资源化处理创新技术发展提供了新的理论依据。如：

提出了“低温还原”的概念。认为粒度小于200目（80μm）的铁的氧化物颗粒具有更易于在较低温度下还原的热力学条件。用氢还原铁的氧化物在“催化”或“离子”气氛中，还原温度可以降低[36]。

提出了“精细还原”工艺，对微米级的铁氧化物气—固反应的动力学研究，对“未反应核模型”的尺度效应进行了定量的评价，提出该模型只适用于厘米级（10^{-2}m）的铁氧化物颗粒的气相还原过程。对于微米级（10^{-6}m）的铁氧化物的气—固还原反应不能再使用该模型来描述。研究结果指出微米级的铁氧化物的完全还原反应时间比厘米级的快50～100倍，在低于1000℃的温度下，可望取得有工业应用前景的还原速率，多次实验研究证实了这一效应，并称之为“精细还原”工艺[37]。

对精炼过程钢液中微米级非金属夹杂物的碰撞长大机理和去除行为进行了计算机模拟研究；连铸过程传统的宏观传热计算研究已向描述连铸坯枝晶生长和组织结构方向发展。

三、冶金反应工程分学科国内外发展比较

由前述可见，近年来在我国冶金反应工程学研究不仅在理念方法而且在工程技术领域都有了广泛的进展。特别是随着冶金工艺学、冶金物理化学、传输理论和实验技术、系统工程和控制技术、计算机科学等相关学科的迅速发展，冶金反应工程学的理论和方法日趋完善，研究领域进一步拓宽，形成了冶金反应宏观动力学、冶金传输、冶金反应器设计与放大、反应装置与操作解析、冶金过程优化与控制等具有相应特定研究领域有相互关联的若干学科分支并取得了长足的进步。

活跃的学术研究与成果，使得原来两年一次的学术年会改为一年一次。从 2010 年到 2013 年，连续 4 次学术会议每届代表与论文均过百，高校、设计研究院、冶金与机械行业企业代表的论文内容丰富，涉及钢铁生产过程、有色冶金、湿法冶金、电炉炼钢、炉外精炼、连铸与凝固、过程数值模拟及控制等各个方面，充分反映了近几年来我国冶金工作者在冶金反应工程学方面取得的新进展、新成果。表现为：充分吸收计算流体力学及计算机技术等领域的最新成果，并成功应用于冶金反应器内流体流动的数值模拟；由反应器内的宏观流动场模拟为主转化为流动与物质传输、反应热力学、动力学等相关行为的耦合，更接近于生产实践，大大提升反应器内关键工艺参数的预测精度。结合国家提出资源节约型、环境友好型的发展战略，进行了资源与能源节约型新流程、新反应器的设计与过程模拟；新型清洁能源下的新流程、新工艺开发。此外，一批从事冶金反应工程学研究、具有国际影响力的中青年学者迅速成长，一批国内培养的研究生出国加入到国外高校和研究机构，形成了冶金反应工程学研究和人才培养并举的繁荣景象，整体学术水平得到了全面提升，特别是冶金反应工程学在冶金行业的应用研究形成了“中国风”。

相比之下，欧美和日本等国因国家战略和产业调整及其他因素，冶金工业的发展基本趋于稳定甚至停滞期，从事冶金工程领域的研究和人才培养的队伍大幅度减少，从事冶金反应工程学研究的具有国际影响力的学者变得屈指可数，从而客观上为我国引领此领域提供了契机。

四、冶金反应工程分学科国内发展趋势及展望

（一）学科发展面临的挑战和机遇

当前，世界冶金工业正在向着高效、低耗、清洁和优质的方向发展，传统的工艺技

术不断完善和更新，金属精炼、近终形连铸、电磁冶金等一批新技术已经开始在工业生产上获得应用，信息网络、模拟仿真、人工智能等高新技术在冶金中应用的水平也在不断提高。为了实现我国钢铁工业的可持续发展，为国民经济和国防建设提供钢铁材料支撑，需要开发新一代钢铁材料以及低成本大批量的生产工艺技术，最大限度地减少冶金生产过程的资源和能源消耗，减少对环境的污染。为此，冶金过程原理与技术创新，冶金过程装备技术的创新和冶金过程控制技术的创新是关键。因此，冶金反应工程学理论和研究方法及其手段在冶金过程原理与技术创新方面将发挥极其重要的作用，特别是随着冶金工艺学、冶金物理化学、传输理论和实验技术、系统工程的控制技术、计算机科学等相关学科的发展，冶金反应工程学将会有更大的发展舞台，其理论和方法将会得到日趋完善，研究领域将会进一步拓宽，其在行业中的重要性和作用将会得到更大的显现。

（二）学科发展战略目标

《国家中长期科学和技术发展规划纲要》指出今后 15 年科技工作的指导方针是：自主创新，重点跨越，支撑发展，引领未来。在该方针的指导下，冶金反应工程学科发展的战略目标是：立足国内，面向世界，注重创新，结合应用。重点在以冶金反应器和系统的优化操作、优化设计和比例放大为目的的冶金反应器操作解析的研究方面取得成果，为我国冶金技术实现跨越式发展，在 10 ~ 20 年时间内达到国际先进水平提供了应用基础研究的支撑，使本学科的研究整体达到国际先进水平。

（三）冶金反应工程分学科重点发展方向展望

1. 冶金体系传输动力学参数的测定及计算

动量、热量和质量传递动力学参数既是传输现象和宏观动力学研究所必需的基础数据，也是传输现象研究的重要内容之一。与物性参数相比，湍流传输参数测定和模化研究更加困难、也更加不完善。到目前为止，还没有任何模型能够令人满意地计算湍流的相间传输参数。更重要的是，各相内的传输行为，尤其是界面附近的传输行为，直接影响着相间的传输参数。从这一点看，较宏观的相内湍流传输参数的模化确定就更具有意义。因此，湍流传输参数的模化确定，应是传输现象研究的重点方向。

2. 冶金多相流动、传热、传质研究

冶金多相流动主要是流体连续相与离散相（颗粒群、液滴群、气泡群等）构成的弥散体系，而目前弥散体系内分散相与连续相之间的相对运动行为、传热和传质的研究还很不完善。因此，弥散相体系内相间的流动、传热和传质的研究成了亟待发展的重点方向。其中最关键的又是离散相在连续相内的产生尤其是在时间、空间和尺寸上的分布，例如钢液脱氧合金化精炼过程中产生的非金属夹杂物行为描述。

3. 冶金过程优化与控制的基础研究

冶金过程优化与控制主要是指对影响最终产品质量和生产成本及环境的金属冶炼（包括冶金原料的制备）和浇铸凝固成型过程的优化，进而实现满足要求的本体成分、温度和凝固组织等的控制，目前已成为实现冶金工业向着高效、低耗、清洁和优质方向发展的关键环节。为此，在反应工程学研究的基础上引入现代最优化方法，特别是建立反应器优化操作模型，从而为实现最优控制提供核心模型。充分注意到冶金过程的复杂性，在解析模型—数值求解的研究方法的基础上大力开展刺激—响应、向量微分方程、神经网络、模式识别、人工智能等方法，建立多变量的灰箱或黑箱模型的研究。注意引进非平衡态的不可逆热力学等领域的研究成果。

4. 冶金反应器设计与放大理论

特定的冶金反应过程只是特定的化学反应规律和这些传递规律的结合。化学反应规律是其个性，而反应器的多尺度规律则是其共性。一旦对某一类反应器的多尺度规律有了透彻的理解，那么采用这一类冶金器的工业反应过程的开发实验就只限于小试验测定的反应规律和中试的检验。冶金反应器放大是冶金工程学理论研究的一个基本问题，其应优先考虑：冶金多相复杂反应与分离系统及结构特征，包括颗粒、液滴、气泡尺度，分散相聚集尺度，设备尺度等时空多尺度结构及其效应的观察和探讨；多项复杂结构的计算机模拟，探索结合不同尺度计算方法，解决计算模拟和计算精度的矛盾；考虑冶金反应的相似原理指导下的冶金反应器的物理化学模拟实验技术。

5. 冶金过程工艺模型实用化研究

国内先后开发了各种实用的模拟软件，许多国际通用的商业软件得到了广泛的应用，然而从发展的角度来看，大多数研究工作尚处于简单应用阶段，有待于深入的工程开发应用。为此，需要：对现行广泛应用的冶金工艺过程给出合理的数学物理模型，开发可与控制相衔接的工艺模型，特别是对冶金过程中不确定性的“容忍”和适应；对新开发的冶金工艺过程给出描述模型，例如某些非高炉炼铁工艺过程的描述，更接近终产品形状的连铸凝固过程描述等；建立数学模型、使用数值模拟技术辅助新工艺技术和新工艺流程的开发，例如薄带连铸技术、连续炼钢过程的开发研究等。

（四）冶金反应工程学科发展对策与建议

在当前成立中国金属学会冶金反应工程学分会的基础上，希望：

（1）在国家自然基金和有关科技领导部门中设立冶金反应工程学研究的专项基金，建立以冶金反应工程学研究为主的专项课题，加大和支持冶金反应工程学研究的力度，设立关于冶金反应工程学研究的奖项，在政策上给冶金反应工程学研究给予引导；

（2）鼓励开展冶金反应工程学的产学研三结合研究，特别是重点在冶金反应工程学研究的基础上开展多学科合同攻关，自主开发实用的冶金过程工程控制软件；

（3）立足国内，面向世界，加强国际交流；

（4）在各高校研究生课程中设立冶金反应工程学必修课程；

（5）造就国内外有影响力的学术带头人和重视后备力量的培养。

参考文献

[1] 鞭岩，森山昭 . 冶金反应工程学 [M] . 北京：科学出版社，1981.

[2] 盖格，波伊里尔，著．冶金中的传热和传热现象 [M]．俞景禄，魏季和，译．北京：冶金工业出版社，1981.

[3] 舍克里，著．冶金中的流体流动现象 [M]．彭一川，徐匡迪，樊养颐，译．北京：冶金工业出版社，1985.

[4] Szekely J，Evans J W，Brimacombe J K．The mathematical and physical modeling of primary metals processing operations [M]．New York：John Wiley & Sons，1988.

[5] 曲英，刘今．冶金反应工程学导论 [M]．北京：冶金工业出版社，1986.

[6] 韩其勇．冶金过程动力学 [M]．北京：冶金工业出版社，1986.

[7] 肖兴国，谢蕴国．冶金反应工程学基础 [M]．北京：冶金工业出版社，1997.

[8] 萧泽强．冶金中单元过程和现象的研究 [M]．北京：冶金工业出版社，2006.

[9] Lou Wentao，Zhu Miaoyong．Numerical simulations of inclusion behavior in gas-stirred ladle [J] .Metallurgical and Materials Transaction B，2013，44（3）：762-782.

[10] Weiling Wang，Miaoyong Zhu，Zhaozhen Cai，et al．Micro-Segregation Behavior of Solute Elements in the Mushy Zone of Continuous Casting Wide-Thick Slab [J] . Steel Research International，2012，83（12）：1152-1162.

[11] Sen Luo，Miaoyong Zhu，Cheng Ji，et al．Characteristics of Solute Segregation in Continuous Casting Bloom with Dynamic Soft Reduction and the Determination of Soft Reduction Zone [J] . Ironmaking and Steelmaking，2010，37（2）：140-146.

[12] 中国科学技术协会，中国金属学会．2008—2009 冶金工程技术学科发展报告 [M]．北京：中国科学技术出版社，2009，4：31-48.

[13] 黄凯，朱荣，等．氧气顶吹转炉的三相数值模拟 [J]．过程工程学报，2011，11（1）：21-25.

[14] 魏鑫燕，朱荣，等．100t 转炉炼钢氧气射流的数学模拟研究 [J]．炼钢，2011，27（6）：28-30.

[15] 魏季和，胡汉涛．钢液 RH 精炼非平衡脱碳过程数学模拟：模型的应用及结果（Ⅰ）——脱碳过程及某些工艺因素的影响 [J]．过程工程学报，2009，9（S1）：281-286.

[16] 魏季和，贺元，史国敏．侧顶复吹条件下 AOD 转炉熔池内流体流动的数学模拟：模型对侧顶复吹过程的应用及结果 [J]．过程工程学报，2011，11（1）：43.

[17] 桑宝光，张秀伟，康秀红，等．大型钢锭凝固数值模拟与试验研究 [J]．铸造，2010，59（3）：276-279.

[18] 刘喜海，王君卿，贾维国，等．核电用大型钢锭电渣重熔工艺模拟及生产应用 [J]．铸造，2010，59（12）：1315-1319.

[19] 蔡兆镇，朱苗勇．钢凝固两相区溶质元素的微观偏析及其对连铸坯表面纵裂纹的影响 [J]．金属学报，2009，45（8）：949-955.

[20] 蔡兆镇，朱苗勇．板坯连铸结晶器内钢凝固过程热行为研究 [J]．金属学报，2011，47（6）：671-678.

[21] 林启勇，朱苗勇．连铸板坯轻压下过程压下率理论模型及其分析 [J]．金属学报，2007，43（8）：847-850.

[22] 尹德友，程伟玲，谢金印，等．铁浴式熔融还原炉浸入式侧吹对熔池内流动影响的数值分析 [J]．过程工程学报，2011，11（1）：40-43.

[23] 高攀，李强，邹宗树．熔融还原煤气改质的数值模拟［J］．东北大学学报（自然科学版），2011，32（5）：683-686．
[24] 湛文龙，吴铿，付平，等．COREX 熔融气化炉 Rist 操作线的建立和应用［J］．北京科技大学学报，2013，35（4）：448-453．
[25] 张波，洪新．含硌镍废弃物铁浴终还原反应器平衡模型研究［C］// 中国金属学会 2008 年非高炉炼铁年会论文集．2008．
[26] 孙克强，郑少波，郝学彬，等．氢冶金技术的探索与实践［C］// 2011 年全国冶金节能减排低碳技术发展研讨会文集．2011．
[27] 郑少波．氢冶金基础研究及新工艺探索［J］．中国冶金，2012，22（7）：1-6．
[28] 吴华峰，李士琦，朱荣，等．太阳能光伏高温冶炼单元热模拟研究［J］．工业加热，2010，39（1）：27-30．
[29] 侯明山，李士琦，吴华峰，等．清洁能源炼钢探索实验［J］．工业加热，2010，39（5）：4-8．
[30] 吴华峰，李士琦，袁海伦，等．太阳能光伏非碳高温冶炼实验及能量研究［J］．特殊钢，2010，31（3）：16-19．
[31] 李士琦，吴华峰，袁海伦，等．非碳冶金理念和探索试验［J］．中国冶金，2010，20（5）：29-36．
[32] 金永龙．低碳炼铁技术浅析［C］// 2011 年全国冶金节能减排低碳技术发展研讨会文集．2011．
[33] 王亮，王刚，郭宪臻，等．高炉碳迁移规律及 CO_2 减排策略分析［J］．钢铁技术，2012（2）：1-4．
[34] 王广莲，朱荣，等．电弧炉炼钢流程能量优化利用技术的研究与应用［C］// 2010 特钢年会论文集．湖北黄石，2010：34-38．
[35] 郁健，李士琦，朱荣，等．电弧炉炼钢过程的跨尺度能量集成理论研究［J］．北京科技大学学报，2010，32（9）：1124-1130．
[36] 赵沛，郭培民．低温冶金技术理论和技术发展［J］．中国冶金，2012，22（5）：1-9．
[37] 李士琦，郭晓东，高金涛，等．超细赤铁矿冷态流态化实验研究［J］．过程工程学报，2010，10（S1）：118-121．

撰稿人：李士琦　朱苗勇　张延玲

冶金原料开采与矿物加工工程技术发展研究

一、引言

冶金原料采矿工程和矿物加工工程为矿业工程学科下的 2 个二级学科。

中国的矿产资源开采和利用已有几千年的历史，是世界上矿业起源最早的国家之一。明代末年宋应星所著《天工开物》一书已经具体记述了当时的采矿、选矿和安全技术情况。我国的矿业工程学科则是在新中国成立后才真正奠定基础和逐步发展起来。经过 60 多年发展，我国冶金矿山采矿工程学科已经发展成为包含露天采矿、地下采矿、联合采矿、爆破工程等多个分支并具有国际影响的学科；冶金矿物加工工程学科在赤铁矿、褐铁矿、菱铁矿、微细粒铁矿、低品位锰矿等选矿技术取得突破，成为具有世界先进水平的学科。

近年来，采矿工程学科在露天地下联合开采、地下矿山开采环境再造等领域提出了一系列理论和开采工艺技术；矿物加工工程学科在选矿工艺、高效选矿设备、新型药剂等方面也取得了较好的应用成果。

二、我国冶金原料采矿与矿物加工工程技术最新研究进展

（一）采矿工程技术发展

1. 露天地下联合开采取得理论上的突破[1-6]

露天铁矿进入中晚期后，露天开采境界以下的深部矿体需要采用地下采矿方法开采，目前我国 60% 以上的大型露天矿山正在或即将转入地下开采，露天转地下开采、露天—地下联合采矿技术具有广泛的需求。为此，有关科研院所、高等院校与相关企业开展了一系列合作研究，国家科技计划也将露天转地下开采列入了科技支撑计划，进行了大量的基

础和应用研究；在此基础上，开展了理论凝练，提出在设计阶段统筹考虑矿体露天开采、露天转地下开采、地下开采，提出了考虑资源利用、经济效益、占用土地、环境破坏、安全等因素露天地下三阶段开采理论、露天转地下开采模式、露天转地下开采经济界限理论、露天地下相互协调安全高效采矿工艺技术、基于微震监测的露天转地下开采岩层变形影响预测预报及决策系统等，为我国露天转地下开采和露天地下联合开采提供了理论基础和工程示范。

2. 地下矿山复杂难采矿开采技术达到国际先进水平[7-11]

复杂难采矿体开采包括松软破碎矿体、复杂富水矿床、深井矿床、缓倾斜薄矿体等等，影响因素纵多，矿床开采后将会出现大面积冒顶、涌水、岩爆等等问题，开采难度极大。过去由于对采矿引起的地质环境恶化问题认识和重视不够，考虑不同因素采用的采矿技术被用于解决单一的彼此隔离的问题，没有考虑到那些必然的“副作用”，采矿只顾采矿，不顾及对地质环境的破坏，有些存在着逻辑上的错误。因此，必须寻求一条新的多学科交叉融合的非传统采矿技术。采矿过程是一个典型的地质环境再造过程，尽管采矿方法和工艺不同，只是采矿环境再造的方法和手段不同。针对地下矿山复杂难采矿体开采难题，提出开采环境再造理论：以矿床赋存环境做建筑环境，通过一定的技术手段，改造矿体赋存的地质环境，改善矿床开采的技术条件，以满足安全高效采矿的需要。不仅如此，还将开采环境再造概念扩展到保证环境不遭到破坏。“采矿环境再造”这一科学命题的提出，深刻揭示了采矿科学的本质属性，从根本上打破了传统采矿方法之间的界限，有利于促进采矿技术的进步和发展。

按照开采环境再造理论，试验研究实施了人工底柱、卸压开采、微震监测等控制技术。在“十一五”期间针对矿（岩）松软破碎矿体、复杂富水矿床、深部矿体、缓倾斜薄矿体，在山东高阳铁矿、马钢白象山铁矿等研究实施了保持安全开采的控制技术，实现了复杂难采矿体的安全高效开采。

3. 大规模高强度采矿技术

基于①开采对象转向低品位矿矿床，低品位矿床需要通过规模效益来回收投资和获得更大盈利；②企业投资经营理念向着经济效益最大化，尽早收回投资；③缩短生产周期，减少环保、安全等企业负担等方面的需要，矿山企业在开采过程中，采用大规模高强度开采技术，提高采矿强度，缩短矿山开发年限。在露天矿山，采用陡帮开采技术，均衡剥岩量，扩大工作面范围，强化开采运输工艺，提高开采强度，下降深度达到每年 20 ~ 30m 以上，同时边坡暴露时间大大缩短。地下开采矿山采用大结构参数、大型装备以及嗣后充填等采矿技术，规模 1000 万吨以上矿山越来越多。

4. 采选过程联合节能[12-17]

基于选矿多碎少磨原理，从采矿爆破、运输、破碎、磨矿环节综合分析过程能耗与物资消耗、生产效率等指标，建立了理论模型和计算公式，试验效果显著。从采矿爆破工序考虑采选联合节能有很多优势，一是破碎率提高，大块率减少，可提高电铲效率、减少铲齿消耗、降低二次爆破成本；二是根底减少，可使路面易于维护，路面平整度等提高，减少轮胎消耗；三是矿石粗破量减少，节约能耗。

（二）黑色金属矿物加工技术

1. 选矿工艺技术不断创新，达到国际先进（领先）水平[18-26]

我国铁、锰矿资源赋存条件差，贫、细、杂问题突出，选矿加工难度大。通过多年特别是近些年选矿科技攻关，我国黑色金属矿选矿技术提高到了一个新的水平，我国铁、锰矿选矿工艺水平居国际先进水平，尤其是在贫赤铁矿、褐铁矿、菱铁矿等复杂难处理铁矿选矿技术方面处于世界领先水平。由于选矿技术的进步，鞍钢、包钢、攀钢、酒钢、中信广西大锰等大型钢铁企业和锰业企业的选矿厂规模和选矿技术经济指标不断提高，我国部分复杂难处理铁矿和锰矿得到了有效利用。主要表现在：

采用弱磁选—强磁选—反浮选或重选—磁选—反浮选联合工艺处理鞍山式贫磁铁矿和赤铁矿。提高铁精矿品位、降低 SiO_2 等杂质含量，使铁精矿质量达到或超过进口铁矿石的质量，实现矿山和冶金整体效益最大化。鞍钢磁铁矿可获得品位为68%以上的铁精矿，回收率达80%以上，赤铁矿可获得品位67%以上的铁精矿，回收率达70%以上，铁精矿中 SiO_2 含量降到4%左右。该工艺技术已在全国同类大中型矿山选矿厂推广应用，经济效益和社会效益显著。

采用阶磨阶选—弱磁选—强磁选—浮选工艺技术综合回收攀枝花钒钛磁铁矿中的铁、钒与钛等资源。攀钢攀枝花选矿厂采用“阶磨阶选”“多碎少磨”“矿石预选”等工艺技术后铁精矿品位由52%提高到54%以上，回收率74%以上，原矿处理能力提高20%以上，钒钛铁精矿达到550万吨。攀枝花选钛厂采用磁选—浮选工艺和磨矿、磁选设备和浮选药剂等优化后钛精矿品位 $TiO_2 \geqslant 47.00\%$，TiO_2 回收率从20%左右提高到37%以上，钛精矿年产量从26万吨提高到48万吨。

采用弱磁—强磁—正、反浮选联合流程综合回收白云鄂博铁矿中的铁、稀土与铌等资源。

采用磁化焙烧—弱磁—反浮选联合流程高效利用菱铁矿、褐铁矿。陕西大西沟菱铁矿采用回转窑磁化焙烧—弱磁选—阳离子反浮选工艺流程建成了两条年处理量90万吨原矿的生产线，获得了铁精矿品位60%以上，回收率75%以上的指标，为国内首次采用煤基回转窑磁化焙烧处理难选菱、褐铁矿的工业规模生产。新疆切列克其褐铁矿石采用新型高效节能回转窑磁化焙烧—磁选工艺技术2010年建成了年处理量200万吨的选矿厂，生产指标为铁精矿品位62%左右，回收率90%左右，形成了低品位菱、褐铁矿回转窑磁化焙烧成套工艺技术与装置，并在云南、辽宁等地菱铁矿、褐铁矿开发利用中得到应用，使我国难处理的菱铁矿、褐铁矿资源得到有效工业利用。多级循环流态化磁化焙烧工艺（闪速磁化焙烧技术）磁化还原反应速度快，处理量大，节能降耗，焙烧矿石的质量高，有利于提高铁精矿质量和回收率。采用闪速磁化焙烧—弱磁选工艺处理褐铁矿取得了铁精矿品位 60% 以上，回收率 94% 以上的试验室指标，年处理 5 万吨的工业闪速磁化焙烧试验系统已经建成，正在进行工程应用研究，解决工业应用中关键技术问题。

采用阶段磨矿—弱磁—强磁—絮凝脱泥—浮选工艺利用微细粒铁矿。太钢袁家村混合铁矿石需要磨细 P80—0.03mm 铁矿物才能单体解离，湖南祁东铁矿需要细磨到 P80—0.02mm 铁矿物才能基本单体解离。太钢袁家村混合铁矿石采用阶段磨矿—弱磁—强磁—阴离子反浮选工艺取得了铁精矿品位 66% 以上，回收率 72% 以上的扩大连选试验指标，太钢在袁家村已建成年处理原矿石 2200 万吨的国内最大规模的选矿厂，祁东铁矿采用阶段磨矿—絮凝脱泥—阴（阳）离子反浮选工艺建成了年处理 30 万吨的选矿试验厂，取得了铁精矿品位 63% 以上，回收率 65% 以上的工业试验指标，按此工艺建成的年处理铁矿石 300 万吨的选矿厂已投入生产。

采用重选、磁选、浮选、化学浸出、生物浸出等选冶联合流程利用低品位难处理锰矿。广西大锰矿采用重选—磁选工艺流程，选矿回收率显著提高。云南斗南锰矿采用粗细分选磁选工艺和新型永磁干式和湿式强磁选机，入选粒度达到 30mm，与原电磁强磁选机相比，精矿产率提高 16.43 百分点，品位提高 0.32 百分点，回收率提高 29.22 百分点，经济效益显著。采用生物浸出技术对低品位氧化锰矿进行了生物综合利用法研究，取得阶段性成果。

2. 吸收、引进、开发有特色的高效选矿设备，节能降耗增效明显[21, 27-38]

磁选是黑色金属选矿主要方法，近些年，磁选设备研发与应用取得很大进展，从弱磁到强磁，从电磁到永磁，从干式到湿式，出现了多种机型的较高水平的磁选设备。对于磁铁矿，不同型号的永磁圆筒型弱、中磁场磁选机仍然是粗粒预先抛尾、粗选、精选和扫选的主体设备；对于磁铁矿选矿厂尾矿和低品位页岩型微细粒磁铁矿资源的开发利用，目前除了圆筒型磁选机之外，还开发应用了尾矿回收机、磁选柱和磁筛机（磁—重分选）设备。对于弱磁性氧化铁矿石，如赤铁矿、镜铁矿、褐铁矿、菱铁矿等，粗粒预先抛尾永磁高、强磁场设备已研发成功，正逐步推广应用。细粒级红矿的磁选仍以电磁强磁选设备（如平环强磁选机、立环强磁选机等）应用最为广泛。由于磁选设备的进展，在工业上实现了粗粒抛尾等高效节能选矿技术，低品位铁、锰矿得到有效利用。分级设备（如高效长锥水力旋流器、高频振动细筛）进展很大，由此产生的组合分级技术使选矿厂磨矿分级效率提高到一个新水平，水力旋流器、高频振动细筛已在国内选厂普遍采用。高压辊磨、自磨与半自磨、塔磨与立式搅拌细磨等技术与装备取得新进展，在引进国外先进技术及装备的同时，国内相关研究机构及设备制造公司加大碎磨技术及装备的研发力度，国内大中型铁矿选矿厂采用高压辊磨、自磨、半自磨设备逐步增加。高压辊磨机可使磨矿给矿粒度由原来的 12 ~ 0mm 降至 5 ~ 0mm 粒级占 80% 的粉饼，大幅度提高生产中球磨机的台时处理能力。大型自磨机在铁矿中的应用是近年来磨矿技术的主要进展，我国已制造出世界上最大的 12.19m × 10.97m（28000kW）自磨机。鞍钢矿业公司采用自磨（高压辊磨）—湿式预选技术和装备，使近亿吨低品位赤铁矿得以高效利用。重载高压浓缩装备已得到推广，高浓度管道输送已在昆钢、太钢、包钢等企业应用。超细磨设备的开发成功与大型化，大型浮选机及浮选柱在铁矿山的应用，陶瓷过滤机、压滤机的低成本工业应用，为微细粒铁矿的大规模高效利用创造了条件。

3. 选矿浮选药剂研制与应用取得突破[21, 39, 40]

选矿药剂的进步对我国铁矿石选矿工艺的发展，特别是“提铁降硅”技术改造的实施起到重要作用。我国大型铁矿山主要是以脉石以石英为主的鞍山式贫铁矿，浮选药剂的技术进步主要集中在对石英捕收效果好的阴离子捕收剂和阳离子捕收剂的研究上。反浮选技术是我国铁矿选矿技术进步的关键核心技术之一，针对脉石中含有绿泥石、角闪石、钠辉石、钠闪石等含铁硅酸盐矿物研制了阴离子捕收剂，并实现了浮选温度降至 15℃的低温浮选。此外，鞍钢、酒钢、陕西大西沟实现了磁铁矿阳离子反浮选。醚胺类、椰油胺、GE609 和 YA 系列药剂逐渐在铁矿山使用。铁矿选矿药剂的成功研发与应用为铁矿反浮选技术成功工业应用提供了技术支撑，也为多金属共生矿的回收利用提供了保障。

4. 全流程选矿生产过程自动控制技术取得重大进展，自动化与信息化的两化融合技术方兴未艾[41-45]

目前国内选矿过程控制比较成熟的应用主要有破碎过程的 PLC 逻辑联锁控制和破碎机恒功率控制、磨矿分级过程的优化控制、浮选过程的自动加药控制、浓缩过程的浓度控制、矿浆管道输送监控系统等，在某些大型选矿厂基本实现了全流程选矿生产过程的自动控制。在自动化与信息化的两化融合技术方面，以首钢矿业公司为代表，广泛采用数字化计量设备和智能化仪器仪表，搭建网络和硬件平台，建立基础数据平台，实现了基础设施数字化、工艺生产流程管控一体化、业务流程管理数字化、预示着我国选矿自动化和信息化技术的发展将进入一个高速发展的阶段。

5. 尾矿利用技术取得新进展[46, 47]

近年来，尾矿中回收铁及其它有价组分的综合利用取得了较好效果。一些大型矿山企业采用新型磁力设备回收了尾矿中的铁，采用大处理量高效干式预选技术回收采矿场含铁废石。尾矿生产建筑材料在制备微晶玻璃、超耐久性尾矿高强混凝土技术等取得了关键技术和工艺方面的突破，有望成为将来大量利用尾矿的有效技术。

（三）学科梯队建设

1. 成绩

（1）近年来，受钢铁工业对铁矿石巨大需求的影响，我国采矿工程和矿物加工工程学科本科、硕士、博士招生人数激增；在强大的需求下，开展了一系列难采选铁矿石采选技术研究，一大批科技人员从事了研究工作，取得了一批具有国际水平的研究成果；因此，无论从人才数量还是从人才质量上都得到明显提高，年轻学术骨干成长较快，老中青相结合的学术梯队已形成，梯队结构已趋于合理。

（2）一批年轻学术骨干快速成长。自 2009 年以来，数人获得国家杰出青年奖励；多人获中国金属学会冶金青年科技奖或评选为青年先进科技工作者；数人获得教育部国家杰出青年奖励。

2. 取得成绩的主要原因

（1）巨大的产业需求，带动了人才需求；

（2）有矿业工程重点学科建设、国家级或省部级重点实验室、工程技术研究中心建设作为依托；

（3）有国家级重点项目或重大项目、省部级重点项目的支持。

3. 存在问题

（1）人才梯队中大师级、国际知名的领军人物太少。今后要在学科梯队建设的基础上，打牢根基，创造条件，培养一批行业领军人物，成为行业大师级人才。

（2）目前的人才考核办法功利因素多，人才生存压力大，主管部门要改革目前的考评机制，从激励机制、工作业绩和成果的考核、职称评定的政策导向等多方面综合考虑。

三、本学科国内外研究进展比较

（1）在露天采矿工艺及运输技术研究方面，露天矿陡帮开采技术、高台阶开采技术、间断—连续工艺技术、陡坡铁路运输技术得到不断完善和应用，也为我国露天矿实现高强度开采，年下降速度达到 20 ~ 30m 提供了技术支撑，但与国外最先进水平仍有不少差距。

（2）近期，我国露天转地下联合采矿工艺技术提出了三阶段开采理论与分析模型、计算公式，形成了一系列安全保障技术，并在多个矿山应用，露天转地下开采技术总体上达到了国际先进水平。但在露天转地下矿山，露天转地下时，将深部露天矿石通过地下运输系统运出，减少露天剥离和运输成本方面，虽然在联合穿爆地下出矿采矿工艺、露天漏斗法采矿工艺、地下穿爆露天出矿工艺等方面进行了理论探索，但还未有工程应用。

（3）复杂难采矿体开采技术研究处于国际领先地位。近年来，随着国民经济对铁矿石需求的持续增长，以前认为不能开采的矿体纷纷上马开采，特别是在一些国有矿山周边民采乱采滥挖留下了大量的不明采空区，安全生产影响矿山多的矿床的开发带来一系列新的技术难题，出现新的复杂难采矿体。这其中包括：厚大第四系（含流沙层）下矿床、深井矿床、采空区环境中的残留矿体、矿（岩）松软破碎矿体等。对此，提出了开采环境再造理论和一系列安全开采技术研究使一批复杂难采矿体实现了安全开采。

（4）在矿山安全控制方面近年来发展较快，露天矿岩土工程灾变控制技术处于国际先进水平，边坡、排土场、尾矿库治理形成了一套独特的分析、治理技术；地下矿山围绕六大系统建设在救生舱、应急水仓、人员通信、通风除尘等方面都有所突破。矿山安全管理、职业卫生和包括井下六大系统等安全生产防治技术等与国外还存在一些差距。安全是一切矿山生产活动的前提，矿山安全如何控制是未来的重要研究领域。

（5）选矿工艺技术处于国际先进（领先）水平。我国铁矿石品位低，杂质含量高，共伴生矿多，选矿利用技术难度大。为有效利用这些国外一般不利用的矿石，我国选矿科技工作者通过持续的科技攻关，使我国的选矿技术不断提高，整体选矿工艺技术达到国际先进水平，贫赤铁矿、褐铁矿、菱铁矿等复杂难处理铁矿选矿技术处于世界领先水平。

（6）选矿设备的差距在缩小，但差距比较明显。我国自主研发的原创设备少，仿制的多；设备整机性能差，可靠性偏低，规格小，特别是大型破碎机、大型细磨设备等，国内骨干选矿厂中细碎用的圆锥破碎机大多选用国外设备。我国细磨设备最大装机功率为 350kW，国外最大装机功率达到 1000kW；我国工业应用的最大规格的浮选机容积为 $200m^3$，正在进行 $320m^3$ 的工业试验，国外最大的达到 $500m^3$。

（7）选矿全流程生产过程自动控制及信息管理差距很大。国外发达国家普遍采用生产过程自动控制和信息化管理。无论是技术还是装备差距都比较大，有的才起步。

（8）矿产资源利用率、安全生产、环境保护差距比较大。国外发达国家资源利用率高，安全生产和环境保护技术先进，制度严密，措施到位。

四、本学科发展趋势及展望

（一）我国黑色金属矿采矿发展趋势与对策

1. 我国黑色金属矿采矿发展趋势

我国黑色金属矿采矿技术发展方向是：采矿智能化；装备大型化；生产连续化；深井开采。

（1）采矿智能化。自 20 世纪 80 年代中后期以来，人们已开始应用人工智能理论与技术来解决采矿工业中的各种实际问题，并逐步显示出无法取代的优越性。运用数据挖掘与知识发现、专家系统等人工智能技术实现生产调度指挥、资源预测、安全警示、突发事件处理等决策支持功能，实现矿山的智能化。

（2）装备大型化。采矿装备发展的总趋势是采矿设备的愈加完善和更加可靠，生产率在不断提高。采矿装备的发展特征是设备成龙配套，机械化程度高；装备无轨化、液压化、自动化程度高；装备技术成熟。采矿设备大型化趋势在露天开采中非常明显，地下矿与露天矿山相比虽然受到空间的限制，但还是向采用更大型的采矿设备方向发展。主要表现为：①汽车的大型化不仅体现在汽车的载重量上，也体现在汽车的装机容量上。②为了与矿用汽车配套，挖掘机与装载机也在向大型化发展。

（3）生产连续化。目前，我国地下金属矿山除崩落采矿法外，大都采用留房间矿柱的二步骤回采，矿柱损失大，回采效率不高。采用不留矿柱，一步骤快速推进，实现高阶段、大矿段连续回采，并建立与之相适应的连续运输系统是今后连续开采发展的大趋势。

（4）深井开采。相对于浅部开采来说，深部开采的特殊性主要表现在矿床开采处于“高应力、高井温、高井深”环境，深部岩体的组织结构、力学行为特征和工程响应均发生根本性变化，从而导致深部开采的多发性、突发性事故频繁。要实现金属矿床深部开采工艺技术的根本性变革，创新深井条件下的采矿工艺与技术，并达到真正意义上的深井坚硬矿岩致裂破碎与深井灾害控制，还有许多基础性的科学问题和工程技术问题需要研究，包括：①深部高应力矿岩的岩爆控制；②深井高应力矿岩的碎裂诱变；③深井采矿中的高温环境与控制；④深井采矿模式与采矿系统；⑤深井充填管道输送技术。

2. 未来 5 年重点研究的方向及展望[22-30]

（1）遥控开采设备及技术。遥控采矿即为“利用现代的新技术，包括地下通讯、定位、信息处理、监测和控制系统，一定距离内去操作采矿设备和系统”。遥控采矿可大大地增强地下采矿的安全性，提高生产率和改善工作条件。

采矿设备的遥控和自动控制技术提高了生产效率、降低了成本、增加了安全性，还减轻了操作人员的听力损伤，对有危险的作业具有更大优越性。地下矿山在开采过程中，为了保障人员安全，往往需要在不稳固的顶板下进行大量的出碴与支护工作，这不仅要花费大量的人力物力，而且还要花费大量的时间，严重影响了矿山生产效率的提高，同时也增加了矿石的开采成本。因此，如何能做到既保障人员安全，又可大大减少工作量，就成为提高矿山生产效率、降低成本的一个关键问题。研究遥控开采设备即可解决该问题，目前无人开采技术在某些国外先进矿山已进行了研究，而远近距离遥控开采技术应用相当普遍，如美国塞浦路斯公司利用遥控装载机处理危险地段的边坡问题；一些国外发达矿山现有的遥控采矿设备和技术研究项目包括：从日常采矿作业诸如凿岩、炮孔装药和爆破作业的机械化与自动化到通过数据通信从世界的另一端对复杂的地下采矿设备进行遥控与故障处理。

我国在该领域的研究起步较晚与国外相比仍有很大差距，遥控采矿是我国未来 5 年重点研究方向。

（2）区域集中开采技术。目前我国某些矿山的矿山生产技术水平低，矿业秩序混乱，争抢资源现象严重，生态环境日益劣化。长期沿用自成体系的小矿开采模式，采矿方法、技术装备落后，管理粗放，资源破坏严重，矿区发展处于不可持续状态。

矿产资源是矿业生存之基，未来的矿山开采趋势是规模化开发利用矿区资源，从全局出发，整合相对分散的中、小型矿体，在开拓、运输、通风及生产辅助系统上统一规划、设计，开展深部与外围勘探，简约重组矿山、选厂和生产系统，创新采矿技术，建设集约化的矿山，实现了资源集约化开发。

（3）千万吨级深井矿床开采关键技术研究。随着浅部资源的逐渐消耗和枯竭，我国已开始向地下深部获取资源。据不完全统计，有3/5的矿山因资源枯竭而接近尾声或已闭坑，其余2/5的矿山将陆续转入深部开采。随着开采深度的不断增加，地质条件复杂，地应力增大，涌水量加大，地温升高，带来了深部地压、提升能力、作业环境恶化和生产成本急剧增加等一系列问题。最显著的变化是显现“高应力、高井温、高孔隙水压、主副井深”的“三高一深”特性。

针对特大型深井矿山地质环境特性及现有采矿方法存在的产能小、无法满足千万吨级深井矿山规模要求的不足，建立大型地下矿山岩层控制及灾害监测预警技术，得出初步的地震活动区和采场围岩内的地震活动的空间变化和时间变化规律，研发出一种新型大采场大产能的采矿方法，并有效控制大型地下矿山高温环境和排风井大量粉尘带来的危害。

主要研究内容：①深井矿山地质灾害监控预警技术研究；②深井矿山高应力矿岩的岩爆研究；③千万吨深井矿床采矿方法与回采技术研究；④千万吨级深井高温控制与综合利用技术研究；⑤深部提升运输技术研究。

（4）极深露天矿集约化高效开采、集运与装备研究。经过长期大规模开采，许多大型露天矿山逐渐进入极深部开采阶段，开采深度高达500 ~ 800m，形成了400 ~ 600m的高陡深凹露天边坡。

极深露天矿存在的主要问题：①产能下降。现有工艺技术和装备不能满足极深露天矿开采的要求。②安全问题。高陡边坡围岩破坏极易诱发沿边坡坡脚的滑坡失稳、岩崩等事故，这些灾害不仅破坏极深露天开采，损坏生产设备，而且严重威胁人身安全，已成为我国未来极深露天开采技术中的一大瓶颈问题。③污染问题严重。穿孔、爆破、铲装、汽运等工艺环节产生的有害气体和粉尘，扩散缓慢，污染严重。

针对大型极深露天矿开采的特点，研究千万吨级安全高效露天矿超高台阶开采和大型化设备成套配置技术，开发研制高效连续化开采运输装备系统与智能控制体系，解决极深露天矿开采的移动式转载站和匀能爆破特殊技术问题，建立边坡地压应力场和开采环境防抑尘监测与智能控制系统，形成具有自主知识产权的大型极深露天矿安全高效开采系列技术与装备，为我国矿产资源高效开发提供科学技术支持。主要研究内容包括：①极深露天矿超高台阶开采结构参数与强效设备配套技术研究；②极深露天矿无超深高药柱匀能疏化台阶爆破新技术及装备研究；③极深露天矿高效集运连续化装备配置与智能控制技术研究；④极深露天矿边坡防灾变处置技术研究；⑤极深露天矿开采粉尘与有毒有害气体抑制技术研究。

（5）矿山尾砂连续化充填大产能关键工艺和装备的研制。针对我国紧缺的铁矿资源，通过自主创新和技术集成，重点攻克大产能连续化充填开采关键技术与装备研究的共性关键技术难题。以行业和地方的重大工程为依托，建立起大产能连续化充填开采关键技术与装备研究的示范工程。显著提高铁矿资源回采率，改善矿区周边生态环境，消除尾矿库安全隐患，有效缓解紧缺资源的供需矛盾。主要研究内容包括：①影响充填能力因素分析及多因素试验；②连续充填体强度特征及与大规模开采的衔接技术研究；③大产能充填系统研究与关键装置研制；④大产能连续充填自动控制技术研究。

（6）切岩采矿机及切岩采矿技术。实现岩石切割连续开采已不是梦想，在国外已经研制成功并使用。采用机械切割矿岩的连续采矿，具有如下优越性：①形成切割空间不需施爆，可明显提高矿岩工程的稳固性；②用机械切割可准确地开采目标矿石，使矿石的贫化率降低；③用连续切割方法采矿，落矿的块度小，适于带式运输机连续输送，运输系统可以大大简化；④采用机械连续切割矿岩，使采掘过程各工序（如切割、落矿、装载、运搬）在同一空间内平行连续进行，机械化程度高，就是一种高效的采掘方式。

但是，用连续采矿机实现连续采矿由于金属矿岩坚硬，采矿机的切割头寿命相对较短、费用太高。科罗拉多矿业学院研制出的 82mm 小圆盘刀具在各种坚硬的磨蚀性岩层中所做的试验，已证明能够切割硬岩，而且力的需用量低，钻头寿命令人满意。这项新技术已可用于全断面移动式巷道掘进机、连续式采矿机和一种新开发的鼓式采矿机。

我国应开始这方面的实验研究。

（二）我国黑色金属矿选矿发展趋势与对策[31-59]

1. 我国黑色金属矿选矿发展趋势

我国黑色金属矿选矿发展趋势是：工艺技术选冶一体化；设备高效化、大型化、智能化；生产管理自动化、信息化；合理、充分综合利用资源，生产优质精矿；降低能耗，减少废渣、废水排放，改善生产与生活环境，达到可持续发展。

2. 未来 5 年重点研究的方向及展望

（1）研发、完善适合我国资源特点的高效选矿技术。

我国铁矿资源的特点是：贫矿多，富矿少，全国平均品位为 33%；矿床成因类型多样，矿石类型复杂，共（伴）生铁矿多，粒度细。我国锰矿资源的特点是：贫矿多，富矿少，矿石质量差，杂质组分偏高。随着矿产资源的不断开发利用，低品位复杂难处理的铁、锰矿的比例越来越大，单一的选矿方法难以高效利用这些资源，与火法冶金、湿法冶金、生物冶金等结合是我国金属矿选矿工艺技术的发展方向。我国难处理铁矿选矿技术已处于国际先进水平，贫锰矿选矿技术也有了长足的进步。今后的任务是进一步完善提高和推广这些工艺技术，同时研究新的适合我国资源特点的高效环保的选矿工艺技术。

1）阶磨阶选、细磨深选、提质降杂技术。阶段磨矿阶段选别有利于避免有用矿物过粉碎、节能降耗和提高精矿的回收率。细磨深选有利于提高精矿品位，降低杂质含量。近些年，“提铁降杂”工程技术已在大中型选矿厂推广应用，并取得很好的成效。今后的任务是完善提高推广这些技术。主要关键技术有：赤铁矿强磁——反浮选技术；磁铁矿细磨深选技术；超细磨设备及技术；旋流器与细筛组合分级设备及技术；粗粒抛尾设备及技术等。

2）低品位、复杂共伴生矿综合利用技术。我国矿产资源的特点是低品位矿和复杂共伴生矿多，为提高我国矿产资源利用率，研究低品位、复杂共伴生矿综合利用技术一直是选矿的主要研究方向，并随着科学技术的进步，资源的综合利用率得到不断提高。主要研究技术包括：复杂共伴生矿综合回收有价元素的工艺技术；多金属锰矿选冶联合技术、白云鄂博型铁矿铁、铌、稀土及其他伴生金属元素的高效分离回收的产业化技术；钒钛磁铁矿铁、钒、钛及其他有价金属元素高效分离回收的产业化技术。

3）氧化铁、锰矿还原焙烧技术。磁化焙烧是处理菱铁矿和褐铁矿最有效的方法。新型高效回转窑磁化焙烧—磁选技术在新疆、云南、陕西等地菱、褐铁矿利用中得到应用，解决了此类矿物此前不能工业利用的状况。今后的任务是进一步推广该技术并研发大型节能回转窑。多级循环旋流磁化焙烧成套技术是解决褐铁矿、菱铁矿等难处理铁矿高效利用的具有原创性的新技术。该技术由传统的堆积态气固换热转变为悬浮态气固换热，物料预热、反应速度快，磁化反应的效率高；粉状原料在流态化状态下进行焙烧，避免了焙烧矿“表面过还原、中心欠还原”，焙烧矿质量好，提高了资源利用率；人工智能控制系统确保了焙烧系统温度、气氛、压力耦合。该技术已完成半工业试验，取得了较好的试验结果，今后的任务是进一步解决制约工业规模生产的工程技术问题。

还原焙烧选冶技术是有效利用低品位氧化锰矿的重要技术，包括闪速还原焙烧装备及技术和新型回转窑还原焙烧处理氧化锰矿的装备及技术。

4）微细粒矿物选矿技术。我国已探明的铁矿中有 15% ~ 20% 为复杂难处理微细粒矿石，矿石需磨细到小于 30μm，才能使铁矿物单体解离，回收利用。随着矿产资源的不断开发，微细粒级矿物利用已越来越迫切。主要研究技术包括：微细粒矿物选矿工艺技术、微细粒矿物细磨解离与精确分级装备与技术、微细粒矿物浮选设备及技术，微细粒矿物磁选设备及技术，微细粒精、尾矿固液分离设备及技术，微细粒矿物浮选药剂研制技术等。

5）鲕状赤铁矿等难处理铁矿选矿技术。我国鲕状赤铁矿储量达几十亿吨，因粒度细、回收率低、磷含量难以降低、经济成本过高等问题，该类资源至今未能得到有效开发利用。我国西部缺水和高盐水地区铁矿因常规选矿方法不能有效分选而难以利用。主要研究技术：高磷鲕状赤铁矿与低磷鲕状赤铁矿低成本选矿技术；西部缺水和高盐水地区铁矿选矿技术与装备等。

（2）高效、节能选矿设备的系列化和大型化。

1）预选抛废设备的系列化和大型化。随着入选矿石的越来越贫化，在破碎或磨矿之前，预先抛弃掉废石，对提高选矿厂生产能力和节能降耗均具有十分重大的意义。我国已研制成功用于磁铁矿预选抛废大块矿石干式磁选机，已在全国大范围推广。用于弱磁性矿物预选抛废的强磁选机已研制成功，下一步主要是系列化和大型化。

2）破碎磨矿设备系列化和大型化。选矿能耗约占矿山总能耗的 70%，其中 3/4 用于矿石粉碎（即破碎和磨矿）作业，而磨矿又占粉碎能耗的绝大部分。因此，减少磨矿能耗是矿山节能降耗的首选课题。“多碎少磨”是节能降耗重要的技术发展方向。国内外高效能破碎设备在一些大中型金属矿山的应用，系统处理能力得到提高，入磨物料的粒度得到有效控制，从 –25mm 降至 –15mm，有的到 –8mm 以下，实现了“多碎少磨”。高压辊磨机可将入磨粒度从 –8mm 降低至 –3mm，甚至更低，大幅度提高了入磨物料的粉矿率和可磨性，还可满足粗粒高效抛尾，明显减少磨矿量。我国研制的高压辊磨设备、自磨、半自磨设备已在国内大中型铁矿选矿厂逐步应用，今后的主要任务是解决应用中的工程技术问题，并加强耐磨材质的研发，形成产品系列和大型化，加大推广力度。

3）高效分级设备的系列化和大型化。磨矿分级作业是选矿厂的主要工序之一，它不仅关系到能耗，而且涉及选别指标。我国在引进的基础上，自主研制开发成功了高效旋流器和高频振动细筛等高效分级设备，可大大提高分级效率。下一步主要是使其系列化和大型化，并重点提高其筛网的使用寿命。

4）强磁选设备研发和浮选设备大型化。磁选设备在我国铁矿选别设备中占据主导地位。多年来我国已研制成功了一大批适合我国国情的高水平磁选设备。但广泛使用的用于弱磁性矿物的电磁强磁选设备主要存在设备价格高，运行成本高，特别是对于 -30μm 微细粒级弱磁性矿物分选效率低等不足。对微细粒磁铁矿和焙烧矿（人工磁铁矿）也有待研发新型高效的大型磁选设备。我国铁矿选矿采用的浮选设备普遍偏小，我国铁矿浮选设备下一步主要任务是大型化。同时要积极开展浮选柱技术的研发和应用工作。

5）浓缩、过滤和尾矿高浓度输送设备的系列化和大型化。高压浓缩设备最高底流排放浓度达 70%，比普通浓密机提高了 20% ~ 40%，最大处理能力提高 3 ~ 6 倍，是冶金行业矿山实现尾矿井下高浓度充填，精矿高浓度远距离输送，浓缩系统提高效率、降低生产成本、水质达到环保要求的关键技术设备，在我国大中型矿山企业得到推广应用。管道输送是一种经济、高效、便利的输送技术，能更好地适应复杂地形，缩短实际运输距离，也是实现尾矿井下高浓度充填的关键技术。下一步的任务是解决工程应用关键技术，设备的系列化和大型化。主要包括：大型高效重载高压浓缩设备及技术；高浓度长距离管道输送装备及技术；大型高效自动过滤设备及技术等。

（3）高效低毒（无毒）选矿药剂研制。

随着矿产资源的日趋贫细化及对产品质量要求的提高，浮选在黑色金属矿选矿中的作用越来越大，研制高选择性环保选矿药剂越发重要。选矿药剂研制一方面从药剂结构性能出发，借助现代计算机技术，进行药剂分子结构设计，找寻新型药剂。另一方面对已有有效浮选药剂进行改性，复配组合。在原有药剂中引进新的基团，发挥药剂分子内部的协同作用效应；不同药剂之间的组合、复配，发挥不同药剂之间的协同作用和效应。选矿药剂研制技术主要包括铁矿反浮选阳离子捕收剂、耐低温捕收剂、高效调整剂研制技术；混合用药和药剂复配技术等。

（4）选矿过程自动控制和选矿厂信息化管理技术。

我国选矿厂自动化技术的研发和工程转化与国际先进水平均有着较大差距，发展方向是建立一个以集散控制、计算机网络、数字监控及实时优化调度为内容的选矿生产过程数字化实时监控调度系统，并研制出具有自主知识产权的智能破碎控制器、智能磨矿控制器及矿山专用检测仪表，进行破碎、磨矿分级、浓缩过滤与精尾矿输送过程以及选矿生产的优化、全流程自动控制和监控，实现完整的选矿全过程自动化、数字化、智能化。主要关键技术：计算机集成制造系统（CIMS）；数字化、智能化和虚拟化自动化检测仪表；控制系统的集成化技术、智能化技术；信息化与自动化融合技术。

（5）尾矿资源整体综合利用技术。

我国冶金矿山尾矿库目前堆存的尾矿总量已超过30亿吨，而且每年还以1亿吨左右的数量在增加。尾矿资源综合利用是国民经济持续发展和循环经济的重要组成部分，应加大开发力度。用尾矿生产建筑材料是大规模利用尾矿的主要途径，主要包括：加气混凝土、高强、超高强混凝土预制件、透水砖、建筑砌块等。其中，尾矿生产高强结构材料可用于地铁工程、大跨度桥梁、高速铁路等，附加值高，是尾矿生产建筑材料重要发展方向，其核心技术为："微磨球效应"优化技术、粗细尾矿高效分级技术、级配与活性双重协同优化技术等。

通过努力继续保持难处理铁矿选矿工艺技术国际领先地位，矿产资源开发利用整体技术基本达到国际先进水平。合理、充分综合利用资源，生产优质精矿，降低能耗，减少尾矿废水排放，改善生产与生活环境，达到可持续发展。

（三）建议的措施

（1）在项目立项上，集中财力物力，支持优势团队，发展优势方向，力争在重点方向上有较快发展；

（2）在人才引进、设备购置等方面向重点方向倾斜；

（3）针对资源短缺受制于国外的矛盾，对冶金矿产资源开发予以特别的重视；

（4）有关部门研究现行的人才激励政策，使其适应我国冶金科学技术的长远发展的需要。

参考文献

[1] 路增祥，孟凡明，蔡美峰．露天转地下开采的平稳过渡方案与技术措施［J］．中国矿业，2012，21（11）：91-94.

[2] 刘汉斌，郑承志，李文增．铁矿露天转地下开采的安全问题探讨［J］．能源与节能，2012，（10）：121-122.

[3] 周瑞龙，何奕良，蔡小勇．露天转地下开采矿山高边坡位移场分布规律［J］．矿业工程，2012，10（5）：15-17.

[4] 宋卫东，付建新，王东旭．露天转地下开采围岩破坏规律的物力与数值模拟研究［J］．煤炭学报，2012，37（2）：186-191.

[5] 姜鹏．眼前山铁矿露天转地下开采关键技术分析［J］．矿业工程，2012，10（1）：15-17.

[6] 杨力，王新民，赵建文．石人沟露天转地下采矿方法优化选择［J］．金属矿山，2011，（7）：19-23.

[7] 何平波，杨仕教，罗辉．基于采矿环境再造的古矿冶炉渣矿开采稳定性数值模拟研究［J］．现代矿业，2010，（1）：38-41.

[8] 胡建华，雷涛，周科平，等．基于采矿环境再造的开采顺序时变化优化研究［J］．岩土力学，2011，32（8）：2517-2522.

[9] 张国勇，张伟．铁矿山开发的生态环境恢复研究［J］．西部探矿工程，2011（8）：168-171.

[10] 周科平，夏明，肖雄，等．开采环境再造深孔诱导崩落模型试验研究［J］．岩石力学与工程学报，2009，

28（11）：2328–2335.

［11］胡建华，周科平，刘俊，等. 基于采矿环境再造的再构空间结构稳定性分析［J］. 南华大学学报（自然科学版），2008，22（4）：27–31.

［12］李会新. PLC在矿用浮选泵的应用［J］. 煤炭技术，2012（2）：114–116.

［13］B［A］辛杰莫娃. 磁铁矿矿石选矿流程中的浮选工艺［J］. 国外金属矿选矿，2008（2）：9–13.

［14］任建辉，辉景欣，田艳红. 司家营矿区难选铁矿石选矿技术研究［J］. 现代矿业，2012（7）：98–102.

［15］刘辉，林玲，常军然，等. 提高GQM2136球磨机生产效率的改进设计［J］. 煤矿机械，2011，32（4）：180–182.

［16］顾松青. 我国的铝土矿资源和高效低耗的氧化铝生产技术［J］. 中国有色金属学报，2004（专辑1）：91–97.

［17］任壮林，王永成，高清寿. 新疆某铜矿选矿系统优化实践［J］. 现代矿业，2011（12）：133–134.

［18］邵安林. 鞍钢矿业选矿技术成果综述［C］// 世界铁矿资源开发实践. 北京：冶金工业出版社，2013.

［19］鞠崇文. 攀钢矿业攀枝花矿区铁钛选矿工艺技术创新［C］// 世界铁矿资源开发实践. 北京：冶金工业出版社，2013.

［20］姬俊梅，欧俊英. 白云鄂博氧化矿反浮尾矿综合回收稀土和铁的选矿新工艺研究［C］//2012年中国稀土资源综合利用与环境保护研讨会论文集. 北京：中国稀土学会，2012.

［21］张光伟，崔学奇. 我国稀土尾矿资源的综合回收利用现状及展望［J］. 矿业研究与开发，2012，32（6）：116–119.

［22］Brown E T. Progress and challenges in some areas of deep mining［J］. Transactions of the Institutions of Mining and Metallurgy，Section A：Mining Technology，2012，121（4）：177–191.

［23］David Hainsworth. Teleoperation user interfaces for mining robotics［J］. Autonomous Robots，2001（11）：19–28.

［24］Scoble M. Progress of Canda mine automation：from digital mine to full mine automation［J］. CIM Bulletin，1995（5）：30–36.

［25］Malan D F，Spottiswoode S M. Time-dependent fracture zone behavior and seismicity surrounding deep level stopping operation［A］. In：Rockbursts and Seismicity in Mines［C］. Rotterdam：A A Balkema，1997，173–177.

［26］Vogel M，Andrast H P. Alp transit-safety in construction as a challenge，health and safety aspects in very deep tunnel construction［J］. Tunneling and Underground Space Technology，2000，15（4）：481–484.

［27］Webber R C W，Franz R M，Marx W M，et al. A review of local and international heat stress indices，standards and limits with reference to ultra-deep mining［J］. Journal of The South African Institute of Mining and Metallurgy，2003，103（5）：313–323.

［28］Gao F，Zhou K P，Deng H W. Planning of regional mine and extension thinking modes［C］. Communications in Cybernetics，systems science and engineering-Proceedings，CRC Press，2013，239–246.

［29］Boger D V. Environmental Rheology and the Mining International Industry：Sixth Symposium on Mining with Backfill. Brislane, April，1998：15–20.

［30］Singh V K，Sinha A，Singh S K. Geotechnical and rock mechanics investigation for planning of opencast mine，Jharkhand，India［J］. Journal of Mines，Metals and Fuel，2006，52（11）：269–271.

［31］陈雯，余永富. 铁矿石选矿近十年来技术进步［C］//2013中国冶金矿山科技大会会刊. 北京：中国冶金矿山企业协会，2013.

［32］薛生晖，张胜广，毛拥军，等. 菱褐铁矿回转窑磁化焙烧技术研究现状［J］. 矿冶工程（增刊），2012，8：8–12.

［33］严旺生，高海亮. 世界锰矿资源及锰业发展［J］. 中国矿业，2009，27（3）：6–11.

［34］曹志良. 斗南锰矿选矿工业试验［J］. 金属矿山（增刊），2009，11：371–376.

［35］李浩然，杜竹玮. 氧化矿和硫化矿共同利用的生物－化工冶金方法：中国，200810115298［P］. 2009-12-23.

［36］周岳远. 铁矿选矿磁选装备现状与发展趋势［J］. 金属材料与冶金工程，2011，6（39）：55–62.

［37］刘永振．近几年我国磁选设备的研制和应用［C］// 第六届全国选矿设备及自动化技术学术会议论文集．北京：北京矿冶研究总院《有色金属工程》编辑部，2011．

［38］吴建明．粉碎工程技术新进展［C］// 第六届全国选矿设备及自动化技术学术会议论文集．北京：北京矿冶研究总院《有色金属工程》编辑部，2011．

［39］沈政昌．浮选机发展历史及发展趋势［C］// 第六届全国选矿设备及自动化技术学术会议论文集．北京：北京矿冶研究总院《有色金属工程》编辑部，2011．

［40］邵安林．鞍钢矿业发展战略与采选技术新成就［C］//2013 中国冶金矿山科技大会会刊．北京：中国冶金矿山企业协会，2013．

［41］葛新建．高压辊磨新工艺在冶金矿山的应用与问题分析［C］//2013 中国冶金矿山科技大会会刊．北京：中国冶金矿山企业协会，2013．

［42］李仕亮，杜玉艳．高压辊磨机及其在选矿碎磨工艺中应用的进展［C］// 第六届全国选矿设备及自动化技术学术会议论文集．北京：北京矿冶研究总院《有色金属工程》编辑部，2011．

［43］卢世杰，韩登峰，周宏喜，等．立式螺旋磨矿技术在选矿中的发展与应用［C］// 第六届全国选矿设备及自动化技术学术会议论文集．北京：北京矿冶研究总院《有色金属工程》编辑部，2011．

［44］张国旺，李自强，李晓东．立式螺旋搅拌磨矿机在铁精矿再磨中的应用［J］．金属矿山，2008，5：93–95．

［45］张建一，李晓峰，杨丽君，等．320m^3 充气机械搅拌式浮选机工业试验研究［C］// 第六届全国选矿设备及自动化技术学术会议论文集．北京：北京矿冶研究总院《有色金属工程》编辑部，2011．

［46］刘惠林，杨宝东，向阳春．浮选柱的研究应用及发展趋势［C］// 第六届全国选矿设备及自动化技术学术会议论文集．北京：北京矿冶研究总院《有色金属工程》编辑部，2011．

［47］仝克闻，陈毅林，战训友，等．HRC 型高压浓缩机的开发及应用实践［C］// 第六届全国选矿设备及自动化技术学术会议论文集．北京：北京矿冶研究总院《有色金属工程》编辑部，2011．

［48］罗良飞，陈雯，李文风．铁矿可浮性和浮选捕收剂及其进展［C］// 第八届中国钢铁年会论文集．北京：冶金工业出版社，2011．

［49］梅树庭，王磊，赫荣安，等．新型捕收剂在浮选中的试验研究［J］．矿业工程，2013，1（11）：15–17．

［50］《现代铁矿石选矿》编委会．现代铁矿石选矿［M］．合肥：中国科学技术大学出版社，2009．

［51］周俊武，徐宁．选矿自动化新进展［C］// 第六届全国选矿设备及自动化技术学术会议论文集．北京：北京矿冶研究总院《有色金属工程》编辑部，2011．

［52］于岸州，张颖新，王建业，等．PID 控制系统设计及其选矿应用实践［C］// 第六届全国选矿设备及自动化技术学术会议论文集．北京：北京矿冶研究总院《有色金属工程》编辑部，2011．

［53］黄宋巍，王波，和丽芳，等．选矿厂 MES 的设计［C］// 第六届全国选矿设备及自动化技术学术会议论文集．北京：北京矿冶研究总院《有色金属工程》编辑部，2011．

［54］王清，威克明，王旭，等．基于 PLS 的磨矿粒度实时在线测量方法［C］// 第六届全国选矿设备及自动化技术学术会议论文集．北京：北京矿冶研究总院《有色金属工程》编辑部，2011．

［55］国家工业和信息化部．金属尾矿综合利用专项规划（2010—2015 年）［EB/OL］．［2010–04–19］．http://www.wenxian.com．

［56］罗立群，刘林法，王韬．低贫磁铁矿选矿技术与选铁尾矿利用现状［J］．现代矿业，2010，2（490）：11–15．

［57］孙传尧．加强设备研发与产业化，赶超国际先进水平［J］．有色金属（选矿部分），2012，1：1–3．

［58］焦玉书．世界铁矿资源开发实践［M］．北京：冶金工业出版社，2013．

［59］焦玉书，王臣．论世界铁矿资源开发的新态势［J］．中国矿业，2008，2（17）：11–25．

撰稿人：王运敏　谢建国　黄礼富　周光华

冶金热能工程分学科发展研究

一、引言

冶金热能工程（Metallurgical Thermal Engineering）是冶金工程技术领域的一个分支，它所依托的学科是冶金热能工程学科。冶金热能工程学科不同于一般的热能工程学科，如图 1 所示，比“单体设备”更低的层面是“设备部件”，更高的层面是“生产工序（厂）”、“冶金企业”，乃至“冶金工业”。图 1 中“单体设备”是本学科的研究基础，通常被划分为两类：一类是工艺性热工设备，即广泛用于干燥、加热、焙烧、熔化和精炼冶金物料（工件）的冶金炉或窑；另一类是能源转换设备，包括锅炉、焦炉、换热器等热交换装置，以及燃料转换装置和能量转换装置等。就能源转换设备而言，受关注的是能源问题（即能量流）及其热工过程；对工艺性热工设备，受关注的除能源问题及其热工过程以外，还有非能源问题（即物质流）及其工艺过程，如物料运动、化学反应、物相转变等。

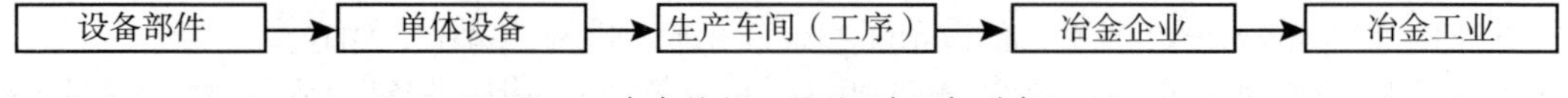

图 1　冶金热能工程学科研究对象

本学科的主要任务，是全面研究冶金工业的能源转换利用理论与技术，为冶金工业实施三大功能（产品先进制造功能、能源高效转换功能、废弃物消纳处理和再资源化功能）服务。现阶段，它要为完成国家《能源发展“十二五”规划》和《工业节能“十二五”规划》提出的相关指标服务；将来，随着冶金工艺流程的完善和科学技术的发展，要使我国冶金工业的能耗指标及能源利用达到世界领先水平。能源消耗是本学科十分重视的一个指标。改革开放 30 多年来，我国钢铁工业的能耗指标逐年好转，节能降耗取得了举世瞩目的成绩。保护生态环境，是本学科十分重视的另一个指标。“十一五”期间，我国钢铁工业在减少排放、保护环境、污染物治理和废弃物综合利用等方面取得较大进步，建设了一批具有国际先进水平的清洁生产、环境友好型企业，企业的生产环境和社会形象得到明显改善。此外，本学科与冶金工业产品的产量、质量和品种等也直接相关，因为这些指标往往取决于能源利用的好坏和热工工作的合理程度。所以，改善冶金工业的这些指标，是本学科的重要任务。这些指标决定着，本学科与“节能减排”“减量化”“循环经济”“环境保护”等密不可分，与可持续发展息息相关。它既是传统的基础学科，又是关系国家战略性新兴产业的新型学科。

二、冶金热能工程学科及节能技术的最新研究进展

冶金热能工程学科是涉及燃烧学、传热学、热力学、流体力学等多学科，以及烧结、焦化、炼铁、炼钢、轧钢等多专业相互交叉的综合性学科，它的前身是1952年在苏联专家指导下我国首次建立的冶金炉专业。60多年来，本学科坚持服务于国家、地方和行业建设的重大需求，不断地引入新的学术思想，与时俱进，形成了鲜明的学科定位和完整的理论体系，在全国同类学科中别树一帜，表现出良好的发展势头。本学科目标明确、方向正确、特色突出，在能源高效转换利用、工业系统节能、工业生态学和循环经济等学科方向上取得许多重要成果和突破；完成了多项国家自然科学基金、国家重点基础研究发展计划（“973”计划）、国家高技术研究发展计划（“863”计划）项目、国家重大科技支撑计划，以及省、市重点科技攻关项目和企业科研合同项目；获得了一批在国内外同行产生一定影响的科研成果，以及国家、省、部多项科技奖励和发明专利；在国内外出版和发表了一批科技专著、教材和学术论文；为国家培养出一批批高质量的本科生、硕士生和博士研究生、从事节能工作的科技骨干及高级管理人才。本学科在我国走新型工业化道路，建设资源节约型、环境友好型社会中发挥了突出作用，为我国冶金工业节能减排作出了重要贡献。

（一）冶金热能工程学科的最新研究进展

1. 工业炉窑热工理论取得长足发展，学科地位始终处于国内外同行的前列

冶金热能工程学科的研究对象虽然在不断扩展，包括单体设备、生产车间、钢铁企业和工业等多个层面，但是最基本的仍然是单体设备，因为它是组成生产车间、企业和工业的基本单元。其中，工业炉窑的数量最多、应用范围最广，是工业原材料在冶炼、加工或产品制造过程中不可或缺的能源转换设备或工艺性热工设备。所以，工业炉窑的热力学完善程度和能源有效利用程度等热工问题，是本学科最基本的研究内容。

工业炉窑热工理论是本学科始终坚持的学科方向，也是冶金热能工程学科区别于一般热能工程学科的特色和优势所在。本学科开展工业炉窑热工的研究方向，在国内设立最早、研究历史最长，其学术地位一直处于国内外同行的前列。以加热炉为例，工业炉窑热工的研究对象是：在充分考虑生产工艺要求的前提下，研究见图2中（1）、（2）、（3）三类变量以及它们之间的相互关系。其中，炉子结构（几何形状、尺寸、筑炉材料的种类等）和热工操作（燃料量、空气量、阀门开启度等）的变动，会影响炉内的热工过程（传热、燃烧、气体运动）。而热工过程的变动又会影响炉子的生产指标（产品质量、单位生产率、单位热耗、炉子使用寿命、污染物的排放量等）。人们的目的是提高生产指标，但人们所

能直接规定或操纵的因素，既不是热工过程参数，也不是生产指标，而是结构和操作参数。所以，重要的是，要在研究炉子热工过程的基础上，弄清（1）、（3）两类变量之间的关系。

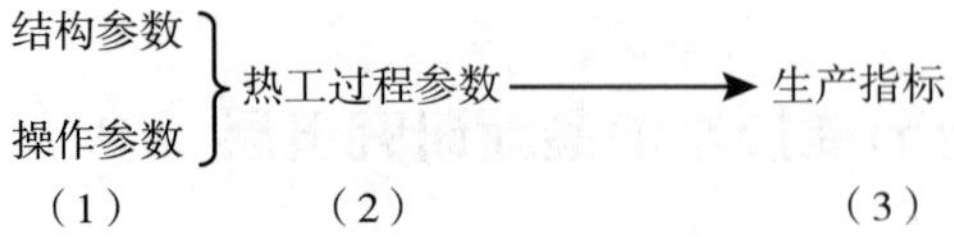

结构参数
操作参数 } 热工过程参数 ——→ 生产指标
（1）　　（2）　　（3）

图 2　工业炉窑热工的研究内容

多年来的科研和生产实践证明：以上关于炉子热工理论及其研究对象的表述是完全正确的，不仅适用于加热炉、热处理炉和锅炉等，而且也适用于工艺性较强的高炉、竖炉、转炉、焦炉等，对于烧结机、连铸机等也是适用的。由于问题的复杂性以及缺少必要的已知数据，有关炉子热工的理论研究一般都是在某些简化条件下进行的。主要有 3 种方法：①以简化的炉子模型为对象进行分析研究；②用区域法、流法进行分析研究；③采用经验法直接在图 2 中（1）、（3）两类变量之间建立联系。近年来，有关工业炉窑热工理论与控制方法得到广泛的推广应用，成功地设计、建造了一批节能型加热炉，炉子的装备水平、热效率及其计算机控制等均达到国际先进水平。

2. 创立了系统节能理论和方法，系统节能作为冶金工业节能的长期指导方针，为我国钢铁工业节能减排做出重要贡献

20 世纪 80 年代初，陆钟武院士提出“载能体”概念，主张用系统工程的原理和方法研究冶金工业的节能问题，创立了“系统节能理论和技术”。于是，本学科把研究对象从过去的单体设备扩展到生产工序（厂）、联合企业、整个冶金工业，把节能视野从能源扩大到非能源。30 多年来，系统节能思想得到冶金界的普遍认同，“系统”“载能体”和“钢比系数”等概念早已成为冶金领域耳熟能详的专业术语，系统节能被确认为“八五”以来乃至今后更长发展时期我国冶金工业节能降耗的指导方针。1980—2010 年间，我国钢铁工业吨钢能耗的变化量、直接节能量、间接节能量及其节能贡献率，如表 1 所示。30 年间，

表 1　1980—2010 年中国钢铁工业吨钢能耗的变化及其节能效果

项　目			“六五” 1980—1985	“七五” 1985—1990	“八五” 1990—1995	“九五” 1995—2000	“十五” 2000—2005	“十一五” 2005—2010	吨钢节能量合计 1980—2010
吨钢能耗变化量		kgce/t	–179.0	–89.0	–37.0	–199.0	–67.0	–24.0	–595.0
		%	30.08	14.96	6.22	33.45	11.26	4.03	100
其中	直接节能量	kgce/t	–124.3	–56.5	–20.4	–103.3	–38.3	–14.4	–357.2
		%	69.44	63.48	55.14	51.91	57.16	60.0	60
	间接节能量	kgce/t	–54.7	–32.5	–16.6	–95.7	–28.7	–9.6	–237.8
		%	30.56	36.52	44.86	48.09	42.84	40.0	40

我国钢铁工业的吨钢节能量共计 595kgce/t 钢，其中直接节能 357.2kgce/t 钢，占吨钢节能量的 60%；间接节能 237.8kgce/t 钢，占吨钢节能量的 40%。如今，系统节能理论和技术已经成熟，在我国钢铁企业得到全面普及和应用，并逐渐推广到石化、建材等工业。钢铁企业应用“e–p 分析法”“c–g 分析法”和“物流分析法”，通过剖析不同时期吨钢能耗的变化，明确了节能率逐年下降的原因，提出了今后的节能方向和途径。

3. 建立了“能量流”和“能量流网络”概念，以物质流与能量流的协同优化为特征的“界面”技术在一些企业相继展开，取得显著成绩

进入 21 世纪，殷瑞钰院士提出钢铁联合企业必须从单一的钢铁产品制造功能拓展为 3 项功能：①钢铁产品先进制造功能；②能源高效转换功能；③废弃物的无害处理—消纳和再资源化功能。2008 年，殷瑞钰院士又相继提出“能量流”“能量流网络”和“网络优化”等概念。这些新的理念和概念，既是对建设“资源节约型、环境友好型”钢铁工业的科学解读，又是对钢铁制造流程整体水平、企业责任、能量流的性质及结构的再认识和再提升。长期以来，关于钢铁工业的研究命题大多是围绕铁素物质流展开的，对能量具有“流”的性质和“网络”结构认识不清，对钢铁生产过程中能量流、能量流网络以及能量流与物质流相互关系等研究甚少。由此导致的节能理论研究滞后，原始创新、集成创新能力不足，已成为制约钢铁工业进一步节能降耗的“瓶颈”问题。

“能量流”和“能量流网络”等概念一经提出，便得到了钢铁界和能源界专家、学者及工程技术人员的广泛认可和积极响应。“十一五”期间，关于“能量流”和“能量流网络”的研究课题逐年增多，以物质流与能量流协同创新为主要特征的系统节能在我国大中型钢铁企业相继展开，由此催生的新一轮节能理论和技术，成为本学科新的增长点。2009 年 9 月，在北京首次召开了以“钢铁制造流程中能源转换机制和能量流网络构建的研究”为主题的香山科学会议第 356 次学术讨论会；2011 年 8 月在沈阳又召开了“钢铁制造流程优化与动态运行”高级研讨会，来自钢铁企业、设计院、高校和科研单位的近百名专家、学者参加了讨论会，与会代表总结了钢铁工业节能的前期成果，明确了今后工作方向，断定研究钢铁制造流程能量流网络优化与运行控制等若干重大问题的时机已经成熟。进入“十二五”，高等学校、科研院所和部分钢铁企业相继开展了有关能量流与能量流网络的数学描述、能量流预测、能量流网络优化等研究工作，并取得重要进展。关于物质流与能量流协同优化的研发工作主要表现在以下 3 个方面：①煤气、蒸汽、氧气和高炉鼓风等能量流的生产、回收、净化、存储、分配、使用及其管网建设。②前后工序之间“界面技术”的开发与应用，使相邻工序实现“热衔接”。如高炉—转炉区段的“一罐到底”技术（京唐钢铁、重钢等），连铸机—热连轧机区段的“热装热送”技术。“一罐到底”技术将铁水的承接、运输、缓冲储存、铁水预处理、转炉兑铁、容器快速周转、铁水保温等功能集为一体。“界面技术”把依附于铁水或钢坯的热量不经转换环节直接地输送给下一道工序，最大限度地避免了能量流的过量耗散。③钢铁生产过程余热余能的高效回收、转换与梯级利用，尤其是将余热余能直接用于生产工艺本身，如焦炉的烟道气用于煤调湿（济钢）、富余蒸汽用于高炉鼓风脱湿（马钢）、用海水淡化装置取代汽轮机的凝汽器，用凝汽式电厂冷端的余热资源生产除盐水（京唐钢铁），大幅度地降低了热法海水淡化的生产成本。2012 年，“钢铁生产过程高效节能基础研究”通过科技部评审，正式列入国家“973”计划。

4. 余热余能的回收利用在大中型钢铁企业普遍展开，二次能源的再资源化为提升能量流的高附加值和系统能效开辟了新途径

随着钢铁工业生产流程的逐步优化和工序能耗的不断降低，科学地回收利用各生产工序产生的余热余能资源，成为我国钢铁工业节能的主要方向。多年来，大中型钢铁企业以热力学第一、第二两大定律为指导，根据余热余能的数量、质量以及用户需求，及时高效地回收利用各生产工序产生的余热余能，做到“按质用能，温度对口，有序利用”，有效地降低了钢铁企业的吨钢能耗和污染物排放量。其中，余热余能发电是提升能量流品质和企业能效的普遍手段；以富余煤气为原料用来生产高附加值化工产品（氢、甲醇或二甲醚等），成为提升能量流价值和优化能量流网络的新途径。如，四川省达州钢铁集团成功地开发了用焦炉煤气所含 H_2 和转炉煤气所含 CO 合成甲醇的新工艺，年创经济效益在 4 亿元以上，获 2013 年中国冶金科学技术一等奖。实施这项技术的还有双鸭山建龙钢铁。

迄今为止，我国大中型钢铁企业配备烧结余热回收或发电装置有 66 台；高炉煤气干法除尘余压发电（TRT）装置 597 套，大于 1000m^3 高炉的 TRT 普及率达到 98%；投产或在建的干熄焦（CDQ）装置 159 套，CDQ 普及率为 85%，其中采用高温、高压的 CDQ 占 30%；转炉煤气余热回收及干法除尘装置 40 余套。此外，焦炉荒煤气显热回收、煤调湿、高炉鼓风脱湿也都取得了显著的节能减排效果。

5. 能源中心在钢铁联合企业的建设与运行，推动了我国钢铁工业的节能进程、信息化和自动化建设

到 2012 年底，我国大型钢铁联合企业已建成的能源管控中心（EMS）增至 30 家，还有一些能源管控中心正在建设之中，其建设水平多数处于能源计量网和能源管理系统的建设阶段，少数进入离线决策和能源系统优化运行的开发期。已建成的 30 家能源管控中心有以下三种类型：一是以宝钢、马钢等为代表的 EMS，按照“扁平化”和“集中一贯”的管理理念，将数据采集、处理和分析、控制和调度、能源预测和管理等功能融为一体，取得了良好的节能效果；二是以济钢等为代表的 EMS，将主要能源消耗信息和部分设备的运行信息汇集到 EMS，并对部分生产工序进行监控；受限于现场条件，扁平化的能源调度和在线管控功能，还需要进一步完善和提高；三是其他企业的能源管理中心，主要功能是采集能源动力的计量信息，用于编制企业能源管理报表、能耗分析，以及对能源潮流的监测、能源信息的预测和预报等。

目前，钢铁企业的 EMS 正在从能量流的监控转向对生产过程和系统的综合监控，并继续向管控一体化的方向发展。部分钢铁企业着手开展能量流和能量流网络优化、在线调度的应用研究。由于能源利用与环境保护相互关联,EMS 系统将逐步与环境监测系统融合。能源管控中心在大型钢铁联合企业的普遍建成并投入运行，推动了我国钢铁工业的节能进程、信息化和自动化建设，为“十二五”乃至更长时期钢铁企业的深入节能创造了条件。

6. 工业生态学成为本学科新的增长点，以工业生态学“中国化”为目标，开展了一系列卓有成效的基础性研究工作，推动了钢铁工业的生态化建设，研究成果得到了国内外同行的广泛关注

进入 21 世纪以来，冶金热能工程学科在工业领域率先开展了工业生态学的研究，将工业生态学列为新的研究方向和学科增长点，进行了一系列以保护生态环境为目标的研究工作。工业对环境的破坏，归根结底是其过量地、无序地消耗能源和资源造成的。所以，本学科所从事的工作都与环境息息相关，保护生态环境是本学科的责任和任务之一。工业生态学认为，减少或防止污染物的产生，比污染物产生后再去治理，要有效的多。前者是“源头治理”，即治本；后者是“末端治理”，即治标。为了进行源头治理，本学科把物质的减量化和保护生态环境的视野扩展到产品的整个“生命周期（Life cycle）”，即从产品的设计、原料的获得、产品的生产、产品的使用，一直到产品使用报废后的回收等各个环节，使各个环节都能符合保护生态环境的要求。

2002 年，国家环境保护总局（现环保部）批准东北大学、中国环境科学研究院、清华大学 3 个单位联合组建“国家环境保护生态工业重点实验室”。2010 年，这个重点实验室已通过国家环保部的正式验收。2011 年，在国家学位委员会批准增设工业生态学这个学科的基础上，东北大学成立“工业生态学研究所”，承担全校本科生该课程的教学任务，硕、博士的培养，以及科学研究工作。主要工作有：提出“控制钢产量是我国钢铁行业节能、降耗、减排的首选对策”，提出了大、中、小物质循环和物质流分析新方法，构造了具有时间概念的钢铁产品生命周期物流图；提出了评价钢铁工业废钢资源充足程度的指标—废钢指数（S），分析了它与钢铁产品产量变化等因素之间的关系；提出了衡量钢铁工业对铁矿石依赖程度的指标—矿石指数（R），分析了它与钢铁产品产量变化等因素之间的关系。此外，利用这一研究思路和方法，具体地分析美、日、中等国钢铁工业废钢资源问题；分析了废钢循环率对钢铁生产流程资源效率的影响规律，调查了我国铅、铜、铝的循环利用状况，分析了我国铅行业资源效率低下的原因，并提出了改进对策；根据世界各国国民经济发展状况与环境负荷之间的关系，分析了世界主要工业发达国家 GDP 与能源消耗之间的关系，指出我国为了实现可持续发展，必须大幅地降低资源、能源消耗和环境负荷。这些研究成果得到了国内各界的广泛关注。

（二）钢铁工业节能减排技术的最新研究进展

1. 工业炉节能技术

近些年来，我国工业炉节能技术主要体现在设计建造节能型加热炉、开发推广高温蓄热燃烧技术和炉子热工计算机控制等方面。

（1）采用辐射管加热的工业炉窑得到迅猛发展，双P型辐射管、双A型辐射管、蓄热式辐射管等不断涌现。辐射管式加热炉，避免了炉内烟气与物料直接接触，提高了物料的加热质量。

（2）工业炉窑富氧燃烧技术逐步获得应用。工业炉窑在富氧条件下燃烧具有点火温度低、燃烧速度快、燃烧充分和排放烟气少等优点，可提高工业炉窑的热利用率，达到节约燃料、减少废气排放的效果。尤其是对那些有富余氧气的钢铁企业，选择一些工业炉窑实施富氧燃烧，可消纳部分富余氧气，对降低氧气放散率有积极意义。

（3）脉动燃烧及其控制技术越来越受关注。通过开关烧嘴并控制其燃烧时间来调节煤气供给量，使炉膛温度满足物料的加热工艺要求。这项技术可以使加热炉在待轧、降温等低负荷工况下，保证烧嘴始终处于最佳工作状态，达到节能的目的。

（4）高温蓄热燃烧和以纯高炉煤气为燃料的蓄热式火焰炉技术，在我国中小型钢铁企业广泛推广应用。蓄热式加热炉或热处理炉，利用与炉体紧密相连的“内置式”“外置式”或“蓄热式燃嘴”等蓄热室换热装置，充分回收来自炉膛的废气显热，既满足了金属加热工艺和炉温制度的要求，又降低了轧钢工序能耗，同时也缓解了部分中小型钢铁企业富余高炉煤气严重放散等问题，具有显著的降低燃料消耗和减少烟气中NOx排放的双重优越性。近些年来，随着蓄热式加热炉应用范围的扩大和钢铁厂煤气结构的变化，燃用纯焦炉煤气或高炉焦炉混合煤气的蓄热式加热炉逐年增多，出现了炉膛压力波动大、炉门冒火、炉子建设投资高、维修频繁和使用寿命短等问题。受原燃料条件、炉子结构和热工操作的影响，以焦炉或混合煤气为燃料的蓄热式加热炉的节能效果受到限制，推迟了蓄热式火焰炉技术在大型钢铁联合企业的广泛推广。加热炉单位燃耗的高低与金属加热工艺及炉子的结构和操作密切相关。无论哪一种类型的炉子，伴随生产工艺变化必须相应地改变炉子结构和热工操作，否则不会收到预期的节能效果。可以预言，为了适应未来钢铁企业原燃料条件、产品结构和轧制工艺的变化，钢铁企业的炉子类型一定是多元化的。

2. 冶金工艺“界面”技术

“界面技术”是指相邻工序之间的衔接—匹配、协调—缓冲、物质流的物理和化学性质调控等技术及其相关装置。发展界面技术可实现物质流、能量流在流量、温度、成分、空间、时间等方面的紧密衔接（尤其是热衔接），促进生产流程整体运行的稳定、协调，实现紧凑化、连续化和高效化。我国十分重视高炉—转炉区段、连铸机—加热炉区段界面技术的开发与应用，其中“一罐到底”界面技术先后在首钢京唐（曹妃甸）、沙钢和重钢新区等新建钢厂投入使用，收到了显著的节能效果。“一罐到底”模式取消了传统的“混铁炉”“鱼雷罐车”装置和炼钢车间的倒罐站，缩短了铁水预处理工艺流程和铁水的传搁时间，紧凑了高炉—转炉区段的总图布置，具有减少热量耗散、减少铁损、减少烟尘排放等多重优越性，是新建钢铁厂高炉—转炉区段“界面”模式的发展方向。

转炉—连铸界面技术侧重二次冶金和连铸中间包的功能、产能及钢包转运机构的运行调控。基于平材、长材等不同产品及产量生产过程对二次冶金和连铸中间包的功能、产能要求，国内开发研究了不同的界面匹配模式和运行调控策略。连铸—轧钢界面技术主要是钢坯热送热装保温过程的装置及调度技术。建立以生产成本、产品质量、加热能耗为目标的热轧区段调度模型和以生产能耗、加热质量为目标的加热炉群调度模型，并将两者有机结合，构建以生产成本最小化和产品质量最优化为目标的热轧区段生产一体化调度模型。

3. 烧结过程余热资源的回收与利用技术

我国烧结工序的余热回收利用工作，先后经历了引进国外先进技术、自主研发和引进消化后再创新等几个阶段，回收利用方式也从最初的简单热回收到生产余热蒸汽，最后发展到回收电力等。目前，我国有 66 台烧结机配备了烧结余热回收利用装置。图 3 是选择性回收、梯级利用烧结余热资源最具代表性的案例：将置于环冷机最前端的高温热空气与余热锅炉组成第一组闭路循环系统，用余热锅炉生产高品质蒸汽并发电，进入余热锅炉的热空气温度保持在 400℃以上；选择 300℃左右的烧结废气建立第二组闭路循环系统，采用直接热回收方式将烧结废气返回到烧结机台面，用其预热或干燥烧结原料；将 150℃以上的环冷机热空气与烧结机点火炉等组成第三组闭路循环系统，经过两次换热后温度达到 250℃左右，再送到烧结机台面作为点火炉的助燃空气和热风烧结等。

显而易见，最初的环冷机是为冷却烧结矿“量身设计”的，所以风量大、料层薄、冷却快、漏风严重，不可能实现目前既要快速冷却烧结矿又要高效获得热量的双重目的。在干熄焦技术的启发下，笔者提出用 CDQ 式气固热交换装置取代现有的烧结矿环冷机，可最大限度地回收利用烧结矿显热，有望降低烧结工序能耗 25.0kgce/t 矿以上。

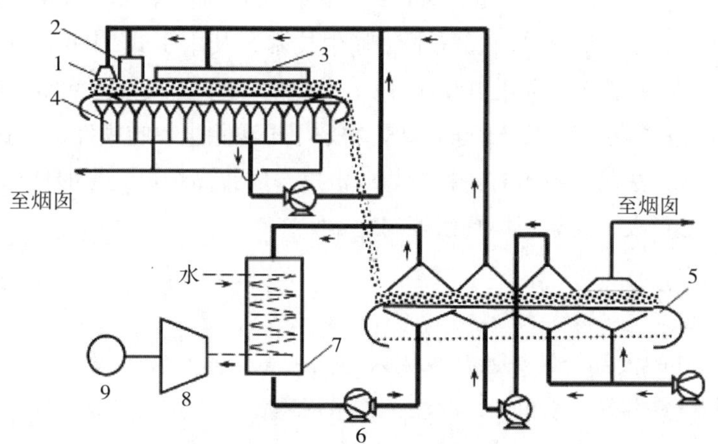

1—热风罩；2—点火炉；3—烧结热风罩；4—烧结机；5—环冷机；6—风机；7—余热锅炉；8—透平机；9—发电机

图 3　烧结矿余热分级回收与梯级利用流程图

4. 干熄焦（CDQ）技术

2000年以前我国投产的干熄焦装置均为引进技术，造价高，技术使用受限，推广极为困难。在此背景下，我国对干熄焦装置开展了一系列基础理论研究，探讨了焦炭在干熄炉内的粒度分布、运动行为和换热规律，解决了制约干熄炉冷却能力的炉子结构参数（高径比）和操作参数（气料比）等关键问题。首次应用回转焦、罐接焦等技术，研制出“两高一耐”循环风机等关键装置，最终完成了70 ~ 260t/h干熄焦成套技术并全面实现国产化。干熄焦装置的主要技术指标达到国际先进水平：干熄炉冷却能力3.84m^3/（t・h），干熄炉高径比0.9，气料比1190m^3/t，焦炭显热回收率大于80%，焦炭质量M_{40}提高3% ~ 8%，M_{10}改善0.3% ~ 0.8%。研发成果成功应用于马鞍山钢铁集团公司等干熄焦工程，获得了巨大的经济效益、社会效益和环境效益。济钢的干熄焦国产化技术开发项目“干熄焦技术研究与应用”以及国家发改委组织的“干熄焦引进技术消化吸收‘一条龙’开发和应用”项目，先后获“国家科学技术进步奖”二等奖。截至2012年底，我国已投产和在建的干熄焦装置159套，年干熄焦炭能力15877万吨，占炼铁消耗焦炭量的57.4%，大中型钢铁企业干熄焦普及率为85%，采用高温高压锅炉的干熄焦装置比例达30%。届时，我国干熄焦装置的数量和能力均居世界第一位。

5. 高炉煤气干法除尘技术

进入21世纪以来，我国把高炉煤气干法除尘技术作为高炉炼铁工序的重大节能项目来抓，在大中型企业陆续实施。高炉煤气干法除尘技术主要有布袋除尘器和干式静电除尘器。与湿法比较，经过干法除尘的高炉煤气阻力损失较小（低20 ~ 30kPa）、净煤气温度高（约150℃），而且因为没有净化过程带入的水分，所以煤气的理论燃烧温度高（如果用于热风炉，可以提高热风温度50 ~ 90℃）。经干法除尘的高炉煤气如果用于TRT发电，发电效率比湿式提高30%，湿法TRT发电≥35kW・h/t，而干法≥45kW・h/t。截至2012年末，我国70%的大型高炉采用煤气干法除尘技术，其中干式TRT装置597套，湿式TRT装置58套。大中型钢铁企业1000m^3以上高炉的TRT普及率为98%，平均吨铁发电量32kW・h/t铁。首钢京唐两座5500m^3高炉均采用干法除尘，吨铁发电量达到56kW・h/t铁。待完善的煤气干法除尘技术有：控制煤气温度，防止高炉煤气中酸性介质对管道的腐蚀，解决设备检修量大、滤袋更换频繁等问题。

6. 转炉煤气干法除尘技术

目前，国内外的大部分转炉通常采用未燃法来净化回收转炉煤气，分OG湿法和LT干法两大类。新日铁开发成功的OG湿法，技术成熟稳定，安全可靠，操作简单，被国内外钢铁企业广泛应用。在国内广泛应用的是第四代OG湿法，由喷淋塔—文氏管（RSW喉口）净化回收系统组成。转炉的高温烟气（1400 ~ 1600℃）经过汽化冷却烟道冷却至900℃，然后进入蒸发冷却塔，通过喷入雾化水使烟气外温度降至200℃，烟气含尘量达到 50 ～ 80mg /（N·m^3）。在喷淋的同时，还要对烟气进行调质处理，以改变粉尘的比电阻、提高静电除尘器对粉尘的捕集率。经过静电除尘器的合格煤气（150 ～ 200℃）流经煤气冷却塔，降温至 70℃后进入转炉煤气柜，烟气含尘量降至 10 ～ 20mg /（N·m^3）。转炉干法的投资虽然高于 OG 湿法，但具有节水节电、除尘效率高、风机寿命长、维护工作量小、经济效益好等优点。从宝钢二炼钢厂 250t 转炉首次引进此系统到现在，我国已经有 40 余套。当转炉的铁水比为 90% 时，干法回收煤气可达 100m^3/t 钢以上，可以显著降低转炉炼钢的工序能耗。

7. 焦炉荒煤气显热回收技术

从焦炉炭化室上升管逸出的 650 ～ 700℃荒煤气所带出的热量，约占焦炉总输出热量的 30% ～ 35%。为了冷却这些高温荒煤气，不得不喷洒 70 ～ 75℃循环氨水。通过循环氨水的大量蒸发，高温荒煤气被冷却至 82 ～ 85℃，再经初冷器冷却至 22 ～ 35℃，荒煤气所携带的显热被白白浪费了。喷氨冷却过程，就荒煤气的冷却和初步净化而言是高效的，但其热力学过程却是不完善的。煤气显热大部分被用于蒸发氨水，剩余的热量则消耗在氨水的加热和集气管散热损失上。为回收利用荒煤气的高温显热，我国焦化工作者较早地开发了上升管汽化冷却装置，用来生产低压蒸气。采用上升管气化冷却装置降低了荒煤气的温度和炭化室上升管的外壁温度，从而改善焦炉炉顶的操作条件，减少了后续循环氨水的喷洒量、初冷器的冷却面积和冷却水用量。此外，还有用热管或余热锅炉回收荒煤气显热，以及用荒煤气带出热对焦炉煤气进行高温裂解或重整生产合成氨、合成甲醇及二甲醚等。

8. 煤调湿技术

“煤调湿”是“装炉煤水分控制工艺”（CMC）的简称，在装炉前去除炼焦煤中多余的水分，保持装炉煤水分稳定在 6% 左右，然后入炉炼焦。日本全国共有 16 个焦化厂 51 组（座）焦炉，其中有 36 组（座）焦炉配置了煤调湿装置，占焦炉总数的 70.5%。

在我国，已有十几座焦炉配置了煤调湿装置。煤调湿技术按热源不同可划分为两类：一类以焦炉烟道气为热源，另一类以低压蒸汽为热源。实施以烟道气为热源的企业有济钢、昆明制气、马钢、邯钢、鞍钢鲅鱼圈和宝钢二期，焦炉烟道气通过气流床、流化床或沸腾床等完成湿煤的分级和干燥；实施以低压蒸汽为热源的企业有宝钢、太钢和攀钢，这些企业大多以焦化厂干熄焦装置的背压蒸汽作热源，蒸汽在多管回转干燥机内通过间接热交换完成湿煤的干燥。经过调湿后，煤装入炉时由于含水量降低很容易扬尘，为保护环境必须增设除尘设施。采用 CMC 技术，煤中含水量每降低 1%，炼焦所耗热量降低 62.0MJ/t（干煤）。当煤中水分从 11% 下降至 6% 时，炼焦耗热量降低 10.6kgce/t（干煤）。装炉煤水分的降低，使装炉煤的堆密度提高，干馏时间缩短，因此焦炉生产能力提高 3% ～ 11%；焦炭质量 M_{40} 提高 1 ～ 1.5 个百分点，CSR 提高 1 ～ 3 个百分点；在保证焦炭质量不变的情况下，可多配弱黏结煤 8% ～ 10%。此外，因煤中水分降低可减少 1/3

剩余氨水量，相应减少 1/3 蒸氨用的蒸汽，同时也减轻了废水处理装置的生产负荷。

9. 高炉鼓风脱湿技术

脱湿鼓风是除去高炉鼓风中多余的水分，以实现高炉顺行和节能的目的。高炉鼓风脱湿可以提高高炉风口区的理论燃烧温度、增加喷煤比、降低高炉焦比和鼓风电耗。钢铁企业有大量的余热资源，采用余热蒸汽或高温烟气来驱动吸收式制冷系统，是进行高炉鼓风脱湿的首选。在我国，高炉实施鼓风脱湿的有宝钢、重钢、首钢、永钢和马钢等十几个企业，都取得一定的节能效果。

我国高炉采用脱湿鼓风技术经历了两个阶段。第一个阶段是引进国外的高炉鼓风脱湿装置，1985 年宝钢 4000m^3 高炉从日本引进全冷冻脱湿装置，脱湿机出口空气湿度为 10 ~ 12g/m^3，折合每吨生铁的实际节能约 10.6kg 标准煤，投资回收期约为 2 年。第二阶段，国内自主研制脱湿鼓风装置，不仅性能优于国外引进设备，投资也大幅度下降。主要方法有：① 采用电能制冷的冷冻法脱湿，1999 年马钢 2500m^3 高炉采用冷冻法脱湿技术，脱湿机出口空气湿度为 8 ~ 10g/m^3，年节焦 1.8 万吨，年收益 810 万元；② 采用低压余热蒸汽为热源的吸收式制冷技术（承担 100% 冷冻脱湿所需的制冷负荷），如唐钢 1580m^3 高炉以及马钢、莱钢、杭钢等；③ 采用蒸汽溴化锂吸收式冷水机组先进行初级除湿，再用螺杆冷水机组进行深度除湿。

10. 钢铁企业副产煤气的综合利用技术

随着钢铁生产过程的紧凑化、连续化和减量化，钢铁企业的副产煤气产生量增加而主工序消耗量减少，富余煤气量的瞬时涨落加剧，剩余的副产煤气量逐年增多。钢铁企业副产煤气的综合利用包括以下内容：

（1）煤气热值的综合利用。

煤气热值的综合利用主要是指锅炉—蒸汽轮机发电和燃气—蒸汽联合循环发电（CCPP）。2010 年我国已有 15 套 CCPP 发电机组投产，机组容量从 50MW 到 300MW 不等，总装机容量约 2200MW。从已投入运行的 CCPP 机组看，CCPP 发电效率均在 40% 以上。我国除宝钢等少量企业使用全高炉煤气外，其余均为高—焦炉混合煤气，热值约为 1300kcal（1kcal=4184J）。就发展循环经济而言，钢铁企业应与其他行业或所在城市构建循环经济产业链，充分利用钢厂的副产煤气和电力行业的大型锅炉及发电机组优势，开展“共同火力”发电。在煤气富余时，共同火力的蒸汽锅炉可以将其全部消耗掉，避免煤气放散，以降低发电成本；在煤气不足时，“共同火力”的蒸汽锅炉又可以烧煤，保证正常供电。

（2）富余煤气的资源化利用。

富余煤气资源化利用是指以钢铁企业富余的副产煤气为原料，用来生产高附加值的原燃料产品。其中，最多的资源化利用方式有焦炉煤气制氢、焦炉煤气和转炉煤气生产甲醇、二甲醚等。例如，四川省达州钢铁集团依据“低质高用、高质高值、动态有序、耦合匹配”的用能原则，开发了以副产煤气为主体的钢铁联合企业能量流的价值优化新模式，将转炉煤气和焦炉煤气转化为甲醇产品的新工艺，实现了副产煤气中碳和氢素流的价值提升和二氧化碳的减排。2009 年，相继建成了首条 10 万吨 / 年和 20 万吨 / 年生产线。

11. 冶金渣综合利用技术

伴随钢铁制造过程将产生大量的固体废物，如铁渣、钢渣、氧化铁皮，以及除尘系统收集的烟粉尘和冶金尘泥等，在行业内统称为冶金渣。冶金渣的综合利用是指高温渣的热利用和资源化利用两个方面。2009 年，我国在《钢铁产业调整和振兴规划》中提出“冶金渣接近 100% 综合利用”的节能减排规划目标，“十二五”发展规划指出：固废综合利用率要达到 72% 以上。

熔融渣显热回收技术必须以处理后的渣具有优良的综合利用价值和利用性能为前提。高炉渣量大、回收价值高（1t 高炉渣含有的热量相当于 60g 标准煤），是迄今为止钢铁企业尚未得到回收利用的高温余热资源。目前，国内研究较多的是转杯粒化—流化床热能回收法。其实，早在 20 世纪 80 年代，国内外都有采用风碎高炉渣进行热回收的技术报道。采用风碎粒化处理工艺时，为了保证处理后高炉渣具有活性，需要大量的冷却风，这一方面使得鼓风能耗大、温度低，另一方面粒化粉尘污染大，设备投资高。所有这些问题，都使得干法粒化技术不能在工程中推广应用。

1）高炉熔渣直接制备渣棉、微晶玻璃等高值材料研究较为迅速，高炉水冲渣的利用向高值化发展，立式辊磨装备实现国产化，并达到国际先进水平，高炉渣微细粉用于水泥混合料或混凝土掺合料的高值利用率已超过高炉渣总量的 76.7%；高钛高炉渣提钛技术获得进展，高钛型高炉渣高温碳化—低温选择性氯化制取 TiCl 技术，离子熔融还原制取钛硅合金技术，高钛型高炉渣冶金改性处理选择性析出分离技术等研究进入中试阶段。

2）钢渣处理技术呈现多元化的发展态势，热焖、热泼、滚筒、风淬技术等不断升级。降低钢渣碱度的熔态改质源头固化、带压热焖处理的原位固化以及钢渣钙镁组分分离提取制备碳酸钙的异位固化是钢渣中活性组分稳定化的新技术，其中有压罐式钢渣余热自解稳定化处理工艺技术已获得工业化应用；棒磨技术与宽带新型磁选提纯技术等钢渣高效细磨与深度选铁装备发展迅速并实现国产化。钢渣湿法磁选废水的循环利用技术及系统工艺已投入运行。

3）冶金尘泥、不锈钢渣、铁合金渣、脱硫渣、精炼渣等利用技术越来越受到重视。鞍山钢铁集团以冶金尘泥为原料，经配料、混合、压球等工序预先制成自还原性含铁锌团块，利用钢铁企业现有装备和余热资源，分别置于高温铁水罐或转炉，实现了将含铁尘泥快速还原、分离、回收铁和锌的目的，解决了钢铁行业含锌尘泥低成本处理和回收的技术难题。自 2009 年底开始实施以来，鞍钢有 15 座转炉、32 个铁水罐总计使用含铁尘泥 41.4 万吨，含铁尘泥综合利用率达 100%。申请发明专利 12 项，技术经济环保效益突出，是我国含铁尘泥低成本回收利用技术的发展方向，有广泛的推广应用前景。

此外，太原钢铁集团还开发了不锈钢除尘灰资源化综合利用技术，实现了不锈钢除尘灰含碳冷固造块—竖炉冶炼—热态铁水返炼钢短流程工艺的规模化生产，取得了明显的经济效益和社会效益。

（三）我国钢铁工业的能源节约及国内外先进水平的比较

1. 我国钢铁工业的能源节约

图 4 是 1980—2010 年间我国钢铁工业吨钢能耗的变化曲线图，每个 5 年计划期为一个节点，每 15 年形成一个周期，30 年间吨钢能耗曲线发生了 2 次周期性变化。由图可见，2 条吨钢能耗曲线的形状和下落规律极其相似：前面的 5 年吨钢能耗曲线下降最快，中间的 5 年能耗曲线下降较缓，后面的 5 年更为平缓。例如，在“九五”计划期间，我国钢铁工业从单体设备节能扩展到系统节能阶段。这个时期，缘于生产结构调整和工艺流程优化，钢铁企业的间接节能效果凸显，年均节能率一度上升到 4.34%；可是到了“十五”期间，由于生产结构调整引起的间接节能效果减弱，所以吨钢年均节能率回落到 1.78%；“十一五”期间，各生产工序的节能难度增大，节能幅度变小，年均节能率只有 0.68% 了。下一个 15 年乃至更长时期，我国钢铁工业的节能难度将越来越大，节能空间也越来越小，吨钢能耗曲线能否出现第三次较大幅度的下落，取决于新一轮节能理论、节能技术和管理手段的支撑。

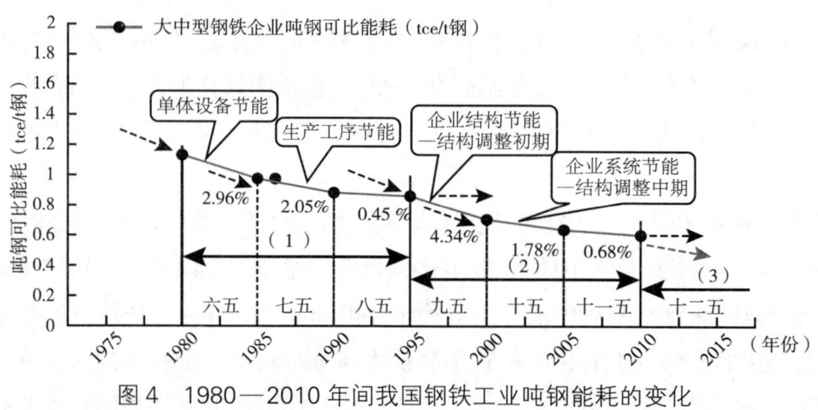

图 4　1980—2010 年间我国钢铁工业吨钢能耗的变化

2. 与国际先进水平的能耗比较

30 年来，我国钢铁工业节能虽然取得举世瞩目的成绩，但与世界先进水平相比还有一定差距。21 世纪初，受能源紧缺、环境保护、产品深加工以及电炉钢比下降等因素的影响，多数国家的吨钢能耗都有不同程度的回升。2004 年，国际钢铁协会会员国的吨钢综合能耗为 19GJ（折合 650kgce/t 钢）。2005 年，我国大中型钢铁企业的吨钢可比能耗是 714kgce/t 钢［电的折标系数取 0.404kgce/（kW · h）］，表 2 列出了 2005 年我国大中型钢铁企业吨钢可比能耗数据与先进产钢国家的比较结果（国外的平均电炉钢比取 0.300）。

表 2　2005 年我国大中型钢铁企业吨钢可比能耗与先进产钢国指标对照表
（国外电炉钢比 0.300，中国 0.117）

工序名称	工序能耗 e_i（kgce/t 产品）			钢比系数 p_i（t 产品 /t 钢）			吨钢能耗差距（kgce/t 钢）②×④-①×③
	先进国家①	中国②	差距②-①	先进国家③	中国④	差距④-③	
烧结（球团）工序	57.0	65.0	+8.0	1.040	1.334	+0.294	+27.4
高炉炼铁工序	464.0	457.0	−7.0	0.731	0.875	+0.144	+60.9
转炉炼钢工序	17.9	36.0	+18.1	0.700	0.883	+0.183	+19.4
电炉炼钢工序※	198.6	201.0	+2.4	0.300※	0.117※	−0.183	−36.1
轧钢工序★	152.2	89.0★	−63.2	0.853	0.920	+0.067	−48.0
“其他”（kgce/t 钢）	49.6	90.0	+40.4				+40.4
吨钢能耗差距（不考虑国内外轧钢系统加工深度、成材率和工序能耗方面的差异）							+64.0
吨钢能耗差距（考虑国内外轧钢系统的差异并使国内轧钢工序与国外持相同水平）							+112.0

★ 我国轧钢工序由于板带比低和加工深度不足，工序能耗比国外低很多，两者不可比。

※ 当国内外电炉钢比取不同比例时，只影响相关栏目的计算值，但不影响最后两行的比较结果。

“十一五”期间我国钢铁工业的吨钢能耗又下降了 24kgce/t 钢，如果电的折标系数统一按 0.404kgce/（kW·h）折算，则 2010 年我国钢铁工业吨钢可比能耗的实际值是 690kgce/t（比当量值约高出 100kgce/t）。按此数据作对比：现阶段，我国钢铁工业的吨钢能耗要比先进产钢国家增加 40kgce/t 钢，大约高出 6.2%；若考虑国内外轧钢系统在加工深度和工序能耗等方面的差异，则我国钢铁工业的吨钢能耗要比先进产钢国家增加 88kgce/t 钢，大约高出 13.5%。

三、冶金热能工程学科的梯队建设与学术交流

（一）梯队建设情况

在我国，冶金热能工程学科的研发梯队建设分为 3 个层面。

1）高等院校中由冶金热能工程学科以及相关专业教师和研究生组成的学科梯队，特别是具有冶金行业背景的院校。学科梯队以人才培养为主要任务，同时开展科学与工程技术研究。

2）科研院所中面向冶金科学技术的科技工作者组成的学科梯队，面向现代冶金新工艺的研发和引进吸收再创新，承担着新技术研发和工程转化工作。

3）企业技术研究院或中心组成的学科梯队。我国大型冶金企业大都成立了技术研究院（中心），通过引进大批的博士、硕士，和企业中的技术骨干一起形成了企业中的学科梯队，主要承担新产品、新工艺的开发和新技术的引进与吸收。

（二）关于冶金热能工程学科的国内外比较

1. 冶金热能工程学科的特点

我国的冶金热能工程学科与国外、特别是与发达国家对应学科有非常大的不同。在我国，冶金热能工程学科由冶金高校的相关专业、国家级和省部级的研究院所以及企业的技术研究院共同来支撑；在国外尤其是发达国家，高校中通常不设冶金热能工程学科，甚至不设热能工程学科，相关学科融合在机械工程学科群（研究对象以航空航天为主），有关冶金热能工程学科的研究和开发工作主要由企业的研发机构来承当。

有关单体设备、热工过程、生产系统的热力学完善程度和能源有效利用程度等热工问题，是我国冶金热能工程学科最基本的研究内容。就能源转换设备或热工过程而言，评价其热力学完善程度及其能源有效利用水平时，通常采用热效率或㶲效率指标；评价不同种类的热工设备或生产系统的能耗水平时，只能采用“产品能耗”指标。对于前者，热效率越高单位产品能耗越低，但对于后者则不一定如此。这是本学科与国内外热能工程学科的根本区别。由于学科关注的指标与节能有关，所以本学科与节能减排、发展循环经济、建设资源节约型环境友好型社会最为密切。

2. 冶金热能工程学科面临的问题与挑战

经过改革开放 30 年的艰苦努力，中国已成为世界上名副其实的钢铁生产大国，正向钢铁强国的目标迈进。我国与世界先进产钢国的最大差距，不是规模、技术和装备，而是资源、能源消耗和污染物排放尚未达到钢铁强国的水平。今后，能源供应短缺与能源需求增长的矛盾，过量的资源能源消耗量与有限的资源环境承载力的矛盾，以及能源以煤为主、矿石以贫矿为主等不利因素，都将给我国钢铁工业在技术、经济和管理等方面带来许多难题。最艰巨的节能、降耗、减排任务和日趋严格的技术标准，对钢铁工业的资源效率、能源效率和环境效率提出了更高的要求，冶金热能工程学科面临严峻挑战。

（1）基础理论研究滞后，节能理论体系、能量系统分析方法及其评价指标等尚不完善。长期以来，冶金工业节能一直在热力学第一定律指导下进行，注重能量的“数量”，不太注重能量的“品质”和“价值”；工业节能依据热力学第二定律以及㶲分析、能级匹配等新方法的工程案例很少，节能缺乏科学理论作指导；评价能耗大小，只有能量“数量”上的评价指标（如吨钢能耗、工序能耗），没用能量“品质”上的评价标准，更缺少合理的能源“价值”定位，导致能源的数量、品质、价值三者不统一，节能与省钱不一致，影响了企业节能的积极性。

（2）能量流、能量流网络的研究缓慢，对钢铁生产过程能量流、物质流的运行规律及其协同作用认识不足。钢铁领域的研究命题大多围绕铁素物质流的紧凑化、连续化、自动化展开，对能量有效利用方面重视不够，即使有些能量流方面的研究也基本停留在能量平衡的阶段，对于钢铁生产过程的“能量流”运行规律、“能量流网络”的构建和优化以及能量流与物质流相互关系基本没有涉及或研究很少，导致钢铁冶金的节能理论研究滞后，原始创新集成创新能力不足，已经成为制约钢铁工业进一步节能降耗的“瓶颈”环节。因此，“十二五”乃至更长时期钢铁领域的研究工作应着眼于构建钢铁制造流程的能量流网络，分析目前存在的用能不合理模式，实现物质流和能量流协同运行。研究能量流及其能量流网络，从“点空间”到“流空间”“场空间”，可挖掘出巨大的节能潜力，催生新一轮的节能理论和技术，是新技术背景下钢铁工业的重要研究命题。

（3）“静态”“平衡”的观点及研究方法落后，尚不满足企业能源系统生产、使用、管理和控制的需要。钢铁制造流程是复杂的铁—煤化工过程，是开放的、远离平衡的、不可逆的耗散过程系统。长期以来，用“静态”的“平衡”的观点和方法，设计、运行、管理和控制能源的生产与使用是不科学的。事实上，无论是能量的输入与输出还是能源的供应与需求，钢铁企业二次能源的生产量与使用量、总供应量与总需求量之间始终是不平衡的。所以，必须用“动态”“非平衡”“耗散结构”的理论及方法，根据能源介质的数量、品质（热值）和用户需求，科学地规划、设计、调控能源生产与使用，挖掘“非平衡”状态下的节能潜力，发展“界面”技术、原燃料预处理技术、余热余能回收利用技术，是未来钢铁工业节能的有效途径。

四、冶金热能工程学科的发展趋势及建议

（一）未来5年本学科的发展趋势

1. 钢铁制造过程物质流、能量流、信息流的耦合优化，将成为实现钢铁生产流程整体优化的时代命题

从根本上来说，钢铁制造流程实质上是物质流、能量流与信息流在时间尺度和空间尺度上通过相互作用、相互影响、相互制约、相互协调而相互转化的过程。其复杂性也充分体现为多组元、多相态、多层次、多尺度的物质流、能量流与信息流在流动中的相互耦合和相互作用。这些物质流、能量流与信息流在系统演化过程中相互联锁、彼此放大，形成一定的行为模式而引起系统行为的变化和波动。钢铁制造流程的物质流、能量流、信息流及其耦合优化，已经成为新世纪钢铁制造流程优化的时代命题，是冶金热能工程学科的研究热点。钢铁制造流程的整体信息化，说到底，应该是物质流、能量流、信息流之间互动的综合信息化。破解这样的研究命题，不能只从某一产品的研究来解决，也不能只从某一装置的工艺来解决，只能从流程工程学的层面上来解决。因此，为了掌握钢铁流程工业复杂大系统的动态运行机制，以确定控制和管理的具体方案来解决钢铁工业本身具有的高物耗、高能耗、高污染等问题，必须在系统内处理好物质流、能量流与信息流的相互作用关系。可以预见，未来我国钢铁工业吨钢能耗曲线能否再次出现较大幅度的下降走势，完全取决于新一轮节能理论、技术和管理手段的支撑，即钢铁制造流程物质流、能量流和信息

流的耦合优化。

（1）物质流—能量流网络的运行结构和表现形式。考虑到钢铁制造流程的物质流—能量流网络是一个多因子、多维度、多层次、多目标的复杂性网络，为了从本质上揭示物质流、能量流的运行规律，主要研究物质流—能量流网络的拓扑结构、构成要素以及“流”的性质；构建适用于能源在线管理和智能控制的网络结构；描述物质流—能量流网络的表现形式等。

（2）多因子物质流—能量流控制机理研究。钢铁制造流程是一类开放的、非平衡的、不可逆的、非线性耦合的复杂系统，其动态运行过程的性质是耗散过程。从钢铁制造流程的现代设计、动态运行和智能化调控的角度看，应研究物质流—能量流的不平衡性和非线性作用；建立物质流—能量流之间的相互作用关系；挖掘钢铁制造流程在非平衡态下的节能潜力等。

（3）全流程物质流—能量流网络优化方法。按照能源介质的种类，钢铁制造流程的能量流网络包括煤气流、蒸汽流、电力流等多介质能量流。主要研究内容包括建立全流程物质流—能量流网络化运行机制；研究能量流高效转换、梯级利用、充分回收、动态缓冲机理和优化方法。

（4）物质流—能量流协同运行机制及控制策略研究。主要研究钢铁制造流程中的物质流、能量流以及二者之间的协同关系和协同运行机制；构建物质流—能量流协同运行评价方法和评价指标；开发一系列基于物质流—能量流协同的关键技术；制定物质流—能量流协同控制策略等。

（5）物质流—能量流—信息流协同运行评价指标体系的建立。主要分析现行能源消耗评价指标体系的不合理性，研究制定科学、合理的新评价方法和指标体系；研究物质流—能量流—信息流协同运行的评价指标和指标体系；研究物质流—能量流—信息流协同运行模式。

2. 及时高效因地制宜地回收利用各生产工序所产生的余热余能，使其再能源化或再资源化，是未来钢铁工业节能的潜力所在

据不完全统计，我国每生产 1 吨钢所产生的余热资源量为 8.44GJ/t 钢，约占吨钢能耗的 37%，分别由中间或最终产品、熔渣、废（烟）气和冷却水所携带。如果把转炉煤气（化学能）以及高炉炉顶煤气的余压（压力能）也包括在内，那么钢铁企业（高炉—转炉流程）生产每吨钢的余热余能资源总量将达到 9.58GJ/t 钢，目前回收利用量约为 3.00GJ/t 钢，占余热余能资源总量的 31.3%（见表 3）。在高温余热资源中，数高炉、转炉和电炉渣的温度最高，且尚未回收。我国除了高炉熔渣采用水淬法回收余热水以外，风淬法和化学法均在实验研究阶段。粒化是高温熔渣显热回收的关键，发达国家为此研究了几十年，成效甚微。我国必须吸取国外研究工作的经验与教训，发挥后发优势，决不能重复别人走过的路，照搬国外风淬法回收高炉熔渣显热是没有出路的。

在冶金工程领域，余热余能的梯级利用技术包括烧结矿余热和炼钢转炉烟道废气余热的高效回收发电，高温高压自循环干熄焦、大型高炉干式TRT发电，以及燃用低热值混合煤气的燃气—蒸汽联合循环发电技术等。

表3　中国钢铁企业的余热余能资源量及其回收利用统计预测表（2005）

<table>
<tr><th rowspan="2">余能资源</th><th rowspan="2">技术参数</th><th rowspan="2">余热余能资源量（GJ/t 钢）</th><th colspan="2">2005 年实际</th><th colspan="2">2015—2025 年预测</th></tr>
<tr><th>回收量（GJ/t 钢）</th><th>回收率（%）</th><th>回收量（GJ/t 钢）</th><th>回收率（%）</th></tr>
<tr><td>高炉炉顶余压</td><td>0.15 ～ 0.25 MPa</td><td>0.30</td><td>0.25</td><td>83.3</td><td>0.30</td><td>100</td></tr>
<tr><td>转炉煤气</td><td>8360 kJ/m³</td><td>0.84</td><td>0.58</td><td>69.0</td><td>0.84</td><td>100</td></tr>
<tr><td>余热资源</td><td>高、中、低温</td><td>8.44</td><td>2.17</td><td>25.7</td><td>5.11</td><td>60.5</td></tr>
<tr><td rowspan="2">合　计</td><td rowspan="2"></td><td>9.58※</td><td>3.00</td><td rowspan="2">31.3</td><td>6.25</td><td rowspan="2">65.2</td></tr>
<tr><td>330 kgce/t 钢</td><td>103 kgce/t 钢</td><td>215 kgce/t 钢</td></tr>
</table>

※ 钢铁联合企业的铁钢比取为 1.0

（1）根据煤气资源的数量、品质和用户需求不同，合理分配使用煤气，完善煤气缓冲系统。煤气的平衡与调度尽量做到就近利用、梯级利用，低热值煤气充分利用，富余的高热值燃料优先考虑作为原料气或集中制氢，实现副产煤气资源化利用和高碳能源低碳化利用。

（2）余热以蒸汽形式回收较为普遍，对于蒸汽系统的研究包括热源的品质和稳定性、热用户的需求及输送方式等。余热利用要避免不必要的能量转换，回收的余热要尽可能地直接用于生产工艺本身，如用炉窑排出的废气预热助燃空气、煤气或干燥物料，以减少熵增造成的能量损失。

（3）根据不同能源介质的特性充分考虑经济输送半径，在合理半径内集中更多的能量，把多种余热余能集中在同一个系统内，提高设备的生产能力和开工率，建立具有一定规模的区域性余热余能回收利用系统。

3. 建立健全钢铁企业智能化能源管控中心，是实施物质流、能量流、信息流三流协同运行，实现钢铁生产流程整体优化的给力工具

我国工信部规划指出，200 万吨以上钢铁联合企业和 50 万吨以上特钢企业，到“十二五”末都要建立企业能源管控中心。实践表明，企业能源管控中心不是单纯的能源管理部门，也不是单一的计算机信息采集系统，而是能源生产、运行及控制系统的实体。企业能源管控中心配备各种数字式监控仪表和大型计算机，把煤气、蒸汽、电等多种能源介质以及气体（氧、氮、氩、压缩空气）、水（新水、环水、软水和外排水）等各种信息集中在一个平台上，既有对能源流向的监测、能源信息显示、预测、预报功能，还要根据物质流的生产情况对能源实施动态优化调度，确保生产用能的稳定供应、经济运行和高效利用。

今后，必须用“动态”的“非平衡”的观点，重新认识钢铁企业中能源供需关系的基本规律、科学地规划并制定能源供应与使用间的“不平衡”策略，特别是富余煤气、氧气、热力的缓冲和使用问题，科学准确地预示各种能源介质的发生量、消耗量和剩余量。应用科学用能和系统节能理论，建立能量流网络模型和专家系统，以智能化能源管控中心为工具，科学地使用好管理好能源，将系统能效做到最大，把浪费降到零。

4. 深入开展能源统计制度和方法研究，完善钢铁工业能耗评价指标及指标体系，提高我国钢铁行业能耗统计数据的公信力

我国钢铁工业节能取得的成就，吨钢综合能耗、吨钢可比能耗、工序能耗组成的指标体系及其评价方法的作用功不可没。但是，随着节能的不断深入和能耗指标的逐渐降低，长期以来以中间产品（钢）为计算基准的指标体系必须尽快实现以下 4 种转变：从中间产品钢转到终端产品材；从吨钢能耗到吨材能耗；从钢比系数到材比系数；从评价单位产品能耗到控制能源消耗总量。笔者建议：冶金能耗评价指标体系亟须完善，今后钢铁工业能耗指标应由工序能耗、吨钢综合能耗、终端产品能耗和能源消耗总量组成。其中，工序能耗服务于生产工序的能耗统计与能源管理，它只计入工序所直接消耗的燃料和动力的“当量值”，不计其他间接能耗，是比较同类工序能耗水平的可比指标；吨钢综合能耗，主要服务于钢铁行业的能源统计与管理，用于记录钢铁行业或企业的能耗数据及其变化情况，但不再作为企业之间评判能耗水平的可比指标；终端产品（大宗）能耗，系指生产单位终端产品企业为其累计消耗的能源量，数值上等于各工序的材比系数与其工序能耗乘积之和。在条件成熟时，它可作为同类终端大宗产品能耗的可比指标。从中间产品到终端产品、从吨钢能耗到产品能值、从钢比系数到材比系数等一系列变化，是钢铁企业的生产结构、工艺流程、产品加工、能耗水平、管理技术等日趋深化的必然结果。不破不立，终端产品能值指标的确立之时或许就是吨钢可比能耗指标的终结之日。

从 2006 年起，自国家统计局颁布电力换算成标准煤的“折标系数”统一为“电热当量值”以来（即 1kW・h = 0.1229kgce），我国钢铁企业有关电耗的统计方法采用两套折算系数（电热的当量值和等价值），多数企业采用一套数据两种算法，由此引起了“真数假算”“能源失衡”“指标失信”“管理失利”等现象发生。能源管理的混乱现状，必须尽快扭转，这种“双轨制”能耗统计办法不能继续下去了。电力采用 0.1229 的折算系数，在我国工业界的能耗统计中已是不争的事实，钢铁界应该因势利导、将计就计。为了引导钢铁工业沿着节能减排的战略轨迹健康发展，笔者主张：钢铁企业不管是外购的电还是自产电，凡终端用户消耗的电力都应该统一采用“电热当量值”，废除“等价值”！为了避免能源出现不平衡问题，可在修正后的能源平衡表中增设“发电”工序（就像焦化工序那样）和“发电”工序的工序能耗。

5. 开发低碳冶金技术，编制我国钢铁工业低碳技术发展路线图

2002 年欧洲 15 个国家的 48 个组织在 Arcelor Mittal 协调下，制订了“超低 CO_2 排放的钢铁生产”（ULCOS–Ultra Low CO_2 Steelmaking）研究计划，其中 ULCOS Phase Ⅱ，采用纯氧和去除挥发分的预热煤，以保证排出气体是纯 CO_2，以便捕集和回收。现已有 8t/h 的中试装置，2030 年可取代到龄高炉；ULCOS Phase Ⅲ 是完全不用碳的铁矿石电解法（碱液浸出或热电解）。目前还处于实验室小试阶段，指望在 2050 年前后，非化石能源成为主流，钢铁工业届时进入低碳技术时代。

日本通过 Cool Earth 50（COURSE50）创新技术，积极参与国际钢铁协会和欧盟的行动计划，推进日本钢铁工业的二氧化碳减排进程，到 2030 年前减排二氧化碳 30%。其中炼铁工序的 CO_2 排放将从 1.64t/t 粗钢，降到 1.15t/t 粗钢。日本钢铁学会协同六大钢铁工业公司提出 COURSE50 的建议书，其核心是用重整后的焦炉煤气（H_2 65%、CO 35%），对铁矿石进行直接还原，或喷吹到高炉中。

中国钢铁工业以矿石和焦炭为原料的高炉—转炉流程为主，电炉钢占 10% 左右，CO_2 减排任务尤为艰巨。中国钢铁工业急需及早制定 CO_2 减排路线图，深入开展节能减排，以及在熔融还原、直接还原和焦炉煤气重整的已有基础上，开展氢还原的基础研究。

（二）建议和措施

（1）加强冶金热能工程学科建设及其在基础科学研究方面的投入，跟踪节能减排领域的热点与前沿问题，在国家重大、“973”、“863”、自然科学基金面上和重大项目设立专项资金，增大节能减排等基础研究课题的资助力度，推进冶金热能工程学科的健康发展。

（2）充分发挥中国金属学会学会、中国钢铁工业协会在冶金行业中的组织和桥梁作用，针对工程技术和管理人员深入开展继续工程和节能科学普及等再教育活动，协助政府加强企业的能源管理，编制中长期节能规划，及时反映钢铁工业的节能减排情况。

（3）完善能源数据统计方法和评价指标体系，统一能耗数据的范围界定、统计口径和计算方法，依法计量、统计能耗数据，提高能源统计数据的公信力，做到“可报告、可核查、可测量”。

（4）建立节能减排的科学评价标准，节能可以减排但减排往往是耗能的，不能忽略治理污染背后高昂的能耗代价。依据我国的工业化进程、技术装备水平并参照国际标准，合理制定节能产品的市场准入门槛和各种污染物的排放标准，严格控制能源消耗总量和废弃物排放总量，保护生态环境，加快钢铁工业的节能减排进程和生态文明及建设。

（5）组建具有专业背景、学术水平和影响力的能源审计权威机构，独立负责并承担冶金行业、钢铁企业、生产工艺及设备的能源审计或能耗评估工作，对其节能环保效果、经济性和可持续性进行科学、全面、定量的评估。

（6）积极发现、举荐、培养科技人才、科研骨干和企业一线创新工程技术人员，特别是青年科技人才，加强冶金热能工程学科的队伍建设。

参考文献

[1] 陆钟武. 我国冶金热能工程学科的任务和研究对象 [J]. 钢铁，1985，20（2）：63-67.

[2] 陆钟武，周大刚. 钢铁工业的节能方向和途径 [J]. 钢铁，1981，16（10）：63-66.

[3] 陆钟武，谢安国. 再论我国钢铁工业节能方向和途径 [J]. 钢铁，1996，31（2），54-58.

[4] 殷瑞钰. 冶金流程工程学 [M]. 北京：冶金工业出版社，2004.

[5] Vehec J R. Technology Roadmap Research Program for the Steel Industry. Washington. DC，USA，2010.

[6] 殷瑞钰. 钢铁制造流程的本质、功能与钢厂未来发展模式 [J]. 中国科学 E 辑：技术科学，2008，38（9）：1365-1377.

[7] Movshuk O. Restructuring，Productivity and Technical Efficiency in China's Iron and Steel Industry，1988-2000 [J]. Journal of Asian Economics，2004，15（1）：135-151.

[8] [瑞士] 苏伦·埃尔克曼，著. 工业生态学 [M]. 徐兴元，译. 北京：经济日报出版社，1999.

[9] Bourg D，Erkman S. Perspectives on Industrial Ecology [M]. Greenleaf Publishing，2003.

[10] 殷瑞钰. 节能、清洁生产、绿色制造与钢铁工业的可持续发展 [J]. 钢铁，2002，37（8）：1-8.

[11] Gudim Y A，Golubev A A，Ovchinnikov S G，et al. Promising Technology for Making Steel with the Use of Scrap and a Metallized Raw Material [J]. Metallurgist，2009，53（3-4）：196-200.

[12] 殷瑞钰，蔡九菊. 钢厂生产流程与大气排放 [J]. 钢铁，1999，34（5）：61-65.

[13] 徐安军. 炼钢厂物流调控系统及其温度 - 时间的解析与应用研究 [D]. 北京：北京科技大学，1996.

[14] 古宾斯基，陆钟武. 火焰炉理论 [M]. 沈阳：东北大学出版社，1996.

[15] Rafidi N，Blasiak W. Heat Transfer Characteristics of HiTAC Heating Furnace Using Regenerative Burners [J]. Applied Thermal Engineering，2006，26（16）：2027-2034.

[16] 蔡九菊，赫冀成，陆钟武. 过去 20 年及今后 5 年中我国钢铁工业节能与能耗剖析 [J]. 钢铁，2002，37（11）：68-73.

[17] Sun W Q，Cai J J，Ye Z. Advances in Energy Conservation of China Steel Industry [J]. SWJ，2013，Article ID 247035.

[18] Ayres R U. Rationale for a Physical Account of Economic Activities. In：Managing a Material World [M]. Springer Netherlands，1998.

[19] 陆钟武，蔡九菊. 系统节能基础（第 2 版）[M]. 沈阳：东北大学出版社，2010.

[20] 蔡九菊，孙文强. 中国钢铁工业的系统节能和科学用能 [J]. 钢铁，2012，47（5）：1-8.

[21] Ma J L，Evans D G，Fuller R J，et al. Technical Efficiency and Productivity Change of Chinese Iron and Steel Industry [J]. International Journal of Production Economics，2002，7（3）：293-312.

[22] Sun W Q，Cai J J. Material Flow，Energy Flow and Energy Flow Network in Iron and Steel Enterprise. Enri Damanhuri. Post-Consumer Waste Recycling and Optimal Production [M]. InTech，2012.

[23] 蔡九菊. 中国钢铁工业能源资源节约技术及其发展趋势 [J]. 世界钢铁，2009（4）：1-13.

[24] Macedo C M，Schaeffer R，Worrell E. Exergy Accounting of Energy and Material Flows in Steel Production systems [J]. Energy，2001，26（4）：363-384.

[25] Danloy G，Berthelemot A，Grant M，et al. ULCOS-Pilot Testing of the Low-CO_2 Blast Furnace Process at the Experimental BF in Luleå [J]. Revue de Métallurgie，2009，106（1）：1-8.

[26] 赵沛，郭培民. 煤基低温冶金技术的研究 [J]. 钢铁，2004，39（9）：1-13.

[27] 郑忠，何腊梅，高小强，等. 我国钢铁企业的节能与可持续发展 [J]. 钢铁，2004，39（4）：64-68.

[28] Sinha G P，Chandrasekaran B S，Mitter N. Strategic and Operational Management with Optimization at Tata Steel [J]. Interfaces，1995，25（1）：6-19.

[29] VAN den Bosch P P J. Optimal Dynamic Dispatch owing to Spinning Reserve and Power-Rate Limits [J]. IEEE Trans Power Apparatus Sys，1985，PAS-104 (12)：3395-3401.

[30] Kim J H，Yi H S，Han C. A Novel MILP Model for Plantwide Multiperiod Optimization of Byproduct Gas Supply System in the Iron-and Steel-Making Process [J]. Chem Engin Res Design，2003，81 (8)：1015-1025.

[31] 张欣欣，司俊龙，王荻楠，等. 焦炭局部换热系数与导热反问题的研究 [J]. 燃料与化工，2004，35 (6)：8-11.

[32] 王立，吴平. 高温流化床乳化相与浸没表面间传热过程的数值模拟 [J]. 过程工程学报，2006，6 (3)：339-346.

[33] 王琴，冯俊小，温治. 干熄炉 - 锅炉系统质能诊断与分析 [J]. 燃料与化工，2004，35 (1)：8-11.

撰稿人：蔡九菊　王　立　孙文强　张欣欣

专题报告

钢铁冶金分学科发展——炼铁

一、引言

炼铁学科主要包括炼铁原料、高炉、非高炉、环保技术 4 个分支。高炉冶炼工艺的主要目的是用铁矿石经济而高效率的得到温度和成分合乎要求的液态生铁，非高炉炼铁工艺的特点是用块煤或气体还原剂代替高炉炼铁工艺所必需的焦炭来还原天然块矿、粉矿或人造块矿（烧结矿或球团矿）。炼铁工艺技术历经了上百年的发展已渐趋成熟，而钢铁工业是国民经济的重要支柱产业，我国正处于工业化进程阶段中，今后很长时期内我国的钢铁工业仍需保持比较大的生产规模。

2012 年中国生铁产量达到 65790.5 万吨，比 2011 年增加 2342.4 万吨，增长了 3.70%，占世界生铁产量的 59.77%。近年来中国钢铁工业发展由于受到原燃料资源短缺、品质劣化和国家宏观调控等因素的影响，生产受到一定的限制。与前几年相比：高炉炼铁的指标有的持平，有的则下降（表 1 和表 2）。但是炼铁技术仍然取得了长足的发展。

近年来我国钢铁所面临的形势大致是：①钢铁产量供大于求的竞争压力；②钢铁行业进入微利或亏损时代；③钢铁行业的环保和节能压力增大；④供不应求导致资源劣化的趋势。面对这样的经营形势，炼铁降低成本的压力越来越大；迫使炼铁生产从追求高产向追求低耗和低成本方向转移；炼铁工序是污染大户，环保压力越来越大，炼铁必须走节能降耗、废物循环利用、余能回收利用之路；钢铁产量的激增导致矿煤资源劣质化趋势恶化，炼铁精料技术面临“粗粮细做”的挑战。

表 1　近年来重点企业高炉炼铁指标

年份	系数 [t/（m^3·d）]	焦比（kg/t）	煤比（kg/t）	燃料比（kg/t）	休风率（%）	品位（%）	风温（℃）	劳动生产率（tHM/ 人）	熟料比（%）
2008	2.61	396	136	532	2.1	57.32	1133	3925	92.68
2009	2.62	374	145	519	1.7	57.62	1158	4482	91.38
2010	2.59	369	149	518	1.6	57.41	1160	4715	91.69
2011	2.53	374	148	522	1.5	56.98	1179	5050	92.21
2012	2.50	363	150	513	1.7	56.73	1183	5160	91.48

表 2　近年来重点企业烧结矿和焦炭质量情况

年份	烧结矿					焦　炭				
	品位（%）	碱度	转鼓（%）	系数 [t/（m²·d）]	固体燃料消耗（kg/t）	M_{40}（%）	M_{10}（%）	灰分（%）	硫分（%）	耗洗精煤（kg/t）
2008	55.39	1.96	76.59	1.36	53	83.12	6.84	13.03	0.74	1.382
2009	55.97	1.83	77.44	1.34	55	84.02	6.83	12.50	0.71	1.372
2010	55.53	1.91	78.77	1.32	54	84.58	6.68	12.66	0.72	1.378
2011	55.13	1.88	78.72	1.31	54	84.69	6.59	12.66	0.77	1.384
2012	54.81	1.88	79.01	1.28	53	85.98	6.47	12.54	0.77	1.393

炼铁技术近年来的发展就是适应上述形势的需求：高炉利用系数有所下降，燃料比大幅下降，风温和喷煤量有明显的上升，高炉长寿技术有长足的进步，而这些技术经济指标的改善很大程度上与我国炼铁学科的技术进步有关。

二、炼铁专业国内发展现状

（一）炼铁原料研究开发进展

目前我国新建的或更新改造的大型钢铁企业都非常重视配套大型原料场的建设，重视混匀矿的堆积技术，如宝钢等一些先进企业混匀矿的质量指标 $\sigma SiO_2 < 0.15$ 和 $\sigma TFe < 0.40$，保证了烧结矿质量和成分的稳定。

1. 原料造块设备大型化取得新进展

我国烧结机（至 2011 年）和球团设备（至 2010 年）情况列于表 3、表 4。

表 3　重点企业烧结机情况（至 2011 年）

年　份		1995	2000	2005	2007	2010	2011
烧结机	台数（台）	419	422	369	421	457	474
	总面积（m²）	—	—	37944	52087	76244	84913
	大于 130m²	22	33	79	126	188	232
	90 ~ 130m²	79	61	142	81	112	105

表 4　全国球团焙烧设备情况（至 2010 年）

年　份		1995	2000	2005	2007	2010
球团焙烧设备	竖炉（座）	23	33	—	118	211
	链篦机—回转窑（个）	—	3	4	52	91
	带式焙烧机（台）	2	2	2	2	3

2011 年我国烧结矿产量达 8.49 亿吨，烧结机有 1200 多台，其中重点企业 474 台，总面积 84913m^2，大于 130m^2 的烧结机有 232 台。太钢建成的 660m^2 大型烧结机，标志着我国烧结机设计、设备制造和施工建设已进入世界先进水平。目前全国球团矿生产能力已达到 2.2 亿吨 / 年，球团矿在炼铁炉料结构中的比例接近 18%。另一项重要进步是，在球团矿生产工艺中，能耗高、质量不均匀、产能低的竖炉正在被链篦机 – 回转窑工艺所替代，目前链篦机 – 回转窑工艺的生产能力已达到 12375 万吨，占全部产能的 56.79%。首钢京唐公司建成投产的 400 万吨 / 年的带式焙烧机为特大型高炉生产优质球团矿，而且适应多种精矿粉，代表了我国球团焙烧技术的新进展。我国 15 座 4000m^3 以上高炉除了宝钢是采用 6m 焦炉以外，其余皆是 7m 或 7.63m 焦炉。焦炭良好的强度和粒度对稳定大型高炉的炉况起到了十分重要的作用。

2. 烧结技术研究进展

精料是实现高效、低耗、优质、长寿的基础，是高炉炼铁工艺中最主要的支撑技术之一。我国高炉炉料结构中烧结矿占入炉原料的 70% 以上。主要研究进展有：

（1）烧结工艺系统理论有了新进展，即研究以铁酸钙原理为基础的液相生成数量及其流动性，从烧结矿冷却及矿物结构等方面研究优质烧结矿的生成。

（2）低品质铁矿粉利用技术。近年来，随着优质铁矿粉资源的日趋减少和对进口矿需求的持续旺盛，国内钢厂不得不进口大量的低品质矿粉用于烧结，而如何在烧结过程中使用好低品质进口矿粉，不仅和维持或改善烧结矿质量以保证高炉炼铁稳定顺行直接相关，而且对于降低企业成本、提高企业竞争力以及在低品质资源中掌控相对较好的资源有着重要的意义。我国已经对 FMG、吉布森粉、SFOG 等多种低品质铁矿粉的烧结自身特性（同化性、液相流动性等）进行了研究，并以铁酸钙理论为基础，根据其烧结基础特性、高温特性互补原则进行优化配矿，实现了劣质铁矿粉在中国的应用，改变了传统上对于低品质矿粉“难应用于烧结”的看法。

（3）烧结机智能控制系统。我国已成功实现了烧结机的整体智能闭环控制，如首钢京唐钢铁公司 550m^2 烧结机智能闭环控制。该系统在以烧结矿碱度、FeO 为主要指标的质量闭环控制、烧结上升点 BRP 和烧结终点 BTP 的判断准则、燃料破碎系统动态寻优控制方法等方面取得了技术创新。该项成果的成功开发、应用，使国内烧结机的控制跃上了新台阶，达到国际领先水平。

（4）近年来科学研究和生产实践总结出的规律是：

①充分了解各类型铁矿石的高温烧结性能（重点是液相流动性和同化性），通过互补原则和优化配料计算，做到合理搭配原燃料，实现成本、烧结矿质量的综合优化；

②坚持强化制粒，达到小球烧结的要求；关注烧结矿的粒度组成，不过分追求大颗粒的比例，而重视粒度均匀；

③坚持采用 700 ~ 800mm 的厚料层低温（点火温度 1000 ± 50℃，烧结温度 1230 ~ 1280℃）烧结工艺，加强多工序环境的参数控制，其中最高可节省点火能耗 50% 以上；

④重视烧结矿的矿物组成和矿物结构，改善冶金还原性能，要加强原料的混匀和配料的准确度，以保证烧结矿成分和性能的稳定性。

3. 球团技术研究进展

球团矿因其强度好、粒度均匀、铁品位高、还原性好等特点，一直受到炼铁工作者的高度重视，在炉料结构中的用量比例越来越高。我国铁矿以贫矿居多，对贫矿细磨深选使精矿粉品位达到68%是生产质量良好球团矿的基础。用这种精矿粉生产含MgO球团，成为与高碱度烧结矿搭配的最佳酸性炉料（球团矿配比达17%以上）。球团矿生产的进展有：

（1）赤铁矿氧化球团生产技术。随着国内球团产业的迅猛发展，国内的磁铁矿资源日渐枯竭，不得不考虑以大量赤铁矿作为替代品。与磁铁矿相比，赤铁矿在细磨、成球、焙烧等方面有很大的区别，工业化应用存在较大困难。目前我国已经掌握了各种赤铁矿（巴西矿、印度矿等）的物料特性、成球特性以及焙烧特性。通过对生产工艺的改进，对焙烧热工制度的调整和优化，自主开发出了一套完整的全赤铁矿球团工艺技术与装备。

（2）大型带式焙烧机生产技术。对比国外大量使用带式焙烧机，我国长期处于工艺单一状况，不能实现两条腿走路的均衡发展。带式焙烧机生产工艺对原料的适应性强，对生产赤铁矿球团有很大的技术优势，带式焙烧机工艺具有作业率高、产品质量好、产品成本低等诸多优势。首钢京唐钢铁公司建成了年产400万吨球团的大型带式焙烧机生产线，该生产线属于国内最大的带式球团生产线，其主体设备采用1台有效面积504m^2的大型带式焙烧机，于2010年投运。目前生产球团矿质量已达到国际先进水平。标志着我国已经系统掌握了大型带式焙烧机的原料结构、布料制度、热工制度（包括干燥制度、焙烧制度等）等相关技术。

4. 焦化技术研究进展

在原煤供应紧张，炼焦煤紧缺的条件下，炼焦工作者做出了很大努力，保证冶金焦生产和质量稳定，供应高炉炼铁的需求。主要进展有：

（1）为弥补炼焦煤和肥煤的不足，用1/3非焦煤置换部分焦煤，用一定压强的捣锤加压炼焦配煤，然后从侧面装入碳化室干馏得到捣固焦。采用捣固焦技术，可以多配入高挥发分煤及弱黏结性煤，扩大炼焦煤源，降低炼焦成本。与顶装焦相比，入炉煤堆积密度大幅提高，煤粒间接触致密，使结焦过程中胶质体充满程度大，减缓气体的析出速度，从而提高膨胀压力和黏结性，使焦炭结构变得致密。用同样的配煤比焦炭质量会有明显改善和提高，M_{40}提高约3%～5%，M_{10}改善2%～3%。我国长治、南昌、攀钢、大冶相继建成了捣固焦炉，生产捣固焦用于1000m^3级高炉。而涟源和中信集团在铜陵建设的捣固焦炉，生产的捣固焦可用于3200m^3高炉。目前独立焦化厂也生产大量捣固焦供高炉使用，使中国捣固焦的生产能力达到1.3亿～1.5亿吨/年。我国已建成的炭化室高6.25m的捣固焦炉，为当前中国乃至世界上炭化室高度最高、单孔炭化室容积最大的大容积捣固焦炉。

（2）高反应性焦炭热性能评价新方法。传统的焦炭热性能试验方法，已经不适合评价现代喷吹煤粉高炉用焦炭。提出了新的焦炭热性能评价方法—高反应性焦炭热性能评价新方法，形成新的配煤理论。在此理论指导下，宝钢在新疆八钢配煤中将艾维尔沟煤的配比大幅提高，达到62%，生产出的焦炭仍然能够满足2500m³高炉的生产要求。焦炭传统热性能CRI高达58%，CSR最低只有13.5%，远远突破了高炉对传统焦炭热性能的极限要求CRI<35%，CSR>55%。

（3）配型煤压块炼焦技术，将炼焦装炉煤的一部分进行压块成型，与其余散状煤料混合装炉炼焦，通过提高装炉煤散密度，改善焦炭质量。在实际生产中，其入炉煤配入15% ~ 30%的型煤压块。武钢、鞍钢也对型煤压块技术进行了可行性研究。

（二）高炉炼铁技术研究开发进展

1. 高炉炉顶装料设备的国产化及炉料分布控制技术

（1）特大型高炉无料钟炉顶技术。为满足大型高炉的炉顶布料和高压操作要求，多年来我国炼铁工作者一直致力于大型高炉无料钟炉顶的自主研发工作，并取得了令人瞩目的成就。我国特大型高炉无料钟炉顶装备自主创新与国产化工作获得重大突破，自主创新打破大高炉无钟顶技术垄断。新一代特大型无钟炉顶成套设备具有机械结构简单、自动化智能控制程度高、旋转布料耐受环境温度高、节能高效、密封环保、连续运转稳定可靠、生产维护大大简化、使用寿命长的特点。通过简单的界面，操作者运用几种布料方式将炉料布置到炉喉料面的任何位置，可满足中心加焦工艺要求。新一代特大型无料钟炉顶技术的研制成功，不仅弥补了我国大型冶金装备高炉炉顶装料设备的技术缺陷，打破了进口产品的垄断格局，更为推进和加快大型冶金装备自主化进程作出了贡献，使得国产大型无钟顶设备走出国门。

（2）激光在线测量高炉料面形状技术。高炉炉内激光料面探测装置是通过用专用激光器向高炉内射入激光，用特制摄像机摄取炉内激光图像的方法，使操作人员在高炉生产时能实时了解料面形状及其变化，提高高炉的操控水平。目前已在台湾中钢、杭钢、首迁、济钢等高炉进行了探索性试验，取得可喜进展。并在国内500余座高炉上应用，还出口到美国、加拿大、俄罗斯、印度、土耳其和韩国等，与风口成像相配合，为科学布料提供了准确信息，促进了高炉操作水平的提高。

2. 高炉煤气干法除尘技术

目前我国自主开发的高炉煤气干式布袋除尘技术在设计研究、技术创新、工程集成及生产应用等方面取得突破性进展，自主设计开发的大型高炉煤气全干式脉冲喷吹布袋除尘技术，完全取消了备用的高炉煤气湿式除尘系统。

高炉煤气布袋除尘的过滤机理是基于纤维过滤理论，技术发展很快，1000m³级及其以下高炉几乎全用布袋除尘工艺，取得了明显的效果。一些大高炉，如首钢京唐钢铁公司两座高炉（5500m³），宝钢、鞍钢、包钢等高炉也都采用干法除尘。对于干法除尘现存的问题已取得了积极进展。例如，设计调温装置，加大布袋箱直径，合理选择滤料，采用双向电磁脉冲喷吹技术，采用压力可调式正压气力输送装置，阀门内喷涂了耐磨的涂层，密封圈选用了耐高温、高强度的材料，补偿器的不锈钢材质选用耐氯、硫的材质等。

3. 高炉长寿技术

由于使用劣质、低价铁矿石，造成渣量大、风口破损多、休风率高，严重影响了高炉长寿。而延长高炉寿命是现代高炉的主要技术发展趋势。新世纪初高炉设计寿命均为 20 ~ 25 年，一代炉龄单位容积产铁量应达到 15000 ~ 20000t/m^3。当代高炉设计中在总结 20 世纪高炉长寿技术实践的基础上，集成应用了当今国际先进的高炉高效长寿综合技术，设计合理的高炉内型，采用无过热冷却体系和纯水（软水）密闭循环冷却技术，优化高炉炉缸炉底内衬结构，设置完善的高炉自动化监测与控制系统，实现高炉生产的稳定顺行、高效长寿。国内部分高炉寿命指标如表 5 所示。

表 5　国内部分 2000m^3 以上高炉寿命指标

高炉	炉容（m^3）	炉　役	服役时间（年）	产铁总量（万吨）	单位炉容产铁（t/m^3）	利用系数［t/（m^3·d）］
武钢 5 号	3200	1991-10-19—2007-05-30	15.6	3551	11097	1.95
宝钢 2 号	4063	1991-06—2006-09-01	15.2	4718	11612	2.10
宝钢 3 号	4350	1994-09-20—至今※1	19.0	6873※1	15800※1	2.40※1
首钢 1 号	2536	1994-08-09—2010-12-19※2	14.3	3370	13288	2.10
首钢 3 号	2536	1993-06-02—2010-12-18※2	15.5	3538	13953	2.21

注：※1：表示统计数据截止到 2012 年 10 月。宝钢 3 号高炉计划于 2013 年 9 月大修。
※2：首钢 1 号、3 号高炉因搬迁而停炉，如不搬迁，还可继续生产，寿命将会更长。

（1）高炉炉缸内衬设计：炉缸结构可归结为全碳砖结构和碳砖 + 陶瓷杯 / 耐火浇注料复合炉衬结构。两种结构都有炉龄超过 15 年的业绩。

（2）耐火材料：根据高炉的实际损坏状况，不仅要把导热率和微孔指标，而且把抗铁水熔蚀指数纳入到行业标准中，为全面评价炉缸用碳砖的质量提供了良好的依据。

4. 高炉高风温技术

近年来风温逐年提高，2012 年全国平均风温达到了 1183℃，有 50 多座高炉年平均风温超过 1200℃，最高的风温在大高炉上（首钢京唐 5500m^3）达到 1280 ~ 1300℃，中型高炉（2000m^3 级，如山西建邦）达到 1300℃。中国已完全掌握单烧低热值高炉煤气（$Q_{低}$=3000kJ/m^3 左右）达到风温 1280 ± 20℃的整套技术，这套技术的核心是，燃烧期燃烧高炉煤气达到热风炉拱顶温度（$t_{拱}$）1380 ± 20℃，在送风期将热风温度（$t_{风}$）稳定地维持在 1260 ~ 1300℃，缩小 $t_{拱}$与 $t_{风}$的温差到 100 ~ 80℃。

高风温是现代高炉的重要技术特征，热风炉结构形式呈现多样化发展，顶燃式热风炉是高风温热风炉技术的重大突破，自推向市场以来，在国内基本淘汰了传统的内燃式热风炉和外燃式热风炉。其主要技术特征体现在：

1）为使风温达到 1250 ~ 1300℃，利用热风炉烟气余热预热煤气和助燃空气，将煤气和助燃空气温度提高到 180 ~ 200℃，从而提高热风炉理论燃烧温度 100 ~ 150℃；

2）燃烧单一高炉煤气使热风炉拱顶温度达到 1420℃；

3）通过优化热风炉燃烧过程及气流运动的研究，提高气流分布的均匀性，采用高效格子砖，提高热风炉换热能力，缩小拱顶温度与风温的差值；

4）优化热风送风管道系统结构，采用无过热、低应力设计体系，合理设置管道波纹补偿器和拉杆，妥善处理管道膨胀以降低管系应力，热风管道采用组合砖结构，消除热风管道的局部过热和窜风；

5）采取有效的炉壳晶间应力预防措施，延长热风炉使用寿命。

5. 高炉富氧喷吹煤粉技术

富氧、高风温条件下的喷煤降低焦比、提高高炉产量和降低生铁成本已成为高炉炼铁广泛采用的技术。2012 年中国重点企业的平均喷煤量已达到 150kg/t。我国已掌握了喷吹煤粉的全套技术，可以达到高喷煤量。但在钢铁生产形势低迷和低碳炼铁的影响下，提出与冶炼条件相适应的经济喷煤量，以降低燃料比和生铁成本。

当前高炉喷煤系统一般采用并罐式—总管—分配器的直接喷煤工艺，浓相输送和喷吹已得到推广，例如首钢京唐 2 座高炉采用氮气作为输送载气，固气比达到 40kg/kg，同时采用了氧煤喷枪，高炉富氧一部分通过鼓风兑入，另外一部分通过氧煤喷枪进入高炉，以改善风口回旋区供氧强度和传质过程，提高煤粉燃烧率。

富氧率的提高受到多方面的制约，主要是 2 个方面：①高炉冶炼本身的规律和经济合理性。在现有高炉冶炼条件下，高炉富氧本身应该遵循生产冶炼规律。2012 年，沙钢 5800m^3 高炉富氧率达 8%。②氧气的成本问题，富氧以后，增加了炼铁成本的动力消耗部分，要维持成本不变或有所下降，富氧给高炉带来的能耗降低、产量提高的效益，必须能完全补偿富氧造成成本升高的因素，甚至富余。因此企业都应在本厂具体条件科学确定其经济富氧率。

6. 高炉操作综合技术

高炉操作综合技术重点应追求稳定顺行、低燃料比、优质铁水和高炉长寿的操作技术。以精料为基础，重视原燃料粒度组成，原燃料质量、供应和生产的稳定。保证料柱的空隙度良好，改善操作，使高炉顺行，煤气利用率 η_{CO} 提高到 50% 以上，降低燃料比到 500kg/t 以下。高炉生产中原燃料品质的短时波动是不可避免的，操作人员应随时注意，发现后要采取有效措施处理，特别要重视炉缸工作状态，保证炉缸有充沛的高温热量。一般认为，理论燃烧温度 $t_{理}=2100\pm50$℃，焦炭进入燃烧带的温度 $t_C=(0.7–0.75)\,t_{理}$，热贮备量在 630MJ/tHM 左右，维持活跃的炉缸工作状态，防止出现炉缸堆积而造成炉况失常。

获得高的煤气利用率关键是要控制好煤气在炉内的3次分配：由风口循环区到炉缸的初始分配、软熔带的二次分配和块状带的三次分配。初始分配的关键要重视燃烧带的大小。许多专家认为，一般对于燃烧带环圈面积，从稳定顺行角度考虑，大高炉应该占到炉缸截面积的50%左右，中小高炉应该占到60% ~ 65%。影响初始分配的另一重要因素，是燃烧带上方和周边焦炭层的空隙度，因此要特别注意高炉生产中，焦炭质量的变化和炉渣流动性的变化，防止粉末过多和炉渣因流动性差而增加其在焦炭层中的滞留率（h_t），以致造成煤气通过的实际空隙度（$\varepsilon_C - h_t$）变小而影响煤气流分配。煤气二次分配的关键是软熔带的位置、形状、软熔带中焦窗数和焦窗的面积。软熔带根部不宜太低，一般而言，倒V形状比较适宜。在中国高炉十分强化冶炼的情况下，软熔带不宜过于平坦，造成焦窗数过少，这时要采用大料批，保证焦窗的面积。倒V型软熔带可使煤气流分配稳定；而V型和W型软融带中，煤气穿过后，有可能在局部出现煤气流相互干扰的现象。煤气流的三次分配主要受到炉顶布料制度的影响，利用无钟炉顶布料的工艺特点，将炉料分布到料面，一般形成平台加浅漏斗的料面，操作人员要根据所使用原燃料的粒度组成，考虑炉容大小，科学地确定这一平台的宽度和中间漏斗的深浅，使半径方向上的O/C比分布合理。只有首先做好煤气的3次分配，高炉整个煤气流分布才能趋于合理，煤气利用率才能提高。

7. 专家系统和监测技术

（1）为了准确反映高炉冶炼过程的复杂性，实现高炉过程的准确控制，基于模式识别的理论设计了一种高炉冶炼专家系统，利用该系统可以实现对关键控制参数如风量、风压、风温等进行模式识别，在此基础上能够实现高炉过程的总体评估，同时利用模式识别技术可以对影响高炉过程的重要现象，如炉顶煤气流分布、炉型变化、布料等进行有效的分类管理，实现对高炉过程的准确控制，从而提高了高炉运行的稳定性，高炉的技术经济指标有明显改善，2010年8月高炉专家系统在武钢5号高炉投运后，降低焦比8.42kg/tHM，节约焦炭7732.3t/a；增产34142t/a。

（2）利用专家系统实现高炉操作闭环控制一直是炼铁界的追求，国内外陆续出现了各种各样的高炉专家系统，主要还是侧重于操作指导。基于多年高炉过程控制经验，北京科技大学和宝钢分别研发了高炉智能控制专家系统，系统涵盖了高炉操作的主要方面，在炉温调节、气流控制、配料操作以及热风炉燃烧等方面实现了闭环控制，实际应用效果明显。

（3）高炉炉缸的侵蚀是决定高炉一代寿命的关键，而内部的侵蚀状况无法直接测定。通过安装的热电偶，利用热力学原理可以建立一维至三维数学模型，模型可归结为稳态热传导问题的反问题，求解方法包括边界元法、有限元法以及遗传算法等，实际中可根据精度要求选取合适的求解方法。目前炉缸炉底侵蚀监测模型已在国内大范围普及。

8. 低温冶金技术理论和应用

低温冶金基础理论主要包括细粒度可以改善反应效率、催化剂提高反应速度、改善低温冶金反应的传输条件、多级循环流化床的流化规律以及低温还原冶炼粒铁等，在用于红土镍矿、钒钛磁铁矿等矿物的低温还原工艺等方面取得了一定的实验进展。

（三）非高炉炼铁理论与工艺研究进展

非高炉炼铁技术是当今钢铁冶金发展的重点技术之一。近年世界直接还原铁产量增长迅速，约占全球总铁量的7.4%，熔融还原工艺中仅COREX工艺和FINEX工艺实现了工业化生产，但生产成本未达到预期，有待完善。我国直接还原铁生产受投资成本、竖炉球团和块矿资源、生产成本和能耗等多方面的制约，发展缓慢，产量不到全球直接还原铁的1.0%。根据我国的资源状况、能源条件和发展需求分析，熔融还原与煤制气—竖炉直接还原技术受到一定重视。

1. 直接还原铁技术现状及进展

从节能和减排CO_2来说，直接还原有其优越性，但我国缺乏天然气和高品位铁矿和球团，迄今我国没有直接还原竖炉工业化生产装置。对于应用，采用焦炉煤气和煤制气作为还原气源，可以进行探索研究，研究其经济上、技术上的可行性。

2. 熔融还原技术现状及进展

宝钢COREX经过4年多的生产实践，在稳定生产、降低铁水成本、提高铁水合格率等方面进行了多项技术改进，但由于风口破损、竖炉黏结、上料系统故障、螺旋堵塞、GGD堵塞等设备问题限制了COREX的正常运行，分别于2011年10月18日和2012年9月10日停炉。COREX不能完成脱离焦炭和造块，能耗较高，成本较高，仍需继续深入研究。

（四）环保技术

炼铁工序能耗占钢铁系统总能耗的70%左右，是钢厂环保和CO_2排放的主要环节。

1. 炼铁环保排放标准

2012年国家环保部颁布了炼铁环保排放标准，包括炼焦化学工业污染物排放标准（GB16171—2012）、钢铁烧结球团工业大气污染物排放标准（GB28662—2012）、炼铁工业大气污染物排放标准（GB28663—2012）、钢铁工业污水排放标准（GB13456—2012）等，对烧结烟气等要求进行综合治理（脱硫、脱硝、除尘等）。

2. 炼铁工序能耗降低

2011年、2012年重点钢铁企业炼铁、焦化、烧结、球团工序能耗如表6所示。

表 6　重点钢铁企业炼铁系统工序能耗

工　序	炼铁（kgce/t）	焦化（kgce/t）	烧结（kgce/t）	球团（kgce/t）
2011 年	404.57	104.63	52.03	29.58
2012 年	401.82	102.72	50.60	28.75

从表 6 可以看出，近两年我国重点钢铁企业炼铁系统工序能耗取得较好的成绩，特别是高炉炼铁工序能耗的下降有效降低了吨钢综合能耗。

3. 烧结烟气脱硫脱硝设备受关注

近年我国有越来越多的烧结机配备了烟气脱硫设施（超过 300 套），采用多种工艺进行 SO_2 减排。目前，我国湿法脱硫技术（石膏法、氨水法等）已经成熟，相应还可脱硝 30% 左右。除活性炭法以外，还没有一种完全成熟的烧结烟气综合治理工艺。我国已成功开发活性炭脱除 SO_2 和 NO_X 的技术装备。烧结机点火器之后的约三分之一风箱烟气含 SO_2 较低，温度高，可以不进行烟气脱硫，将这部分烟气回用于烧结，实现热风烧结，可提高烧结矿表质量，降低固体燃耗。所以，烧结烟气脱硫不必是烟气全量脱硫，这样可以降低投资和运行费约三分之一，提高经济效益。

4. 含铁尘泥的综合利用

钢铁企业产生的含铁尘泥具有数量大、种类多，成分复杂且波动大等特点，含铁尘泥资源化利用的核心在于充分回收利用含铁尘泥中的铁、碳等有价元素，同时分离并综合利用不能在钢铁生产中循环的有害元素。目前国内大部分企业主要以返回烧结的方式处理含铁尘泥，不仅难以充分利用尘泥中的有价元素，还会严重影响高炉顺行。因此，钢铁企业应突破传统的思路，根据企业自身的实际情况，寻找经济、合理的含铁尘泥资源化利用途径，从而降低生产成本，提高企业的综合竞争力。

目前钢铁厂含铁尘泥的处理工艺可分为物理法、湿法和火法三大类，其中火法工艺对含铁尘泥的处理生产效率较高、处理规模大，将是未来含铁尘泥资源化利用的主要途径。钢铁企业含铁尘泥资源化利用的发展方向是含铁尘泥的集中化处理，且资源化利用方式能够达到一定的规模与效率。

5. 多种余热回收装置研发应用

烧结烟气显热以及烧结矿显热分别占烧结工序能耗的 15% 和 40% 左右，这两种余热资源的高效回收利用是降低烧结工序能耗的有效途径之一。国内已开发出余热锅炉、热管、翅片管等各类回收冷却机热废气和烧结机尾烟气的余热回收设备，或产生热水和蒸汽，或回收余热用于发电，使二次能源得到合理利用并降低了烧结工序的能耗。

炉渣显热回收利用：普通高炉液态炉渣温度约在 1400℃，热焓为 1670 ~ 1880kJ/kg，约为炼铁工序能耗的 4% ~ 10%，当采用低品位矿石冶炼时还会更高。目前，正在开发的高炉炉渣热量回收利用的方法：干法粒化法及回收余热。干法粒化法是将温度为1400℃的熔渣用转动机械或风速为 80 ~ 300m/s 的空气分散成粒状，并在凝固过程中用空气冷却成直径为 1 ~ 3mm 的渣粒。将熔渣余热变成蒸汽，蒸汽发生量为渣重的 30% ~ 40%，蒸汽用作发电，渣粒用作水泥原料，高炉渣粒化法正在受到越来越多的关注。高炉渣显热回收技术的开发与研究具有广阔的应用前景，而我国在这一领域的研究不够深入，需要加大研究力度。

6. 转底炉工艺应用

转底炉是以内配碳球团或团块为原料，薄料层快速加热快速还原为特征的反应装置。近年来，随着钢铁工业发展、环境保护的要求，以及对含铁尘泥的处理、复合矿的综合利用的重视，转底炉工艺受到人们的关注。

国内已有多家企业进行工业规模转底炉建设和生产，其中马钢、莱钢、日照、沙钢等厂采用转底炉处理冶金粉尘，龙蟒集团采用转底炉处理钒钛磁铁矿等。

三、炼铁专业国内外发展比较

我国钢铁企业总体上属于粗放式发展模式。目前炼铁企业众多（不完全统计有700多家）而又分散，集中度很低，各企业之间技术发展水平不平衡，不同规模高炉之间的生产技术经济指标差异很大。总体上讲，我国炼铁工业与国际先进水平相比仍然存在着一定的差距。

现在存在的主要问题是：

（1）无序发展造成的先进与落后多层次并存，包括不同规模的生产企业共存和不同水平的装备共存。高炉集中度低，平均炉容小，造成劳动生产率低，而中小高炉的技术装备水平低，尤其是环保投入少，影响了炼铁工业整个行业的环境治理。

（2）我国资源能源严重不足，依赖进口，2011 年、2012 年进口铁矿石量均约为 7 亿吨，铁矿石中铁含量占中国铁产量的 60% ~ 70%，且矿价高，企业受制国外垄断。

（3）燃料比偏高。高炉煤气利用率总体上偏低，燃料比依然偏高。较发达国家高炉的燃料比仍然平均高出 30 ~ 50kg/t，大的差距甚至达到 80 ~ 100kg/t。

（4）盲目追求高喷煤比。有些企业实际喷煤比，高出冶炼条件允许的合适喷煤比（经济喷煤比）30 ~ 50kg/t，也是造成燃料比高的原因之一。

（5）精料程度差。由于原燃料供应紧张，价格攀升，为降低采购成本，一些企业使用了品位低、Al_2O_3 高、有害杂质含量高又复杂的劣质矿，不仅影响入炉品位，也影响了烧结矿品质，强度降低，粒度组成差，FeO 含量高，还原性差等。与国外比较，中国的焦炭灰分高出 2% ~ 3%，CRI 高出 5%，CSR 低 5% ~ 10%，入炉矿石品位低 3% ~ 5%，而且在质量和供应量上均不稳定，给高炉生产带来了负面影响。

（6）片面追求高冶炼强度以达到高的容积利用系数。部分高炉冶炼强度高达 1.5t/（m^3·d），最高的达到综合冶炼强度 1.8t/（m^3·d），这样就超过了高炉稳定而且经济生产所允许的范围，其后果是燃料比升高，严重影响高炉寿命。

（7）有些企业装备大马拉小车。由于片面追求高冶强、高利用系数，在设计中采用了大马拉小车的装备，浪费了很多资金。典型的是风机过大，热风炉的加热面积过大。再如几乎所有高炉在设计中都要求达到 200 ~ 250kg/t 的煤比，所有配套设备均以此购置，而实际上，高炉很少达到年均喷煤比 200kg/t，更不用说 250kg/t，造成很大浪费。

（8）高炉长寿问题依然十分严峻，长寿机理及长寿措施方面研究还不够深入。

（9）风温大多没有达到设计水平，有操作原因也有设备不配套的原因。

（10）高炉的稳定性还不理想，低硅冶炼有退步趋势。

（11）淘汰落后小高炉尚不尽如人意。按照国家产业政策要求淘汰的落后小高炉，一些民营企业以小充大，对行业的各项指标产生了负面影响，同时，我国部分大高炉以大充小的现象也普遍存在，造成利用系数和冶炼强度数据的虚假。

四、炼铁科学技术国内发展趋势及展望

（一）炼铁科学技术国内发展趋势

1. 采用新工艺进一步提高焦炭质量

随着高炉大型化的发展，中国炼铁行业大于 2000m^3 的大高炉座数大幅度增加，其中尤以从 3200m^3 及其以上的高炉居多，这类高炉对焦炭质量要求较高，一般要求：灰分 12% 以下、M_{40}89% 以上、M_{10}6% 以下、CRI 低于 24% 和 CSR 高于 67%。目前为获得高质量焦炭，大量进口了炼焦用煤，造成中国已成为焦煤进口大国。有鉴如此，需要炼焦和炼铁工作者共同研究，如何利用国产煤炭，通过采用多种先进技术，例如压块（宝钢已使用）、捣固（欧洲，乌克兰，中国涟钢已使用）等，来生产能满足 2000m^3 以上，尤其是众多的 3200 ~ 4000m^3 高炉生产要求的焦炭。事实证明，采用这些先进技术，完全可以生产出：灰分 12% 以下、硫 0.7% 以下、M_{40}85% 以上、M_{10}7% 以下、CRI 26% 以下和 CSR 65% 以上的焦炭，从而满足 2500m^3 级高炉的要求，进而再提高到满足 3200 ~ 4000m^3 高炉的焦炭质量要求。

2. 深入研究矿石日渐贫化形势下的造块技术

合理利用国内、国外 2 种矿石资源。世界矿石资源劣化是不以人们的意志为转移的必然趋势，人们估计世界富矿储量大约可供开采 30 年，然后将步入贫矿富选的精矿粉阶段。在矿石品位下降的同时，主要矿石产地生产的铁矿石的 P、Al_2O_3、SiO_2 等较高，而一些东南亚、非洲生产的矿石，不仅品位低，而且含有害杂质的种类多、数量高，在这种形势下，生产出优质烧结矿的研究就显得很重要，要以铁酸钙固结理论为基础，找到适应矿石变化趋势的烧结工艺和参数，来获得满足大型高炉生产需要的优质烧结矿。对于自产矿，

要创造条件深磨细选，获得精选到68%品位的精矿粉后，采用链篦机—回转窑或带式焙烧机生产优质球团矿。

3. 大力推广高风温和富氧技术

为实现高效低碳炼铁，大力推广只烧单一低热值高炉煤气，达到1280±20℃风温的技术；新建高炉应该配备相应制氧设备，降低氧气成本，提高富氧率。

4. 在优先考虑环境友好前提下实现高炉稳定生产的低碳炼铁

坚持科学发展观，克服片面追求高生产指标（高冶炼强度，高容积利用系数，高喷煤比等）。维持与冶炼条件相适应的炉腹煤气量，来达到高炉的高效率；维持与冶炼条件相适应的喷煤比，达到提高置换比、降低燃料比的目的；推广先进企业（宝钢、唐钢）降低排放、大力整治粉尘和烟气中 SO_2 等成功经验，建设环境友好的炼铁的经验，走可持续发展道路。

5. 深入研究高炉长寿技术

我国部分高炉寿命已跻身世界长寿高炉前列，但大部分高炉寿命较国外长寿高炉仍有5～10年差距，且高炉炉缸烧穿案例时有发生，采取的长寿技术在很多情况下不能起到应有的效果，故需从本质上研究高炉长寿的真正原因，继而采取相应的技术措施，达到延长高炉寿命的目的，减少不必要的损失。

6. 深入研究全氧高炉炼铁技术

从欧盟、日本和中国所做的小型工业性试验情况来看，要实现经济高效的全氧炼铁，达到低 CO_2 排放，还有许多基础工作要做：

（1）寻求高炉内煤气流合理分布以提高煤气利用率；

（2）开发高效氧煤燃烧技术和燃烧器；

（3）开发安全、高效的煤气脱除 CO_2 及预热装置，以及从炉身喷入高炉的技术；

（4）安全生产，建立氧气高炉工艺生产规程和安全操作规范。

7. 提高高炉操作水平

精心操作，利用上下部调剂，搞好炉内3次煤气分配，在保证高炉稳定顺行的基础上提高煤气利用率，使煤气利用率达到48%～50%以上，进行低硅铁冶炼，实现吨铁燃料比500～480kg/t的低碳炼铁。

8. 深化高炉技术理念的认识

炼铁技术尚存在一些不同的观点，如中心加焦的布料模式与平台加漏斗的布料模式的优劣、经济喷煤量应该是多少、造渣制度应该如何优化、如何进一步总结、优化并发展铜冷却壁技术、高炉薄壁炉衬技术等问题尚需进一步研究探讨。

9. 大力开发新工艺、新技术

积极开展实现低碳炼铁的新工艺、新流程的基础研究，在取得成果的基础上积极进行半工业性试验。

（二）炼铁科技发展对策

（1）当前产能过剩是结构性的，通过深化改革，分业施策、多管齐下，化解过剩产能，淘汰落后产能，标本兼治；

（2）更加严格的行业准入法律法规，主要体现在更加严厉的环境保护要求，也包括节能减排、土地利用、质量标准、安全生产等方面；

（3）减量化重组：以市场为导向，辅以必要的政策支持，关闭不具竞争力的钢铁企业，可考虑采取必要的补偿或“赎买”措施，积极进行技术升级和优化组合，鼓励和支持企业“走出去”；

（4）支持技术创新，管理创新，提高自主创新能力，提高工艺水平，加大节能减排新技术的研究与开发，降低能耗、物耗，实现钢铁生产节约化；

（5）继续认真贯彻高炉炼铁以精料为基础的方针，特别是要在努力提高焦炭质量上下功夫；

（6）努力提高热风温度是降低高炉燃料比的有效手段，要结合各企业具体情况，找出技术难点，尽快提高热风温度；

（7）加强大型高炉长寿技术的研究，尽力避免高炉重大事故的发生；

（8）喷煤比是高炉炼铁工艺技术优化的中心环节，要继续努力研究不同工况条件最佳喷煤比；

（9）加强非高炉炼铁理论研究，研发新工艺技术，促进我国非高炉炼铁的发展。

参考文献

[1] Zhengjian Liu，Jianliang Zhang，Haibin Zuo，et al．Recent Progress on Long Service Life Design of Chinese Blast Furnace Hearth [J]．ISIJ International，52（10），2012：1713-1723.

[2] 杨天钧，张建良，国宏伟．以科学发展观指导实现低消耗、低排放、高效益的低碳炼铁 [C] // 2012 年全国炼铁生产技术暨炼铁年会文集．无锡：中国金属学会．2012.

[3] 张寿荣，银汉．中国高炉炼铁的现状和存在的问题 [J]．钢铁，2007，42（9）：1-8.

[4] 杨天钧．节能减排 环境友好 实现我国炼铁生产可持续发展 [J]．炼铁，2008，27（3）：1-9.

[5] 杨天钧，张建良，左海滨．节能减排 低碳炼铁 实现中国高炉生产的科学发展 [J]．中国冶金，2010，20（7）：1-7.

[6] 张卫东，任立军，沈海波，等．首钢京唐 5500m^3 高炉长寿技术的应用 [J]．炼铁，2010，29（5）：11-13.

[7] 项钟庸，王筱留．高炉设计——炼铁工艺设计理论与实践 [M]．北京：冶金工业出版社，2007.

[8] 西岡邦彦，大島弘信，杉山勇夫，等. 新世紀のコークス技術 [J]. 日本エネルギー学会志，2004，83（11）：852-860.
[9] 赵庆杰，魏国，姜鑫，等. 非高炉炼铁技术进展及展望 [J]. 2012 年全国炼铁生产技术会议暨炼铁学术年会文集（上），2012.
[10] 林立恒. 日本炼铁技术新进展 [J]. 世界金属导报，2012.
[11] 张福明. 21 世纪初巨型高炉的技术特征 [J]. 炼铁，2012，31（2）：1-8.
[12] Takashi Miwa. Development of Iron-making Technologies in Japan [J]. Journal of Iron and Steel Research International，2009，16（Supplement 2）：14-19.
[13] Hans Bodo，Michael Peters，Peter Schmoele. Iron Making in Western Europe [C] // The Chinese Society for Metals，Steel Institute VDEh，3rd CSM-VDEh Metallurgical Seminar Proceedings. Beijing，2011：33-50.
[14] 刘琦. 国内特大型高炉生产技术点评 [J]. 冶金管理，2011（12）：45-51.
[15] 张福明，钱世崇，张建良，等. 首钢京唐 5500m^3 高炉采用的新技术 [J]. 钢铁，2011，46（2）：12-17.
[16] 钱世崇，张福明，李欣，等. 大型高炉热风炉技术的比较分析 [J]. 钢铁，2011，46（10）：1-6.
[17] 许秋慧，常建华，龚瑞娟，等. 唐钢 3200m^3 高炉热风炉管道耐火材料塌落的处理 [J]. 炼铁，2010，29（6）：23-25.
[18] 张福明，梅丛华，银光宇，等. 首钢京唐 5500m^3 高炉 BSK 顶燃式热风炉设计研究 [J]. 中国冶金，2012，22（3）：27-32.
[19] 马金芳，万雷，贾国利，等. 迁钢 2 号高炉高风温技术实践 [J]. 钢铁，2011，46（6）：26-31.
[20] 沙永志. 高富氧大喷煤技术分析 [J]. 炼铁，2006，25（6）：19-22.
[21] 徐匡迪. 低碳经济与钢铁工业 [J]. 钢铁，2010，45（3）：1-9.
[22] 王筱留. 钢铁冶金学 [M]. 北京：冶金工业出版社，2008：226-230.
[23] 沙永志，滕飞，曹军. 我国炼铁技术工艺的进步 [J]. 炼铁，2012，31（1）：7-11.
[24] Yang Tianjun. Chinese Ironmaking Industry and Measures on Reducing CO_2 Emission [C]. Proceedings of the International Symposium on CO_2 Reduction in Steel Industry. Tokyo，Japan，2012：35-43.
[25] 吴启常，张建良，苍大强. 我国热风炉的现状及提高风温的对策 [J]. 炼铁，2002，21（5）：1-4.
[26] 王维兴. 高风温对高炉炼铁的重要作用 [J]. 金属世界，2004（6）：29-34.
[27] 陈杉杉，韩丽辉，国宏伟，等. 基于热平衡的热风炉残热推断模型研究 [J]. 冶金自动化，2011，35（6）：51-54.
[28] Zhang Shourong. The Development of Chinese Ironmaking Industry after Entering the 21st Century and the Existing Problems [C]. Proceedings of 6th ECIC. Germany，2011：1-11.
[29] 张寿荣，银汉. 中国高炉炼铁的现状和存在的问题 [J]. 钢铁，2007，42（9）：1-8.
[30] 张寿荣，于仲洁. 武钢高炉长寿技术 [M]. 北京：冶金工业出版社，2010：1-6.
[31] 张寿荣，于仲洁. 高炉失常与事故处理 [M]. 北京：冶金工业出版社，2010：93-97.
[32] 项钟庸，王筱留. 高炉设计——炼铁工艺设计理论与实践 [M]. 北京：冶金工业出版社，2007：56-70.
[33] Zhang Shourong，Yin Han. The Trends of Ironmaking Industry and Challenges to Chinese Blast Furnace Ironmaking in the 21st Century [C] // 5th International Conference on Science and Technology of Ironmaking. Shanghai，2009：1-13.
[34] 陈贺林. 高炉炉缸侵蚀监控方法研究 [J]. 宝钢技术，2013，1：8-10.
[35] 陈令坤，李佳. 基于模式识别的自学习型高炉冶炼专家系统的开发与应用 [J]. 东南大学学报（自然科学版），2012，42：117-121.
[36] 高征铠，高泰. 在线测量高炉料面形状技术的进展 [C] // 第八届中国钢铁年会论文集，2011，10：240-245.
[37] 吴启常，王筱留. 炉缸长寿的关键在于耐火材料质量的突破 [C] // 2012 年全国高炉长寿与高风温技术研讨会. 2012，10-16.

撰稿人：张建良　杨天钧　王筱留　沙永志　冯根生　刘征建　焦克新

钢铁冶金分学科发展——炼钢

一、引言

炼钢为冶金工程技术学科钢铁冶金分学科中的两个重要部分之一，是研究将高炉铁水（生铁）、直接还原铁（DRI、HBI）或废钢（铁）加热、熔化，通过化学反应去除铁液中的有害杂质元素，配加合金并浇铸成半成品—连铸坯、钢锭或铸件的工程科学，其主要理论基础是冶金热力学、动力学、金属学，炼钢生产则主要包括铁水预处理、氧气转炉炼钢、电弧炉炼钢、炉外精炼、连铸等工序。

在 20 世纪 50 年代至 90 年代期间炼钢学科发展很快，近年来在热力学领域的研究主要集中在高 Al、高 Mn 钢液（高强汽车钢板用钢）组元活度、渣—钢—炉衬—夹杂物之间反应等方面，动力学领域的研究进展主要体现于炼钢反应宏观动力学研究，目前有关炼钢、连铸过程流体流动、传热、化学反应等均基本可用数学模型加以描述并计算求解，在实际生产过程自动控制中也得到了广泛的采用。

除炼钢热力学、动力学外，炼钢学科发展更多表现在其与材料加工、信息、电磁、环境等学科知识的交叉、融合和应用方面，预计在今后相当一段时间内在宏观动力学和反应工程学方面还会有一定的发展，而炼钢学科最重要的发展将会在液态钢的凝固加工、减少排放和废弃物再回收利用以及与信息、材料、环境等学科知识的交叉、融合和应用方面。

2008 年美国爆发金融危机以来，国外钢铁工业受市场需求急剧下降影响，发达国家钢产量开始大幅降低，近两年虽逐步回升，但仍未达到金融危机前产量水平。中国钢铁工业在 2008 年金融危机爆发初期，产量曾有短期降低，随后随着增大投资刺激经济政策的实施，钢产量继续快速上升，2011 年产钢达到 6.83 亿吨。由于产能严重过剩，钢材市场低迷，加之铁矿、煤、电等价格快速提高，多数钢铁企业处于经营较困难境况。受钢铁工业发展大势影响，近年来炼钢科技进步的特点是更加注重提高生产效率、降低成本、提高产品质量、减少对环境污染等方面。

二、炼钢国内外发展现状

近几年来国内外炼钢生产快速增长，以优质、高效、低耗、低成本为目标的科技创新活动十分活跃，并取得了重大进展。主要工艺技术进展如下：

1. 机械搅拌式（包括 KR）铁水脱硫预处理技术

现代化钢厂广泛采用了铁水脱硫预处理工艺，目前脱硫工艺方法主要有 2 种：①喷吹法，通过向铁水内喷吹 Mg、Mg-CaO、$CaO-CaF_2$ 等脱硫剂进行脱硫；②机械搅拌式（包括 KR）脱硫工艺。

KR 是 20 世纪 60 年代日本新日铁公司开发的铁水脱硫预处理技术，在对铁水进行处理时，将耐火材料保护的搅拌器浸入至铁水中快速旋转搅动铁水，同时加入 $CaO-CaF_2$ 系脱硫剂对铁水进行脱硫。在相当一段时间里，由于专利保护、投资等原因，除新日铁和住友金属等少数钢厂外，采用 KR 脱硫工艺的钢厂不多。

20 世纪末新日铁 KR 脱硫技术专利保护期已满，日本、韩国钢铁企业纷纷将原有铁水喷吹脱硫预处理装置改为 KR 脱硫。与喷吹法脱硫相比，KR 脱硫具有以下优势：①脱硫效率高，在脱硫剂用量 7 ~ 10kg/t 条件下可将铁水硫脱除至 0.0010% 以下；②脱硫炉渣为固态或半固态颗粒，容易扒除，转炉炼钢钢水回硫量减少。除此之外，一些采用 KR 脱硫方法的钢厂，由于预处理后铁水硫含量降低至数 ppm（10^{-6}），且转炉炼钢回硫可以有效控制，因此在生产优质钢种时不再采用 LF 钢包炉精炼，显著降低生产成本，提高了生产效率。

近年来国内钢铁企业开始大规模采用机械搅拌法铁水预处理工艺，首钢京唐、首钢迁钢、马钢四钢轧、武钢四炼钢、宝钢不锈钢、宝钢罗泾、重钢、新余钢厂、济钢等新建铁水脱硫装置均采用了机械搅拌法工艺，沙钢、莱钢等还新建机械搅拌装置替代了其原有喷吹 Mg+CaO 脱硫工艺。国内钢厂采用机械搅拌铁水预脱硫装置和工艺大多为国内自主设计、制造、安装、开发，均达到了国际先进水平。

2. 转炉铁水脱磷 + 转炉脱碳炼钢工艺

氧气转炉铁水脱磷预处理 + 氧气转炉脱碳炼钢是日本钢铁企业在 20 世纪 90 年代后期开发成功并快速推广采用的重要工艺技术，该工艺利用氧气顶底复吹转炉进行铁水脱磷预处理，处理后铁水在另一转炉在少渣条件下进行脱碳吹炼。与传统炼钢工艺相比，该工艺具有以下优势[1]：①炼钢石灰消耗和炉渣生成量大幅度降低；②炼钢周期可缩短至 30min 以内，能够适应高拉速连铸快节奏生产需要；③炼钢过程控制稳定性提高，出钢下渣少，钢水质量提高；④生产中高碳含量钢时，可以添加 Mn 矿进行直接合金化；⑤冶炼钢水中［S］、［P］含量可稳定地控制在 0.007% 以下；⑥脱碳转炉一次命中率大幅度提高。

日本采用转炉脱磷＋转炉脱碳炼钢工艺主要有两种模式：①全量铁水采用该工艺，如住友金属公司和歌山钢厂、新日铁名古屋钢厂、JFE 西日本福山三炼钢厂，这些钢厂有专门脱磷转炉，多为新建钢厂或转炉生产能力有较大富余钢厂；②在生产超低磷含量钢种时，临时利用炼钢转炉进行脱磷预处理，处理后铁水再兑入转炉炼钢。长时间以来，主要是日本钢铁企业采用转炉脱磷＋转炉脱碳炼钢工艺，最近，韩国浦项钢铁公司在浦项钢厂二炼钢厂和光阳钢厂二炼钢厂，新建专用脱磷转炉，较大规模地采用了该炼钢工艺。

国内大规模采用转炉脱磷＋转炉脱碳炼钢工艺的是近年来建设的首钢京唐钢铁公司，其炼钢厂建有两座 300t 专用脱磷转炉和三座 300t 脱碳炼钢转炉，可对全量铁水进行脱磷预处理。自 2009 年投产后，首钢京唐公司采用转炉脱磷＋转炉脱碳炼钢工艺比率逐步提高（最高月份达 80%），与传统炼钢工艺相比，炼钢周期可缩短至 30min 内，石灰等炼钢渣料、渣量、钢铁料消耗显著降低，工艺过程稳定，已显现出该工艺在高效、少渣、优质等方面所具有优势。

3.“留渣＋双渣”转炉炼钢工艺技术

21 世纪初，新日铁公司报道了其开发的氧气转炉“留渣＋双渣”炼钢工艺（命名为 MURC），该工艺将氧气转炉炼钢吹炼分为两个阶段，在第一阶段主要进行脱硅、脱磷，结束后倒出部分炉渣，然后进行第二阶段吹炼并在吹炼结束后出钢，但将液态炉渣保持在炉内。下一炉次则在炉内留有炉渣情况下装入废钢、铁水后进行第一阶段吹炼，中间倒渣后再进行第二阶段吹炼，以此循环往复。该工艺最早在新日铁室兰钢厂开发成功，随后推广至八幡、大分、君津等钢厂，目前已占新日铁全部粗钢产量的 55% 左右[2-5]。

氧气转炉“留渣＋双渣”炼钢工艺的基本原理是利用转炉冶炼前期温度低有利于脱磷反应热力学条件，将上炉终渣（由于温度高已基本不具备脱磷能力），用于下炉吹炼初期（由于温度低，炉渣重新具备脱磷能力），进行脱磷并在温度上升至对脱磷不利之前，将炉渣部分倒出，然后加入渣料造渣进行第二阶段吹炼（可进一步脱磷）。由于上炉炉渣为下炉利用，因而能够显著降低石灰消耗和排放渣量，据新日铁报道采用 MURC 工艺可降低石灰消耗 40%[6]。

近年来，首钢、武钢、沙钢、邯钢、重钢、三明钢铁公司等国内钢厂开始对氧气转炉“留渣＋双渣”炼钢工艺开展试验研究，其中首钢在迁钢公司 5 座 210t 顶底复吹转炉和首秦公司 3 座 100t 顶底复吹转炉大规模采用了该工艺[7]，开发了终渣快速固化、炉渣物性控制、高效脱磷、快速足量倒渣、吹炼控制模型、干法除尘与煤气回收、“转炉—精炼—连铸”生产组织与周期匹配等关键技术，根据该工艺显著减少炼钢渣量的特点，将其命名为 SGRS 转炉炼钢工艺（Slag Generation Reduced Steelmaking）。

首钢开发的 SGRS 炼钢工艺主要特点是：①转炉出钢结束后将液态炉渣留在炉内，采用溅渣护炉、吹入氮气冷却、加入适量固化剂相结合方法，将液态渣全部固化；②装入废钢、铁水，进行第一阶段吹炼（脱磷阶段），结束后倒出炉内 50% ~ 60% 炉渣；③加入少量渣料进行第二阶段吹炼（脱碳阶段），结束后出钢（不倒渣），进入下一循环。首钢采用 SGRS 炼钢工艺，炼钢石灰消耗降低 47% 以上，轻烧白云石消耗降低 55% 以上，渣量减少 30% 以上，钢铁料消耗降低了 6kg/t 以上。此外，由于外排炉渣主要为低碱度渣，还简化了炉渣处理工艺和降低了外排炉渣对环境不利影响。目前，国内诸多钢铁企业已开始对该工艺开展试验，将会更广泛推广采用。

4. 氧气转炉炼钢全自动控制技术

氧气转炉炼钢自动控制传统上主要采用“静态模型 + 副枪 + 动态模型”方法，已为国外高水平钢铁企业广泛采用，近年来国内大中型转炉多数已采用副枪自动控制技术，并取得了良好控制效果。

传统的副枪自动控制方法存在以下不足：①在开吹至副枪测定这段时间（80% 左右吹炼时间），炉内反应情况不明（温度、成分等）；②废钢等不确定因素影响控制精度；③对副枪依赖程度高，增加生产成本（时间、副枪、维护等）。

近年来转炉炼钢炉气连续监测控制技术发展很快，以加拿大 Tenova Goodfellow Inc. 公司开发的 EFSOP 控制技术（Expert Furnace System Optimization Process）为例[8]，该工艺在转炉烟气管路多处位置设置烟气取样器、远红外温度测定仪、烟气流量测定仪等装置，对吹炼过程烟气成分（CO，CO_2，N_2，O_2）、烟气温度、烟气流量进行连续分析测定，并据此通过模型对炉内金属成分、温度、脱碳速率、废钢熔化、成渣等进行全方位预测，显著提高了控制精度。

除吹炼过程自动控制之外，西门子—奥钢联公司最近还开发了转炉炼钢全过程自动控制技术[9]，包括转炉自动倾动系统、自动出钢系统、自动装入（废钢、铁水）等。由于高度自动化控制，转炉炼钢人工进一步减少，以新日铁为例，其转炉炼钢人工已减少至 3 ~ 3.5 人 / 炉[10]。

国内近年来已有许多钢厂采用了转炉炉气分析控制技术，但在进一步提高全自动控制水平，减少人工方面，与国际先进水平相比尚存差距。

5. RH 真空精炼工艺技术

RH 真空精炼技术于 1959 年由德国 Rheinstal Huttenwerke 钢厂开发成功，最初主要用于少数钢种（大锻件、厚板等）的脱氢处理，发展得较慢。20 世纪 80 年代后，随着超低碳钢产量增加，国外高水平钢厂 RH 装置数量增长很快，功能也由主要用于脱氢转向主要用于深脱碳、去除非金属夹杂物等，目前已发展成为应用非常广泛的炉外精炼工艺方法之一。

国内最早采用 RH 精炼工艺为大冶钢厂等少数特殊钢厂，随后武钢、宝钢、鞍钢等大型钢厂引进了 RH、RH-OB、RH-KTB 等，但在 21 世纪前，国内只有少数大型高水平钢厂采用 RH 精炼，RH 精炼设备和工艺水平发展缓慢。

进入 21 世纪后，随着新建、扩建钢厂增多和品种质量提高需要，国内 RH 精炼装置数量快速增加，其中 RH 装置国产化迅速占据主导地位，使投资大幅下降起到重要作用。

目前国内首钢京唐、武钢四炼钢、马钢四钢轧等新建RH精炼装置在真空抽气能力、钢水循环速率等方面已位于国际领先，宝钢设计制造的RH装置还出口至韩国现代钢铁公司唐津钢厂。重钢还建成和稳定生产世界第一台大幅度节能、冶金效果优良的机械真空泵RH，并已开始向国内其他钢厂推广。

6. 恒拉速连铸技术

连铸生产中除在开浇和结束浇铸阶段必须变动拉速之外，由于钢水供应不及时、钢水温度控制不当、设备故障、拉漏预报、在线宽度调节等原因，会程度不同的变动拉速。研究证明，拉速变动会改变结晶器内钢水流动状态，造成保护渣卷入、非金属夹杂物增多、拉漏等问题。

近年来武钢、宝钢、首钢等诸多钢铁企业开始推行“恒拉速”连铸工艺，通过提高炼钢—精炼—连铸生产组织水平，严格控制钢水到达连铸平台时间和温度，加强设备检修维护，减少拉漏预报系统误报率等措施，大幅度减少了连铸过程拉速变动。该技术首先是在武钢研发成功，效果明显。在首钢也得到较好应用。以首钢迁钢公司为例，四台板坯铸机恒拉速率（采用规程规定拉速时间 / 全部浇铸时间 ×100）达到93%以上，年拉漏次数≤1次，并显著提高了汽车钢板、家电板、电工钢板表面品质。

7. 高拉速板坯连铸技术

板坯连铸浇铸厚度220mm以上铸坯，拉速超过2.0m/min为高拉速连铸，目前主要为日本钢铁厂采用，如JFE西日本福山钢厂5#铸机、7#铸机、仓敷钢厂4#铸机，拉速在2.3～2.5m/min。高拉速连铸能够大幅提高连铸生产效率，但在控制结晶器钢水液面波动、减少保护渣卷入、防止拉漏等方面技术难度很大。

国内常规板坯连铸的拉速多在1.0～1.7m/min，近期首钢京唐公司与北京科技大学合作，进行了高拉速板坯连铸试验，通过采用高拉速连铸结晶器保护渣、优化结晶器铜板结构加强冷却、采用FC结晶器（电磁制动）、加强冷却防止铸坯鼓肚造成液面波动等技术措施，浇铸237mm厚铸坯拉速达到2.3m/min，生产冷轧薄板表面品质未受到影响。

首钢京唐公司采用高拉速技术，连铸浇铸周期由40～50min减少至32min左右，不但提高了连铸生产效率，对搭建其“转炉脱磷—转炉炼钢—RH精炼—高速连铸”快节奏炼钢生产线还起到了重要作用。京唐公司高拉速连铸技术突破，对国内其他具备高拉速铸机的钢厂采用此项技术，大幅度提高国内板坯连铸水平有重要意义。

8. 连铸凝固终点大压下技术

生产优质厚板为了保证钢板芯部性能（延伸、冲击等性能），通常须采用大的轧制压缩比，因此需要特厚板坯铸机（板坯厚度400mm以上）或采用大钢锭轧制。

近年来日本住友金属鹿岛钢铁厂[11]、韩国浦项钢铁公司[12]开发成功了连铸板坯大压下技术，其主要特点是在板坯连铸凝固终点位置附近，对铸坯实施大变形压下（压下量：-4mm/m），大幅度降低常规连铸板坯中心疏松、偏析等。采用连铸板坯大压下技术，可以在较小轧制压缩比情况下，生产优质厚板、特厚板，如住友金属鹿岛钢铁厂用300mm厚铸坯即可生产厚度150mm以上优质厚板，因而大大简化厚板生产流程，提高了生产效率和钢板品质。

连铸凝固终点大压下技术引起了国内钢铁企业高度关注，新余钢铁公司已开始在其厚板铸机上开始试验，宝钢已批准立项开始试验研究。

9. “炼钢—精炼—连铸”优化运行生产线技术

转炉钢厂中转炉冶炼、炉外精炼、连铸为上下游工序，转炉—精炼—连铸工序间生产组织有“紊流式”“层流—紊流式”和“层流式”3种模式，其中“层流式”运行的更为稳定、可控和高效，但目前许多钢厂由于转炉或精炼周期长等原因，主要采用“紊流式”或“层流—紊流式”生产组织运行模式。

最近建成的首钢京唐公司炼钢厂，由于采用“一包到底”—KR脱硫、转炉脱磷—转炉脱碳炼钢、大循环速率RH精炼、高拉速连铸，生产大部分钢种时可将转炉、精炼、连铸各自周期控制在32 ~ 35min，从而实现“转炉—精炼—连铸”层流式生产组织模式。自2012年下半年开始，京唐公司炼钢厂开始进行“KR脱硫—脱磷转炉—脱碳转炉—RH精炼炉—高拉速铸机”一一对应的“层流式”生产试验，取得了很好结果（拉速：2.3m/min，转炉、精炼、连铸周期均≤ 32min）。

10. 超低氧特殊钢精炼、连铸工艺技术

用于制造齿轮、弹簧、传动轴、轴承等机械零部件的特殊钢，要求具备优良抗疲劳性能，对钢中非金属夹杂物的数量、尺寸、性质要求非常严格。国产特殊钢在相当一段时间内，由于在氧含量、夹杂物控制技术方面差距，难于满足国内机械工业需要，重要用途特殊钢主要依赖进口。

近年来国内钢厂在超低氧特殊钢生产方面取得显著进步，通过采用转炉或电炉出钢严格挡渣、铝强脱氧、高碱度精炼渣系、高效RH精炼、严密保护浇注等技术，将轴承钢、齿轮钢、弹簧钢、高铁轮对用钢等总氧含量降低至0.0003% ~ 0.0008%，除满足国内需求外，兴澄特钢、大冶特钢等还向日本、美国、欧洲等出口。

11. 高效、节能电炉炼钢技术

电炉生产一直在全世界不断取得进步，在全世界钢产量主要因转炉生产快速增长的情况下，依然保持了电炉钢比32% ~ 35%，电炉及配套变电设备大型化（新建电炉中200 ~ 250t的电炉占了很较高比例）。电炉智能炼钢、电炉烟气余热利用、电炉生产高效化的技术发展都很快。

我国电炉生产绝对量已超过6000万吨/年，与世界技术发展方向相同，也取得了显

著进步。主要成绩有[13，14]：①大型化进展快。国产 100 ~ 200t 电炉（含高阻抗电炉）及其配套的≥ 90MVA/35kV 的变压器已在多个钢厂和重型机械制造厂投入使用，达到国际先进水平。②电炉炼钢国产集束射流氧枪装备与技术已在国内电炉生产中占据主导地位，在包括 150t、100t 高阻抗超高功率电炉和引进的 Consteel 等 60 多座各类型电炉上应用。③包括电极智能调节、供电曲线监测与优化的电炉系统信息技术研究和应用也取得了成果并推广优化。④正在进行电炉顶底复合吹炼技术的推广应用和相关理论、装备工艺技术优化的研究。6 座电炉应用结果，底吹元件寿命达 700 炉，经济效益显著。

三、国内外研究进展比较

20 世纪 70 年代后，国际钢铁冶金研究逐步由欧美国家转向日本。近年来欧美在钢铁冶金方面研究继续衰弱，日本钢铁冶金学科方面研究开始呈现弱化迹象，而中国、韩国则呈现出强势发展势头。

（一）目前国外炼钢学科研究特点

主要表现为：①与炼钢技术进步（工业界）结合得更加紧密；②钢铁企业主要在提高钢材品质（竞争力）和生产效率（降低成本）方面开展科研，国家（包括各类基金）主要资助生态环保方面科研；③更加普遍地采用数值模拟研究方法，ANSYS、FACTSAGE、THERMOCALC 等大型商业计算软件发展很快。

（二）炼钢主要研究方向

1. 极低含量条件下钢液中杂质组元的行为与去除方法

提高钢的洁净度以满足日益提高的钢材性能要求是当前钢铁冶金技术发展的重要趋势，近 20 年来随着炼钢技术的进步，钢的洁净度水平不断提高。例如汽车板用超深冲钢的碳含量已可以去除到 0.0012% 以下，轴承钢氧含量去除到 0.0005% 以下，抗 HIC 管线钢硫含量去除到 0.0003% 以下。对极低含量条件下钢液中杂质组元去除方法研究主要包括两方面：①进一步提高去除杂质限度；②改进工艺方法，提高生产效率。

极低含量条件下钢液中去除 S、C、O、N 等杂质的研究包括：①极低含量条件下钢液中相关杂质去除反应的动力学限制性环节；②极低含量条件下炉渣和耐火材料与钢液中S、O 等作用及影响；③真空、喷吹、电磁等强混合搅拌方法作用；④超高洁净钢的保护浇铸和中间包冶金。此外，尽管近 20 年来对脱除废钢中 Sb、Cu、Pb 等混杂元素的研究尚未取得有较大意义的结果，鉴于该问题对生态环境的重要性，也应继续重视并组织开展这方面的研究。

2. 钢中非金属夹杂物控制研究

钢中非金属夹杂物是当前炼钢科学研究的热点。有关非金属夹杂物的研究主要集中在3个方面：①尽可能由钢中去除非金属夹杂物，如汽车用超深冲钢、轴承钢、帘线钢等；②钢材强度提高后，非金属夹杂物更多地成为疲劳破坏的起源，为此需对夹杂物的形态和性能进行控制，减小夹杂物尺寸，控制夹杂物的形貌和变形性能，如弹簧钢、重轨、高强度合金结构钢等钢中夹杂物控制；③夹杂物无害化（如氧化物冶金等）方法。通过控制钢中非金属夹杂物成分、析出温度、尺寸和在钢中的分布，使微细弥散分布的夹杂物能够作为钢固态相变新相形核的核心，细化钢材组织，提高钢材的强韧性能。

对钢中非金属夹杂物控制方面的研究包括：①钢中微小非金属夹杂物的行为（相互间碰撞、聚合、上浮等）；②炉渣 –［O］–［Al］–［Ca］– 夹杂物之间影响关系研究；③钢中 TiN 类夹杂物（析出物）的行为及去除研究；④钢中非金属夹杂物塑性化工艺方法研究；⑤有益夹杂物的成分、析出温度、形态、分布控制研究；⑥高 Al、高 Mn 钢中非金属夹杂物研究等。

3. 高速、强冷、外力场作用条件下的连续铸钢工艺技术

连续铸钢技术的采用在节省投资、提高钢材收得率、节能等方面带来了巨大的经济效益，由于其位于炼钢和轧钢之间所处工序位置的重要性，连铸的采用还带动了整个钢铁厂的结构优化，因此被称之为钢铁工业的一次“技术革命”。连铸技术目前仍在快速发展，主要表现为：①高速连铸；②强冷；③均质；④凝固与外力场（电磁场、超声波、压下变形等）作用相结合。

在高速、强冷、均质、外力场作用为特色的连续铸钢方面的研究包括：①高速、强冷、高温铸坯条件下缺陷形成机理及防止对策研究，例如钢的高温特性及对初生坯壳裂纹的影响、强冷却速率下初始凝固规律、高拉速铸坯表面和内部裂纹以及中心偏析等的防止对策等；②钢凝固过程电磁作用研究，包括电磁搅拌、电磁脉冲等作用下钢液凝固行为（形核、长大）、电磁作用下凝固组织的变化、最终凝固阶段电磁对剩余钢液的作用效果等；③凝固过程大变形量压下研究，包括压下位置、压下量、压下速率对坯壳内钢水流动、凝固组织、偏析、疏松等影响。

4. 薄板坯、薄带坯近终形连铸工艺技术研究

近终形（接近最终产品形状）连铸目前主要为薄板坯连铸和薄带坯连铸，其中薄板坯连铸连轧已广泛采用，双辊薄带连铸最近在美国 Nucor 钢铁公司也取得重要突破用于工业生产。中国是世界薄板坯连铸产量最大国家，宝钢近期将在其宁波钢铁厂建设高水平双辊薄带连铸连轧产线。

薄板坯连铸投产后已经对传统钢铁冶金造成巨大的冲击，薄带连铸一旦成功会带来

更大的变化。在近终形连铸方面的研究主要包括：①薄板坯连铸结晶器钢水流动控制；②薄板坯连铸结晶器内坯壳应力应变；③薄板坯连铸连轧过程组织变化及碳氮化物析出研究；④薄带连铸双辊结晶器优化；⑤薄带连铸钢水传热、流动、凝固；⑥薄带连铸铸坯缺陷成因及防止对策等。

5. 炼钢工艺过程的系统模拟及优化

对炼钢工艺过程采用数值模拟方法进行研究、优化是近年来炼钢学科发展最快研究领域之一，主要研究包括：①冶金反应过程的模拟和仿真，包括炼钢物料平衡和热平衡、化学反应平衡、化学反应速率、“三传”现象、凝固、偏析、夹杂物行为与去除等；②炼钢单元与反应器的数值模拟及优化设计，包括冶金单元操作及设计、冶金反应器理论研究、反应器优化设计和新型反应器的开发等；③冶金工程数学模型和仿真，主要针对实际工程问题研究工艺模型和质量诊断控制模型；④炼钢制造流程的解析与集成，根据冶金反应流程学原理，从可持续发展和系统优化的高度，提出合理的炼钢厂工艺流程模式，建立工艺流程整体优化模型和仿真系统，提高炼钢生产运行效率。

近年来国内炼钢学科领域科研力量和科研水平有了很大提高，炼钢生产装备和科研条件（大学、研究院所、企业等）已达到了国际先进水平，公开发表科技论文数量已处于领先地位，包括大量在 *ISIJ INTERNATIONAL*、*STEEL RESEARCH INTERNATIONAL* 等国际高水平期刊发表的论文。目前与日、韩等相比存在的主要差距有：①重大原创性科研成果较少；②具有重要影响力学术带头人的数量不足；③国际化水平仍较低。

四、发展趋势及展望

国外钢铁工业受市场需求下降影响，今后相当长时间内发展将会比较缓慢。国内钢铁工业由于产能过剩严重，国民经济发展结构转型和环保压力增大，将会面临更大困难。今后炼钢科技进步发展将会更加注重提高生产效率、降低生产成本、提高产品质量、减少对环境污染。

预计将有较快发展的炼钢工艺技术包括：①开发更高效工艺流程，如生产低合金高强度钢（管线、船板、桥梁、高层建筑等）取消 LF 精炼，采用连铸大压下生产厚板等；②大批量、低成本生产洁净钢技术，KR 脱硫、RH 精炼等应用比例会较大增加；③炼钢炉渣循环返回应用，如氧气转炉“留渣 + 双渣”工艺，炉外精炼渣返回炼钢应用等；④自动化、信息化技术应用，如全自动炼钢、精炼、连铸控制，炼钢生产调度智能系统，铸坯质量判定系统等；⑤炼钢全流程质量精细、稳定控制技术，包括主要控制点工艺水平提高，窄成分控制，非金属夹杂物数量、形貌、性能控制，更加严密保护浇注等；⑥更加严格环保技术，如转炉干法除尘，全车间各扬尘点控制与除尘，噪声控制等。

参考文献

[1] 张福明，崔幸超，张德国，等. 首钢京唐炼钢厂新一代工艺流程与应用实践［J］. 炼钢，2012，2（28）：1–6.

[2] Emi T. Optimizing Steelmaking System for Quality Steel Mass Production for Sustainable Future of Steel Industry［C］// 5th International Congress on Science and Technology of Steelmaking. Dresden，2012.

[3] Kitamura S，Ogawa Y. Improvement of Hot Metal Dephosphorization Efficiency to Decrease Steelmaking Slag Generation［C］// 9th China–Japan Symposium on Science and Technology of Iron and Steel，CSM. Xi'an，2001：124–130.

[4] Matsumiya T，Yonezawa K. Vision of Steelmaking Industries in Japan for the Reduction of CO_2 Emission［C］// 4th International Congress on Science and Technology of Steelmaking, ISIJ. Gifu，2008：7–12.

[5] Ogawa Y，Yano M，Kitamura S, et al. Development of the Continous Dephosphorization and Decarburization Process Using BOF［J］. Tetsu–to–Hagane，2001，87（1）：21–28.

[6] Matsumiya T，Ichita M. Recent Progress and Topics in Iron–and Steelmaking Technology in Japan［C］// 10th Japan–China Symposium on Science and Technology of Iron and Steel，ISIJ. Chiba，2004：1–11.

[7] 王新华，朱国森，李海波，等. 氧气转炉“留渣＋双渣”炼钢工艺技术研究［J］. 中国冶金，2013，23（4）：40–46.

[8] Ceriani A，Aprile G，et al. Application of EFSOP® Holistic Optimization™ Technology to Oxygen Steelmaking［C］// Proceedings of AISTech 2010 Conference，AISTech. USA，2010：997–1004.

[9] Hubmer R，Herzog K，et al. VAI–CON Tap – The Missing Link in Converter Steelmaking［C］// Proceedings of AISTech 2007 Conference，AISTech. USA，2007：997–1004.

[10] 岩崎正樹，松尾充高. 製鋼技術開発の歩みと今後の展望［J］. 新日鉄技報， 第391号，2011：88–93.

[11] Ueshima Y，Saito K. Recent Advances and Topics of Iron–and Steelmaking Technology in Japan［C］// 12th Japan–China Symposium on Science and Technology of Iron and Steel，ISIJ. Nagoya，2010：1–11.

[12] Yim C H，Seo J D. Advanced steelmaking technologies for CO_2 emission reduction and quality improvement［C］// 5th International Congress on Science and Technology of Steelmaking. Dresden，2012.

[13] 李士琦，郁健，李京社. 电弧炉炼钢技术进展［J］. 中国冶金，2010，4（20）：1–7.

[14] 朱荣，何春来，刘润藻，等. 电弧炉炼钢准备技术的发展［J］. 中国冶金，2010，4（20）：8–16.

撰稿人：王新华

轧制分学科发展研究

一、引言

轧制学科为冶金工程学科的二级学科，是冶金工程技术中的应用技术基础。轧制学科主要涉及金属材料的塑性变形理论，板带材、管材、型材及棒线材轧制过程中的金属塑性变形与流动规律及轧材尺寸形状精度控制理论与方法，轧制与冷却过程中的形变、相变与析出规律及组织控制理论与方法，热轧与冷轧过程中的接触摩擦及其规律，新一代高强与超高强钢及极限尺寸轧材的尺寸形状与组织性能控制，柔性化轧制与智能化轧制理论与控制技术等。

我国的轧制学科近年随着一大批现代化轧制生产线的建设，以及高强韧、高性能钢铁新产品的开发，在塑性变形理论、细晶钢轧制、相变与组织性能控制与超快速冷却技术的结合、多场复杂变形条件下的三维金属流动与组织性能预报、高精度轧制，以及智能化、高速化、柔性化轧制等方面发展迅速，呈现现代塑性理论、新材料理论、大规模、系统化、多尺度数值模拟分析技术、现代冶金与凝固控制技术、自动化、信息化与智能化控制等多学科相互融合与交叉的新特征。

二、本学科国内发展现状

（一）塑性变形理论

从近年来产生的各种新的轧制技术可以看出，塑性变形理论的发展进步起着重要的基础作用。金属轧制过程是一个非常复杂的弹塑性大变形过程，其中既有材料非线性，又有几何非线性，再加上复杂的边界接触条件，使变形机理非常复杂，难以用准确的数学关系式来进行描述。随着轧制技术的日益发展，人们对其在成形过程中的变形规律、变形力学的分析越来越重视。下面对轧制主要的塑性变形理论作一简单分析。

1. 全轧程三维热力耦合数值模拟分析，多场、多尺度模拟计算分析

对于轧制过程中金属材料的流动以及产生的尺寸、形状、负荷、温度、组织等发生的复杂变化进行高精度的分析，仅依靠建立在各种假设条件下的工程解析法、上限法和滑移线法已经远远不够了，随着近年计算机和信息技术的快速发展，以三维有限元法为代表的轧制过程大型数值模拟分析方法得到了迅速发展，有限元法作为一种有效的数值计算方法已经被广泛应用于轧制过程的数值模拟分析。在轧制过程三维变形分析和组织性能分析理论方面，包括板带轧制、型钢轧制、钢管穿孔及轧制变形分析，基本形成了以三维刚塑性有限元、三维弹塑性有限元分析为主的状态。例如，采用大型有限元分析软件，加之对具体轧制过程条件、材料特性以及边界条件的正确运用，人们可以对板材轧制形状、凸度以及平直度进行全面的分析，同时将轧机和轧辊的弹性变形同板材的塑性变形进行联立求解分析。

利用三维热力耦合有限元方法，使用大型软件计算模拟大型 H 型钢轧制的全过程，不仅可以得到不同道次、不同变形条件下轧件各部位、任何时刻应力应变的分布及变化，通过应力应变的计算结果，判断轧件各部位的变形状态及受力状态，用以对孔型及工艺设计与优化提供参考，还可以获得轧制力、扭矩等轧制力能参数的准确的模拟结果，为轧制过程中的设备能力校核及工艺制定提供可靠的依据。另外通过对轧制过程中轧制缺陷的数值模拟，获得了轧制过程中非正常轧制状态下的缺陷模拟预测结果，可以直接用于指导生产工艺，为提高成材率，避免残次品的产生提供依据[1]。

基于弹性轧辊建立三维热力耦合有限元仿真模型，不仅可以模拟轧件的变形和温度变化，同时也模拟了轧辊的受力、变形及温度变化。其结果有助于加深对连轧过程的认识，有助于轧辊孔型的设计和工艺规程的制定[2]。

例如，利用三维热力耦合模拟的温度场和变形结果，选择了合适的奥氏体组织演变模型、相变模型、显微组织和力学性能的对应关系模型，对微观组织演变过程进行了数值模拟，预测了全轧程奥氏体的演变、相变，铁素体组织状态，预测结果与实测值吻合较好[1]。基于流面条元法和有限差分法建立金属变形模型和温度场模型，与微观组织演变模型及变形抗力模型集成，建立了基于条元法的热、力和微观组织演变多参数相互耦合的模拟仿真系统，预测热轧过程中板带微观组织演变过程[3]。

2. 高强钢轧材中的残余应力预测分析

在全轧程热力耦合计算结果的基础上，对大型 H 型钢冷却后的残余应力场进行仿真分析，可以得到轧后 H 型钢内部残余应力分布，为将来的 H 型钢控制轧制与控制冷却提供仿真基础[4]。利用三维热力耦合有限元方法模拟钢轨冷却的全过程，得到不同冷却时间的温度和残余应力分布，预测了钢轨的弯曲变形，为钢轨的预弯提供了可靠的依据[5]。建立了中厚板在矫直过程中横向残余应力计算的解析模型并进行了数值求解；通过三维接触有限元模型进行模拟计算，验证了解析法与有限元法计算结果的一致性，以此为基础研

究了中厚板矫直横向残余应力的消减趋势、规律和控制策略，研究结果表明：加大压下量有利于减小残余应力，轧件断面的最大塑性百分比控制在 70% ~ 80% 为宜[6]。

3. 热轧、冷轧板形分析模型

传统的板带凸度计算模型难以灵活有效且有较高精度地对多辊轧机进行计算，一些新的计算模型被用来预测钢带横断面凸度。国内学者独立建立的解析板形理论，可以实现计算机动态设定轧制规程，可使无 CVC、PC 的轧制板形控制技术的指标达到目前的世界先进水平；解析板形刚度理论与智能控制方法相结合，已在中厚板轧制上成功应用[7]。

在理论分析的基础上，结合热轧宽带钢生产实际，建立了轧件和轧辊一体化仿真模型，应用影响函数法实现辊系变形计算，三维差分法求解轧件塑性变形，辊系变形向轧件变形提供出口厚度分布，轧件变形向辊系变形提供轧制力横向分布，两者相互迭代求得厚度分布结果。通过现场实际，验证了模型的准确性，为在线计算出口辊缝提供了思路和依据[8]。

在退火平整板形分析上，建立 VC 辊系静力学仿真模型，研究了弯辊力、VC 辊油压、轧辊辊径和辊套厚度对连续退火平整机板形控制能力的影响。结果表明，无论内、外弯辊如何配合，都不能达到只改变四次凸度的目的，不可能只通过内、外弯辊的配合来消除高次浪形；外弯辊的调控功效比内弯辊增大 42%；VC 辊油压的调控效果主要体现在二次凸度的改变上。辊套壁厚的减小会使 VC 辊油压的调控能力有所提高[9]。

以四辊 DC 轧机为研究对象，基于影响函数法，建立 DC 轧机辊系变形数学模型。考虑压下和工作辊偏移的板厚控制手段，考虑工作辊交叉和弯辊的板形控制手段，对 DC 轧机辊系变形进行仿真计算，分析其板厚、板形控制特性，研究其板厚、板形控制策略[10]。

在差厚板轧制研究方面，提出 VGR-F 和 VGR-S 两个方程，为变厚度轧制的力学和运动学研究奠定了新的基础。目前我国第一条差厚板轧制生产线已经建成，变厚度轧制技术仍在发展之中，随着节能减排工作的不断深入，变厚度轧制技术的应用范围会越来越广阔[11]。

4. 基于全流程监测与控制技术的板形控制理论

板形是影响板带产品质量的主要因素，目前采用智能控制方法与现代控制的互相结合，如自适应的模糊神经网络控制、专家系统的最优控制等都能取得良好的控制效果。鞍钢 1780 生产线采用了世界上比较先进的 PC 交叉轧机的凸度控制技术，通过改变轧辊交叉角度，使凸度控制能力得到大幅度提高，同时也保证了带钢的平直度[12]。具有自主知识产权的鞍钢热轧 ASP2150 工程板形系统采用工作辊窜辊和弯辊控制策略，建立了前馈 ASC、平坦度反馈 ASC、凸度反馈 ASC 以及全新的板形与板厚解耦控制模型，并进行在线编程、调试，大量生产数据统计表明，投入板形控制后，板形控制精度得到较大提高[13]。

针对中厚板生产过程，开发了轧件侧弯检测与侧弯控制系统，研究了温度在线预测与修正方法、变形抗力自学习方法、侧弯预测与控制模型以及自适应宽度变化的影响函数方法，并基于机器视觉技术实现了对生产过程中轧件侧弯曲率的测量，结合过程控制支撑平台的开发，实现了对中厚板轧件的侧弯检测与在线控制[14]。

宝钢技术人员以梅钢新建1420酸轧机组为应用载体，结合薄带钢冷连轧板形控制特点，从热轧来料带钢横向厚差与平直度综合检测技术、冷连轧机板形数学模型和自动控制模型等方面进行创新，研究开发了新型的冷连轧机板形控制系统，将金属三维变形模型、辊系弹性变形模型以及轧辊热变形与磨损模型等进行有机的耦合集成，建立了基于轧制机理的严密准确的板形数学模型，将影响冷轧板形的轧制工艺、轧机设备和轧件材料等三方面的因素有机联系起来，可以准确地进行冷连轧机板形预报与板形在线预设定。该系统自2009年7月投入在线调试和运行，截止到2011年2月底，已累计生产各类冷轧薄带钢40多万吨。系统运行平稳，控制效果良好，板形实物质量达到了国内外同类机组的先进水平[15]。

5. 钢管穿孔、轧制过程金属流动、变形分析

使用大型有限元分析软件，可以建立钢管的三维有限元模型，模拟钢管的穿孔过程，考虑在金属成形过程中出现的热力学现象，可以得出穿孔过程中工件内部等效应变、等效应变率和温度的分布，也可以得到摩擦系数和壁厚对金属流动状态的影响。

对锥形辊穿孔进行三维热力耦合有限元模拟，得到不同导盘前置量时的管坯中心应力场、穿孔力能参数，并与桶形辊穿孔圆坯中心应力进行比较，研究导盘位置变化对力能参数和扩径量的影响。为优化穿孔的孔型，改善毛管质量，提高穿孔效率、控制毛管的截面尺寸并提高管坯的可穿性提供科学依据。另外，在测定P92钢高温流动应力和热物性参数的基础上，借助于有限元软件对大口径P92厚壁管二辊斜轧穿孔过程进行三维热力耦合，模拟采用Oyane韧性断裂准则，计算分析了轧件的温度场、应变及应力分布，预测了钢管分层缺陷的倾向性，为揭示钢管分层缺陷形成机制，确定缺陷发生的敏感工况，制定防止或减轻分层缺陷的有效措施提供科学依据[16]。

（二）细晶钢轧制理论与技术

在近年的细晶和超细晶钢研究开发工作中，通过结合轧制生产线装备和工艺实际，开展了大量的理论和实验研究与探索，其中包括：①铁素体＋珠光体（F+P）碳素钢或低合金钢采用强力轧制、形变诱导铁素体相变以及形变和相变耦合的组织超细化理论和技术[17]；②结合奥氏体再结晶和未再结晶控制轧制和加速冷却（RCR+ACC）控制的晶粒适度细化理论和技术；③基于过冷奥氏体热变形的低碳钢组织细化—形变强化相变理论和技术；④基于薄板坯连铸连轧流程（TSCR）的奥氏体再结晶细化＋冷却路径控制的低碳钢组织细化与强化理论和技术；⑤针对低（超低）碳微合金贝氏体钢的中温转变组织细化的TMCP+RPC理论与技术，等等。

在这些理论与技术研究的推动下，通过产学研结合，在长材、板带材和中厚板的强度升级，以及新产品开发中发挥出重大的作用和显著的效果，近年已大批量地生产出组织细化与强化的高强韧钢材[18, 19]。例如，沙钢 2011 年在低锰（Mn=0.2% ~ 0.5%）和中锰（Mn=0.7%）钢中采用变形诱发铁素体相变机制，成功实现细晶粒热轧薄钢板（4.0 ~ 5.5mm）的工业化生产，2 种成分钢的力学性能分别满足 Q345 钢和 Q390 钢的指标，晶粒尺寸约 5μm[20]。

（三）基于超快速冷却的 TMCP 技术

TMCP（Thermo-Mechanical Controlled Processing），即控制轧制和控制冷却技术是 20 世纪钢铁业最伟大的成就之一，也是目前钢铁材料轧制及产品工艺开发领域应用最为普遍的技术之一。与传统 TMCP 技术采用“低温大压下”和“微合金化”不同，基于超快速冷却的新一代 TMCP 技术的基本原理是：①在奥氏体区间，在适于变形的温度区间完成连续大变形和应变积累，得到硬化的奥氏体；②轧后立即进行超快冷，使轧件迅速通过奥氏体相区，保持轧件奥氏体硬化状态；③在奥氏体向铁素体相变的动态相变点终止冷却；④后续依照材料组织和性能的需要进行冷却路径的控制。即通过采用适当控轧 + 超快速冷却 + 接近相变点温度停止冷却 + 后续冷却路径控制来实现资源节约、节能减排的钢铁产品制造过程[21]。

在热连轧过程中，通过冷却路径控制可以生产双相钢或复相钢等[22]。在实施新一代 TMCP 技术的过程中，如果能够对冷却路径进行适当控制，则可以在更大的范围内按照需要对材料的组织性能进行更有效的控制，甚至开发出全新的高性能产品。为控制钢材的组织性能，要进行精确的冷却路径控制。在上述各区段冷却速率和冷却起讫点温度得到精确控制后，即可实现钢铁材料的精细冷却路径控制[23]。

目前东北大学依托国内多家钢厂在中厚板、热连轧、H 型钢等热轧钢铁材料新一代 TMCP 装备及工艺开发技术领域已取得了系列性的研究应用成果，开发出应用于中厚板轧机的 ADCOS-PM 系统、热连轧机的 ADCOS-HSM 系统、棒线材轧机的 ADCOS-BM 系统和 H 型钢轧机的 ADCOS-HBM 系统。2009—2011 年，依托河北敬业 3000mm 中板生产线、首秦 4300mm 生产线、鞍钢厚板 4300mm 宽厚板生产线超快速冷却装备（ADCOS-PM）投产运行；华菱涟钢 2250mm 热连轧、CSP 热轧线超快速冷却装备（ADCOS-HSM）、马钢 H 型钢轧后超快速冷却装备（ADCOS-HBM）投产运行。经过近年的开发及实践探索，已在超快速冷却技术机理、超快速冷却成套装备技术、材料强化机制、产品工艺开发等关键技术领域获得突破，并在普碳钢、高强钢、管线钢等产品品种上实现工业化生产线大批量规模化生产，在低成本高性能热轧钢铁材料开发方面取得显著成效[21]。

（四）轧钢新产品开发及应用技术进展

近年来，在轧制新理论、新工艺和新技术的推动下，轧钢产品质量得到显著提高，开发出一大批满足国民经济建设所急需的高性能、高强度钢材品种。

开发生产的高强韧管线钢（如X80级管线钢板卷的大批量稳定生产及应用）、桥梁钢、建筑钢、船板和海洋工程用钢（如舞钢特厚钢板生产技术集成；厚规格海底管线钢的研究开发与制造技术等）、核电用钢及工程机械用钢等中厚板，已成功应用于西气东输三线工程、跨江跨海大桥、奥运亚运工程、造船及海洋平台建设、核电建设等重大工程项目和大型先进工程机械制造中。

在热轧宽带钢生产线上开发生产出系列高级别管线钢、高强耐候钢及高强工程机械用钢等，在大型油气管线工程建设、汽车、集装箱、火车车厢（高速列车用不锈钢车厢板工艺技术与产品开发及应用等）和工程机械轻量化制造及生产应用的减量化方面发挥了重要作用。采用薄板坯连铸连轧线实现了大批量生产薄和超薄规格板带（如CSP线生产屈服强度700MPa级最薄厚度1.2mm、高碳钢薄带等），并实现半无头轧制技术集成与创新（半无头轧制高质量薄规格宽带钢技术集成创新及应用等）。

通过引进、消化吸收、自主集成和开发，极大地提高了冷轧生产效率、大幅度提高了冷轧产品质量，运用自动化、智能化控制技术及高精度检测技术，显著提高了冷轧产品的尺寸精度和板形质量。研制和生产出一大批高品质汽车板、家电板、电工钢和不锈钢板带精品，在汽车、家电、化工及建筑等行业发挥了重要的支撑作用。

普冷产品的品种、规格和表面质量能满足汽车、家电、精密电子等行业的高端需求。普冷产品宽度最大到2000mm，厚度范围从0.15 ~ 3.0mm，冷轧带材的厚度精度达到 ±5μm以下，板形精度达到5IU以下。以低碳铝镇静钢、IF钢、高强IF钢、超低碳BH钢为基板的高冲压性能、高表面质量的无缺陷O5钢板能够满足汽车外板、电冰箱门外板生产质量要求。完成了第一代先进高强钢系列产品开发，如双相钢DP500—DP1180、相变诱导塑性钢TRIP590—TRIP980，并可稳定批量生产，正逐步替代进口同类产品。完成冷轧了冷轧MS980、MS1180、QP980、QP1180钢板的研发并实现小批量生产。

无缝管在特殊使用条件的非API标准系列石油专用管轧制技术方面取得明显进步。开发生产出5000m以上超深井用130ksi钢级以上的高强韧性抗挤毁套管，110ksi高钢级低合金抗 H_2S 应力腐蚀油套管、高酸性气田用的G3、028等镍基合金油套管、超级13Cr高抗 CO_2 腐蚀油管。经济型3Cr系列抗 CO_2 腐蚀油套管和大口径非调质N80-1石油套管大批量生产不仅降低了成本，同时产生了明显的节能减排效果。在高压锅炉管方面实现了主蒸汽600℃超临界机组所需关键品种T23、T/P91、T92的国产化。

大型H型钢的尺寸规格和新钢种开发取得明显进展，我国已成为世界上发展速度最快、产量最大的H型钢生产基地。通过“微合金化＋控制轧制技术”、开发异形坯孔型共用技术等，成功开发生产了海洋石油平台用热轧H型钢、汽车大梁用热轧H型钢、铁路机车大梁用热轧H型钢。

实现了生产高洁净度、高平直度、高尺寸精度、高表面质量的客运专线用百米高速重轨的大批量生产。突破了高温钢轨在快速运行中进行精确导向和矫直等技术难题，建成了连续式喷风冷却100m长尺钢轨在线热处理生产线。钢轨的使用寿命提高了一倍以上，组织、性能合格率均大于99%，成功应用于京津、京沪、武广等高速铁路建设。

（五）组织性能预测、监测与控制

组织性能预报源于对材料加工物理冶金过程的数学模型描述。轧制过程组织性能预测需要建立准确的再结晶模型、相变模型、析出模型、组织性能关系模型等，需要进一步搞清金属的强化机制。随着物理冶金学、材料科学、轧制技术、控制技术和计算机技术的发展，目前已经可以通过高速计算机对热轧过程中显微组织的变化和奥氏体—铁素体的相变行为进行全程模拟，建立性能和参数的关系，使轧后钢材组织性能的预报和控制成为可能。

1. 形变与相变及组织调控理论

人们为了能根据合金的化学成分预测其临界点，相继建立了一些成分与临界点之间关系的数学模型预测奥氏体形核。实际的相变行为往往同时伴随着形变过程，而变形对奥氏体一铁素体相变的热力学、动力学过程均具有强烈的影响。不同的冷却方式的控制也会对铁素体相变产生显著的影响。

描述晶粒组织演变过程的数学模型应包括以上过程的晶粒尺寸模型和形状的再结晶动力学模型。建立晶粒组织演变模型的方法是进行大量的物理冶金模拟实验，通过不同函数公式或图表来描述晶粒组织演变行为。在钢的物理和冶金学为基础上，分析变形条件和温度条件对钢在热轧过程中内部微观组织演变和析出规律的影响，并采用数学模型的方法进行描述，开发出了轧制过程的物理冶金模型，其中包括奥氏体静态再结晶模型、动态再结晶模型、晶粒长大模型以及轧后冷却过程中的相变模型等[24]。

2. 组织性能预测模型、监测与控制技术

在组织演变模拟中，按研究的尺度不同，通常可分为宏观、介观和微观尺度，后者包括原子尺度和电子尺度。宏观尺度模拟通常研究材料加工过程显微组织演变的宏观特征（晶粒尺寸演变，相转变体积分数、析出粒子尺寸及体积分数等），一般采用有限元法、FDM 等方法；微观尺度模拟通常研究材料的晶体结构、电子结构、热力学性质等，其典型的建模方法包括第一性原理、分子动力学方法等；介观尺度模拟则介于宏观尺度模拟和微观尺度模拟之间，常用的方法包括元胞自动机、相场法、蒙特卡洛法等。计算机技术的发展，为从宏观、介观、微观以及纳观尺度上认识材料在制备与成形过程中微观组织的演化过程提供了有效的手段。跨（多）尺度计算机模拟（multi-scale simulation）可以直观清晰地反映出材料的制备和制造工艺、合金成分、显微组织及结构、性能等参数之间的关系，是实现合金成分与工艺优化的有效方法[25]。

利用三维热力耦合数值模拟了 C-Mn 钢热轧板带的全过程，根据轧制过程中的温度场和变形结果，选择了合适的奥氏体组织演变模型、相变模型、显微组织和力学性能的对应关系模型。预测了全轧程奥氏体的演变、相变铁素体组织状态，预测结果与实测值吻合较

好。为控轧控冷中工艺参数的制定提供模拟基础[26]。利用人工神经网络（ANN）模型，预测在传统轧制工艺和控轧控冷的转变组织，该模型利用显微组织演变模型推导的奥氏体晶粒和残余应变，再加上测得的冷却速率和化学成分，预测产品的铁素体晶粒大小和铁素体的比例，预测结果与实测值吻合较好[27]。

借助 MSC.Marc 软件及其二次开发功能，结合 GCrl5 钢的微观组织演变模型与 TTT 曲线，分别建立了 GCrl5 钢棒线材控制轧制过程与控制冷却过程的有限元模型。预测了 GCrl5 钢棒线材控制轧制过程的温度与奥氏体晶粒尺寸的演变情况，控制冷却过程的温度变化与组织转变情况。模拟得到的温度、奥氏体晶粒尺寸及最终组织均与实际结果吻合较好[28]。基于物理冶金原理，将介观尺度的微观组织模拟扩展应用于带钢多道次热轧过程中的微观组织预报。通过建立整合元胞自动机模型对热轧带钢精轧 7 道次的再结晶过程进行了模拟，模型中充分考虑了热轧过程中各金属学现象的作用，为宏观热力作用与介观微观组织演变之间搭建了桥梁。模拟结果与宏观经验物理冶金模型的预报结果吻合良好[29]。

3. 第三代汽车用钢理论、技术及工业性试验进展

第三代汽车用钢是指强塑积为 30 ~ 40GPa%，是轻量化和安全性指标高于第一代汽车用钢、生产成本低于第二代汽车用钢的高强高塑钢，是各国材料科研人员竞相研发的课题[30]。钢铁研究总院等单位研究人员在归纳分析第一代汽车用钢与第二代汽车用钢的组织与性能的基础上提出了 M^3 组织调控思路，即亚稳（Metastable）、多相（Multiphase）和多尺度（Multiscale）。根据这一组织调控思想和对第一代汽车用钢及第二代汽车用钢的归纳分析，发现了高强高塑钢的亚稳奥氏体相含量是获得高强塑积钢的关键组织调控因素，即要获得 30 ~ 40GPa% 的强塑积，钢中的亚稳奥氏体体积分数需要达到 30% 左右[31]。通过中锰碳钢的合金化设计及奥氏体逆相变等措施，目前已经在实验室内制备出含 30% 左右的亚稳奥氏体与超细晶基体的双相复合组织钢。该钢的室温抗拉强度在 0.8 ~ 1.6GPa 级，断后伸长率为 30% ~ 45% 的水平，其强塑积在 30 ~ 48GPa%。目前实验室内已经完成了对不同碳含量和不同锰含量的 C/Mn 钢的系列化基础研究。钢研院与太钢合作，成功地在工业生产线上开发出第三代汽车用钢热轧板卷和冷轧板。初步试制的热轧罩式退火的试制产品，其抗拉强度为 700MPa，伸长率达到 40% 以上，强塑积基本达到了 30GPa% 的级别。逆转变退火的冷轧板的抗拉强度达到了 900MPa，断后伸长率也达到了 40% 以上。这说明，无论是热轧板卷还是冷轧板，新研制的第三代汽车用钢的强塑积都达到了 30GPa% 的级别。

目前，第三代汽车用钢的服役性能、成形性能及其加工工艺性能的研究工作正在进行中。初步研究结果表明，中锰钢的焊接性能、疲劳性能、抗氢致断裂性能和延迟断裂性能良好。据悉，一汽每年将投入 1000 万元的资金用于研究和实验。“十二五”期间，第三代高机动战术军车、解放第七代商用车、新一代轻量化轿车、新能源汽车等产品将成为第三代汽车用钢的应用主体。第三代汽车用钢的应用将提高汽车安全性和节油水平。以一辆采

用0.7mm厚冷轧板为材料的汽车为例，如采用第三代汽车用钢，钢板可以变薄到0.6mm，制造成本上提高了2200元左右，但可以实现5%的节油。从安全性上来看，采用第三代汽车用钢以后，车辆发生正常碰撞时几乎可以实现零死亡率[30]。

第三代汽车用钢目前在全球范围内引领汽车用钢最前沿。第三代汽车用钢的成功研制，从根本上改变了我国长期以来跟踪学习国外汽车用钢技术的局面。

（六）钢中纳米粒子析出、控制理论与应用

1. 钢中纳米粒子析出理论、钛微合金化钢中纳米TiC析出与控制

近年的研究表明，通过合理的微合金化设计和热轧工艺控制，在热轧带钢的晶内、晶界和相界等位置都可以形成大量的纳米尺寸析出粒子，其尺寸多在数纳米到几十纳米，粒度小于18nm粒子的累积频度可以达到40% ~ 60%，在钢中起沉淀强化作用的析出相主要应为纳米尺寸TiC、NbC粒子和铁碳化物粒子。根据分析，由纳米粒子析出强化产生的屈服强度提高可达200 ~ 300MPa以上，并且钢板具有良好的综合力学性能和成形性能[32]。

通过微合金化与控轧控冷技术的有机结合并针对相关产品的特点，对纳米Ti（CN）析出相在屈服强度700MPa级高强超细晶粒铁素体—珠光体CSP带钢的应用进行了研究，为拓展钛微合金化技术的应用领域提供了理论依据[33]。对于CSP工艺条件下含Ti第二相的析出过程可分为：连铸及冷却阶段的TiN的液/固相析出及$Ti_4C_2S_2$的固相析出；均热阶段主要发生TiN和$Ti_4C_2S_2$粒子粗化；连轧阶段，发生TiC在奥氏体中的形变诱导析出；层流冷却阶段，发生TiC的相间析出；卷取阶段，发生TiC过饱和析出等。Ti与C结合生成TiC，在轧后冷却和卷取过程中相间析出和铁素体内过饱和析出的TiC粒子非常细小，可以产生强烈的沉淀强化效果，是钛微合金钢强度增加的主要来源[34]。

2. 以纳米粒子析出控制与强化为主的屈服强度600MPa、700MPa级超高强耐候钢板、工程机械用钢板关键技术开发及应用

薄板坯连铸连轧Ti微合金钢中含Ti析出物的控制技术是生产该类钢种的核心技术。薄板坯连铸连轧工艺条件下，铸坯头部进入轧机，后部仍在均热炉中，避免了温差对Ti（C、N）析出行为的影响，保证了带钢通板组织均匀、性能稳定。通过合理的成分设计和严格的工艺控制，能够有效控制TiC的析出过程。开发了屈服强度700MPa级Ti微合金化高强钢板ZJ700MC，屈服强度稳定超过700MPa，并且塑性良好，伸长率稳定在20%左右，已经在国内数家集装箱厂和专用车辆制造厂批量使用[35]。

涟钢与北科大合作结合转炉CSP流程的设备和工艺特点，在较低成本的基础上，开发出综合性能优良、屈服强度在600MPa级以上的钛微合金化高强钢系列产品，现能够稳定生产屈服强度600MPa级的工程机械用微合金钢。通过相分析，析出粒子主要是Nb（C、N）和Ti（C、N），析出的Nb和Ti含量分别占到总量的72.4%和70.1%。对于

600MPa 级钛微合金化工程机械用钢，细晶强化和析出强化值分别为 225MPa 和 248MPa，对屈服强度的贡献比例分别为 35.0% 和 38.6%。随着强度级别的提高，加入的钛含量相应有所提高，而晶粒进一步细化的程度并不明显，因此，强度的增加主要靠析出强化的进一步加强来保证[36]。

莱钢研究了 Mo 元素对微合金 700MPa 级耐候钢中纳米析出的影响，发现随着 Mo 的加入，C 在奥氏体中的扩散激活能增大，从而使得碳的扩散系数降低；同时，Mo 能降低碳化物形成元素的扩散能力，从而阻碍碳化物的形成，推迟碳化物的析出过程。同时研究了终冷温度对 700MPa 级耐候钢组织和性能的影响，发现随着钢的终冷温度降低，沉淀强化在增加到某一拐点后达到最大值，随温度增加，沉淀析出效果降低，硬度呈现降低趋势[37]。

（七）半无头轧制技术

采用薄板坯连铸连轧技术大批量生产薄和超薄规格板带是发挥流程优势的一个重要方面，不仅可以实现部分薄规格板带的“以热代冷”，而且在降低材料成本、节约资源能源方面也具有重要的作用[38]。针对薄规格热轧带钢生产的半无头轧制技术更加受到重视，在近年的研究开发实践中取得显著进展，在部分薄板坯连铸连轧线上已经实现了工业化生产[39, 40]。

半无头轧制是在薄板坯连铸连轧线上，采用比通常短坯轧制的连铸坯长数倍的超长薄板坯进行连续轧制的技术。近几年，涟钢和北京科技大学合作，在半无头轧制关键技术的研究开发、技术集成方面进行了深入探索和实践，实现了半无头轧制高质量薄规格宽带钢的大批量生产与应用，取得了良好的效果[39, 41]。对半无头轧制从流程生产组织模式、工艺、设备及自动化控制等方面进行了系统的研究开发，突破了相关关键技术，进行了系统技术集成。主要技术进步与创新包括：建立了高效灵活的半无头轧制生产组织模式和系统，保证了长短坯轧制的高效、灵活切换；开发出超长连铸坯温度均匀化控制模型和系统及相关工艺技术，可将超长连铸坯表面头尾温差控制在 20℃以下[42]；开发出适应半无头轧制的辊缝润滑系统和技术，突破了辊缝润滑难以在超薄规格产品使用的瓶颈；建立了全流程的半无头轧制系统集成技术。通过开发优化连轧过程控制、半无头轧制润滑、飞剪精确控制与刀刃材料及加工国产化以及稳定卷取控制技术，实现全流程工艺控制的一体化集成技术，保证了高质量薄规格宽带钢的高效稳定大批量生产应用。产品在汽车制造、工程机械、电力工程及物流仓储等行业中得到大批量应用，在实现“以热代冷”、板带高精度轧制和高的组织性能稳定性控制、降低辊耗、提高成材率和产品竞争力等方面收效显著。应用半无头轧制技术实现将 269m 超长连铸坯连续稳定轧制成 7 个切分卷、成品板最薄 0.77mm、厚度小于 2.0mm 薄规格比例及一切三以上轧制占半无头轧制产量的比例分别大于 96% 和 92% 的目前国内外最好指标。

近年唐钢和本钢 FTSR 线在半无头轧制技术开发及应用方面也取得了明显的进展。

(八)薄板坯连铸连轧工艺、产品开发与组织性能控制

我国目前有薄板坯连铸连轧(TSCR)生产线13条，其中7条CSP线、3条ASP线、3条FTSR线，年产能约3300万吨。几年来，我国已建成的薄板坯连铸连轧生产线围绕着全流程的生产工艺和产品质量稳定、新产品开发、提高薄和超薄规格板带产品比例、高强及超高强带钢生产、半无头轧制及高精度板带轧制，以及充分发挥流程潜能实现高效化生产等方面展开[43]。

随着薄板坯连铸连轧技术的推广应用，对于薄板坯连铸连轧流程的微合金化技术的问题：各种微合金化元素在薄板坯连铸连轧流程各工序的固溶析出规律；各种微合金钢在薄板坯连铸连轧流程上的组织演变规律和强化机理、各种微合金钢在薄板坯连铸连轧流程上的生产技术以及产品应用取得了一些研究成果。

TSCR工艺特点决定了Ti能在整个物理冶金过程中起作用，其液相中TiN形核的过冷度大和形核率高，粒子细小，可以控制加热过程中晶粒尺寸[44]。连铸和冷却阶段TiN和$Ti_4C_2S_2$的液相析出及固相析出；连轧阶段TiC在奥氏体中的形变诱导析出；层流冷却阶段TiC的相间析出和卷取过程中TiC在铁素体中的过饱和析出。

在薄板坯连铸连轧流程中Ti微合金化钢的强化机理主要是细晶强化和纳米析出强化，当Ti含量小于0.045%时，强度提高不显著；当含量提高至0.045% ~ 0.095%时，强度提高显著，随着含量进一步增加，强化作用趋缓。珠钢、涟钢等企业曾为此进行了系统的工作。如珠江钢铁公司曾研究、生产了钛微合金化薄规格高强度热轧带钢用作集装箱板等。涟钢同北科大合作在CSP线采用Ti-Nb微合金化技术开发出屈服强度600 ~ 700MPa级低碳高强结构用钢及700MPa级低碳贝氏体高强工程机械用钢，钢板不仅具有高的强韧性，而且成形焊接性能良好[45]。武钢同北科大合作在CSP线开发并实现屈服强度700MPa级厚度1.2 ~ 1.4mm高强超薄规格板带批量生产及应用，产品用于汽车及物流等行业，在以热代冷、节能减排方面效果显著[46]。薄板坯连铸连轧生产线生产薄规格(1.2 ~ 2.0mm)和超薄规格(0.8 ~ 1.2mm)热轧带钢具有其独特优势，经过辊底式炉升温和均热的薄板坯温度可达1100 ~ 1150℃，高于传统轧机中间坯温度，并沿薄板坯宽度和长度方向的温度均匀，是轧制薄和超薄规格板带的有利条件。

(九)薄带铸轧技术

薄带铸轧技术是直接将液态金属“轧制”成半成品或成品的一种近终形成形技术。薄带铸轧理论的基础涉及传热学、黏性流体力学、摩擦学、塑性变形理论等多个学科[47]，国内近年对薄带铸轧机理与技术上做了多方面的努力和探讨，其中宝钢近年做了大量工作并取得了进展，正在由中试研究向工业化生产推进。

目前，薄带连铸技术的应用研究主要集中在铝合金、镁合金、铜合金、碳钢、电工钢

以及不锈钢中[48, 49]。数值模拟研究结果表明，在中间包中设置流动控制装置可明显改善钢液流动状况，有利于提高连续铸轧坯质量[50]。采用楔形布流器的凝固传热三维流热耦合仿真模型研究结果表明，当楔形布流器的侧水口倾角为0°时，熔池内钢液的凝固结束点（kiss点）高度适中，此时，双辊对薄带坯的轧制力也比较适宜，铸带宽度方向上温差较小，可有效地减少或避免薄带出现横裂纹和纵裂纹，获得较好的铸带质量。在其他参数满足要求的情况下，可通过设计不同侧水口倾角的方式调节铸轧熔池中钢液凝固结束点的位置，以及提高铸带宽度方向上温度分布的均匀性[51]。尽管近年来在薄带铸轧方面取得了一定的进展，但截至目前仍然没有实现大规模的工业化生产。

（十）板形检测与控制技术

板形是评价板带钢质量好坏的重要指标。板形产生的机理非常复杂，影响板形质量的因素很多。目前，板形控制的研究多面向单个工序的独立对象，如热轧机、冷轧机、平整机等，针对某一工序段采取局部的解决措施。越来越多的研究和生产实践表明，板形控制需站在全流程的高度，建立各工序的板形分析模型，采取与工序特点相应的板形监测及控制方法，可取得好的综合效果。

1. 热轧工序

热轧工序板形控制的进展主要体现在：①建立了基于二维有限差分模型的轧辊温度场计算模型，可精确得到轧制过程中关键时刻点的轧辊温度场及热辊形，为实现高精度的板形控制奠定基础；②开发了快速的辊系—轧件一体化变形模型，为板形控制方案的提出和板形控制模型的开发奠定基础；③在粗轧阶段，开发了粗轧变接触轧制技术及与之相应的工作辊初始辊形配置及调节策略，改善粗轧出口中间坯的料形，减少镰刀弯和楔形；④精轧板形控制开发了精轧变接触支持辊技术，用于精轧机组上游机架的高效变凸度工作辊技术等；⑤开发了辊形配置的、功能齐全的板形控制模型，实现了高精度的板形自动控制；⑥建立了轧后冷却对板形影响的仿真模型，考虑温度及相变的影响，提出了针对性的板形控制补偿策略；⑦研究了热轧工序的板形监测手段及其配置策略，实现全方位的板形质量控制。

目前，采用全套的板形综合控制技术，凸度精度控制在±18μm内可达96%以上，平坦度精度控制在±30IU内可达98%以上。

2. 冷轧工序

冷轧工序板形控制的进展主要体现在：①建立了基于有限元辊系—轧件一体化变形仿真模型，可分析大宽厚比工况下的辊系轧件变形规律，为板形控制方案的提出和板形控制模型的开发奠定基础；②开发了可用于冷轧机组的边部变凸度工作辊和中间辊技术，可实现带钢边部形状的控制，减小带钢横向厚差；③研究了冷轧板形设定控制模型，可根据轧制品种、规格的板形控制需要，设定各机架的弯辊力及窜辊量等参数；④研究了考虑冷轧工序及下游工序特点的板形控制目标设定策略，为下游工序的带钢的质量控制及生产顺行创造条件。

目前，冷轧板形（平坦度）能控制在 ±10IU 内。

3. 冷轧后续工序

冷轧后续工序主要包括连续退火、罩式退火、平整、连续镀锌等工序，这些工序均存在改变带钢板形的因素，也带来改善带钢板形的机会：①建立了基于有限元的退火过程带钢热变形分析模型，可减少退火过程产生的热瓢曲及由于板形不佳而导致的机组降速等问题；②建立了平整机 / 光整机的力学变形行为分析模型，可改善平整机 / 光整机的板形控制性能；③研究了镀锌机组的最佳工艺参数设定方法，可减少镀锌过程中板形缺陷的产生及因板形不佳而导致的带钢起筋问题。

采用全流程的板形检测和控制技术，能够取得好的效果，尤其是一些高品质用钢的板形质量能得到改善，如硅钢横向厚差（C15）小于 5μm，且浪形良好，一些难以克服的缺陷，如起筋，可以得到有效消除。

（十一）切分轧制技术

近年来我国切分轧制技术发展较快，二线切分技术和三线切分技术已成熟，并在国内多家钢厂应用。四线切分技术和五线切分技术也在唐钢、萍钢、首钢、广钢等多家企业的棒线材生产线上成功生产，使我国切分轧制技术位于国际领先水平。

切分轧制技术具有解决轧机与连铸机衔接、匹配问题，显著提高生产率和产品尺寸精度，降低能耗和成本，减少机架，节省投资等优点。但多线切分轧制工艺与传统单线轧制相比，在钢料控制、导卫调整、速度控制、轧机准备等几个方面都有更大的难度。唐钢和首钢的四切分轧制技术和萍钢的五切分轧制技术已经成功克服这些困难，并且用于生产实践。

唐钢棒材厂采用四线切分轧制生产 Φ12mm 螺纹钢，三线切分轧制生产 Φ14mm、Φ16mm 螺纹钢，自主开发的两线切分轧制技术生产 Φ18 ~ 20mm 螺纹管。四线切分轧制工艺是把加热后的坯料先轧制成扁坯，然后再利用孔型系统把扁坯加工成四个断面相同的并联轧件，并在精轧道次上沿纵向将并联轧件切分为四个尺寸面积相同的独立轧件的轧制技术[52]。

首钢自主开发了四线切分控轧控冷装备及生产工艺，设计了四线切分冷却器内部结构，为了防止冷却器返水造成的冷却不均匀，建立了压力、流量与环缝的调节关系模型，对低温控轧的四线切分楔间距、楔角、两边切分孔半楔角、辊缝和楔角半径等参数进行优化设计，实现了 Φ12mm 四切分 HRB400 的非微合金化。同时，结合生产实践优化了低温控轧条件下四线切分的孔型参数。根据测定的 CCT 曲线，通过 Ansys 温度场分析制定了合理的 2 次控冷工艺参数，实现了基圆在 P+F 组织条件下合金元素减量化生产[53]。

萍钢依据成功开发 Φ12mm 螺纹钢四切分轧制技术的经验，结合自身坯料及高架棒材设备的特点，于 2007 年自主研发 Φ10mm 螺纹钢的五线切分轧制技术。通过孔型设计、板料调整、轧机调整、张力调整等措施，成功解决了轧制过程中的堆钢、跑钢，钢筋成品尺寸“五线差”，钢筋表面“切分带”等缺陷。萍钢 Φ10mm 螺纹钢五切分轧制日产突破 2560t，实物成材率达到 97%，成品合格率大于 99.5%，技术经济指标稳步提高。Φ10mm 螺纹钢通过五切分轧制的平均日产比四切分轧制提高 300t，生产成本平均降低 20 元[54]。

（十二）轧钢理论与技术研究平台建设

在学校建立重点实验室平台，在各企业建立了相应的轧制研究开发平台。

1. 东北大学重点实验室平台建设及新技术推广

轧制技术、装备和产品研发平台将复杂、庞大的轧制生产流程分解、浓缩到一系列实验装备上，平台的工艺模拟研究能力覆盖热轧、轧后冷却和热处理、冷轧、温轧、连续退火和热浸镀锌等扁平材轧制生产全流程。与实际工业装备相比，这些实验设备尺度虽小，但具有下列特点：①平台主要工艺模拟设备和各个设备的工艺参数范围涵盖现有实际轧制过程，通过工艺模拟实验能够全面准确地反映现场生产过程中材料变形和组织性能演变等物理冶金规律，实验结果可以直接用于指导工艺改进与产品质量的提高；②平台设备的工艺参数范围超越现有实际生产装备，为轧制工艺、装备、技术、产品提供创新空间；③平台的不同设备和功能可以柔性组合形成新的技术路线，实现工艺、技术和产品的创新；④平台的实验装备配备高精度、工业化的计算机控制系统和数据采集处理系统，可以精准地获取实验信息，严格地控制实验条件，精确地实现预设的过程参数，保障实验结果的可控性和可靠性；⑤平台的设备和功能根据轧制技术的发展和研究的需要不断地进行更新和改造，因此，设备具有功能拓展余地，具有前瞻性。

近年来，东北大学与国内钢铁企业合作，先后开发出系列轧制研究实验设备，包括：①多功能热轧实验机组。配备了组合式控制冷却系统及在线感应加热装置，可以进行轧后在线回火等热处理实验研究；②直拉式冷轧实验机。采用单张试样方案，张力的施加和控制利用轧机前后的液压缸实现，为了适应高强度、难变形材料冷轧研究的需要，在直拉式冷轧实验机的基础上，利用电阻加热的方法直接加热轧制中的试样，实现温轧功能，在实验室成功轧制出 Si6.5% 硅钢；③带钢连续退火模拟实验机。提出了单工位的设计思想，克服了国内外同类设备多工位结构，试样需要移动来实现加热、冷却、过时效等工艺过程的缺点，使设备结构大大简化，成本降低；④硅钢连续退火实验机组。该机组采用组合式多炉腔炉体结构，完成试样的加热、脱碳、还原、渗氮和冷却等工艺过程，实现低温法制备取向硅钢的退火工艺。上述实验装备已在国内 16 家钢铁企业和研究机构推广应用 30 台 / 套，在东北大学、太钢、包钢、河北钢铁等企业建成完整的中试研究创新平台。

2. 北京科技大学高效轧制工程中心实验室平台建设

近年来，北京科技大学高效轧制工程中心建成了多个具有实用及推广价值的实验平台。

（1）多功能在线热处理技术与装备实验平台。实验线包括：高温加热炉、350 热轧机、在线淬火装置、在线感应回火装置。通过大量的应用研究，掌握了在线热处理技术和装备的核心技术，为工业化应用奠定了坚实的理论基础。该实验平台具有以下优点：①提高作业率，缩短工艺流程，实现了同步在线热处理轧制—加速冷却—热处理整套在线工艺；②可以对中厚板的组织结构进行精确控制；③可充分利用 DQ 后的钢板余热，缩短了回火加热时间，降低能耗；④降低合金消耗或提高合金利用率。

（2）轻型高性能金属材料轧制技术与装备实验平台。建起了一套目前国内先进的轻金属轧制实验设备，实现对高性能镁合金薄板带轧制技术及工艺的开发和应用，研究和突破高性能镁合金轧制薄板带生产过程中的多项关键技术，使镁合金轧制薄板带生产制备技术达到了国际先进水平。实验线关键设备包括：轻金属加热成套设备、微小张力控制成套设备、具备液压 AGC 厚控的轧制设备、前后张力卷取设备等。

（3）先进钢铁材料品种研发实验平台。实验设备包括：50kg 真空感应加热炉、GLEELBE3500 热模拟实验机、热膨胀仪、平面应变热模拟试验机、焊接模拟实验机、钢板退火模拟实验设备等。平面应变热模拟实验机，主要由加热系统、变形系统、冷却系统、液压系统与控制系统组成。主要用来模拟板带钢热轧过程，可以对试样进行加热、变形、冷却各种处理。实验过程中各参数可控并可以记录保存以便于后期分析。

（4）材料检测评价分析实验平台的建设。实验平台包括：制样设备、ZBC2452-3D 超低温冲击实验机、10t 和 60t 材料拉伸实验机、扫描电子显微镜、材料板成形实验机等。

（5）炼钢—连铸—轧制全流程仿真及优化控制设计平台建设。炼钢—连铸—轧制全流程仿真与优化控制设计平台包括软、硬件环境，能够实现三工序间的物流及模型仿真，并利用此平台，开发了全套工业用的工艺控制算法和模型。该平台可作为一套完整的、独立的系统用于工艺流程的优化设计、数学模型及控制策略的优化或开发、新品种的开发和人员培训等。

三、本学科国内外发展比较

（一）钢中夹杂物及析出物控制技术

钢中夹杂物及析出物是影响钢材表面及内部质量性能，尤其是钢的强韧性的关键因素之一，一直是国内外钢铁冶金技术关注的重点。近年来，国内外在钢中夹杂物及析出物研究与控制技术方面不断出现新理论、新技术与相应的新产品。例如，氧化物冶金，夹杂物微细化控制，形变与相变过程中的纳米粒子析出控制技术等。在精细控制组织、提高钢材性能（包括成形加工性能、焊接性能及使用性能等）、节约合金元素、降低钢材成本、日本开发生产纳米析出强化钢（NANO-HITEN 钢）等效果显著。国内也在这方面开展了系列工作，通过微合金化和控轧控冷技术的有机结合，对纳米 Ti（CN）析出相在屈服强度700MPa 级高强超细晶粒铁素体—珠光体 CSP 带钢的应用进行了研究，沉淀强化显著地提高了钛微合金钢的强度。

（二）控制轧制与控制冷却（TMCP）及超快速冷却技术

控制轧制与控制冷却技术已经在国内外钢材热轧生产线上得到普遍的重视和应用，而新一代 TMCP 技术在高强韧中厚板、热连轧板带以及长材生产上已取得了极大的成功。日本、韩国、欧洲以及国内部分钢铁企业近年在采用先进的 TMCP 技术并结合超快速冷却技术在生产超宽、超厚及超高强钢材方面成效显著，同时，还在充分发挥轧机装备特点、实现钢铁产品升级换代与减量化制造、产品合金成分优化设计与降低生产成本上取得了成效。

（三）高精度轧制与高精度在线检测技术

主要包括：铸坯加热及均热温度均匀化控制技术；中厚板轧制尺寸形状精确控制技术；热连轧板厚、板形高精度控制技术；型材及棒线材尺寸形状精确控制技术；轧辊磨损在线检测及预测技术；热轧、冷轧板形板厚在线高精度检测技术；热轧材轧制过程中的温度高精度检测与控制技术；型材尺寸形状在线高精度检测技术；连轧过程中的智能化控制技术。

这些技术在德国、瑞典、日本等国的先进钢铁企业已有大量成功的应用。国内也有企业开发了相关技术，例如中厚板尺寸形状高精度轧制与高精度在线检测，热轧及冷轧薄板板厚及板形高精度轧制与高精度在线检测，型钢及棒线材高精度轧制及高精度在线检测等取得了良好的应用效果，不仅显著提高了轧材质量，在提高成材率、降低材料消耗和成本方面效果显著。

（四）离线或在线热处理强化技术

高强韧钢材的离线及在线热处理强化技术近年在国内外均十分受重视，日本钢铁企业的在线热处理提出和发展最早，包括热轧板带材及棒线材，超快速冷却技术也在多家企业得到应用，先进的离线热处理装备在美国及欧洲的一些钢铁企业配备完整，一些高性能超高强钢材不仅批量生产且有大量出口。我国近年一些钢铁企业尤其是中厚板企业在离线热处理线的建设上投入很大，也取得了很好的效果。攀钢重轨在线热处理技术已形成自主知识产权，所生产的高强韧重轨有大量出口。因此，通过开发建设先进的离线或在线热处理装备与技术，对生产高强及超高强韧钢材意义重大。

（五）细晶钢控轧控冷及装备技术

细晶钢的应用基础及应用研究在国内外已有十余年时间，近年已达到批量工业生产应用。在国外，日本、韩国、澳大利亚以及欧洲等国的先进钢铁企业及研究单位开展了大量研究及应用工作，取得了一系列成果。我国是细晶钢研发较早的国家，近年来，结合快速冷却控制技术，在板带轧制、棒线材轧制、建筑用钢的细晶钢基础研究及应用研究与产业化方面均取得显著成效，细晶钢的大批量生产应用对于显著提高钢材强韧性以及节约合金、实现减量化钢铁产品制造方面发挥了重要作用。

（六）热镀锌工艺稳定和优化技术

汽车及家电用高质量热镀锌板的镀锌工艺与质量稳定性控制技术一直是热镀锌领域的前沿技术，日本、欧洲和北美的一些先进冶金企业在热镀锌工艺技术方面处于先进或领先地位，近年新投产的热镀锌装备与工艺技术多来源于这些国家。国内部分钢铁企业近年通过引进消化先进的热镀锌装备和工艺技术并不断研发，在高质量热镀锌板的工艺技术及产品研发方面取得了进展。但在高表面质量、镀层稳定性与均匀性控制、超高强热镀锌钢板的稳定化生产方面与国际先进水平比较仍有相当差距，大多数热镀锌产品仍属于中低档产品，需要学习和推广国内外高质量热镀锌板的工艺稳定性控制与优化控制技术，以提高成材率并进一步降低生产成本。

（七）无头轧制、半无头轧制薄规格、超薄规格热带钢轧制技术

热带无头轧制、半无头轧制是在现代钢铁生产线大批量生产高质量薄和超薄规格宽带钢的先进技术。目前国际上实现热带无头轧制的有日本、意大利和韩国，实现热带半无头轧制的仅有德国、荷兰的两个 CSP 厂家。国内涟钢等三家钢厂的短流程线在半无头轧制技术做了大量工作，涟钢 CSP 线实现了半无头轧制技术的集成创新，并大批量生产薄规格宽带钢，在超长铸坯长度、超薄规格厚度及半无头轧制工艺稳定性控制、实现部分“以热代冷”、扩大薄规格产品范围、节能降耗等方面取得显著成效，证明该先进技术值得工程化推广应用。

（八）大型异形材轧制与冷却过程热力耦合模拟分析预测及 CAE 技术

大型异形型钢轧制及冷却过程控制是一个复杂的工艺系统，采用传统的以经验试错方法为主的工艺技术难以满足高质量、高精度大型异形材生产的要求。近年来，采用先进的大型数值模拟仿真技术进行大型异形型钢轧制过程的全轧程热力耦合模拟分析及 CAE 技

术已得到迅速发展，日本及德国在该项技术上处于领先地位，国内已有少数型钢企业进行了该项技术的研发及应用，取得了良好的效果，但在该项技术研发的系统性、模型的可靠性及软件的普适性方面与国际领先水平比较仍有相当差距，需要全面、系统开展该技术的研究及推广。

（九）钢材组织性能精确预报及柔性轧制技术

钢材组织性能精确预报及柔性轧制技术是现代化钢材产品减量化、稳定化、高效化、智能化及低成本制造技术的重要组成部分。欧洲、北美和日本等国家和地区的钢铁企业十分重视该项技术的研发与应用，国内如宝钢等企业近年也投入大量人力财力进行研究，并已取得了良好的效果。此项技术目前还仅限于很少数企业和少数钢种，所建立的材料数据库、模型库及软件还远不能满足大规模应用的要求。此项技术需要持续、系统地研发、应用和推广。

（十）高性能、高强度钢材生产技术相关应用科学基础问题探索研发

随着现代冶金材料科学技术的不断发展，高成形加工性能、高耐低温耐高温性能、高耐腐蚀性能、超高强韧性能等高性能、高强度钢得到不断开发和应用。随着航空航天、海洋工程、能源工程、现代交通工程、进一步节约资源能源的发展需求，更高性能、更高强度、更均匀化稳定化的高性能、高强度钢的研究开发将持续不断地进行。多年来，国内外许多冶金科技工作者一直在致力于高性能、高强度钢生产技术相关的应用科学基础研究开发和探索工作。日本、韩国、欧洲以及北美和我国国内的一些大型钢铁企业、研究院所和大学在高性能、高强度钢的应用基础方面取得了大量的成果，有力地推动了先进高强度钢的开发、生产和应用。但由于实际大生产中的连续、大规模、高速的冶金加工工艺过程是一个十分复杂、系统的冶金工程科学问题，其中的许多基础科学问题与规律尚未得到完整系统的、定量化的分析、描述与控制，仍需要紧密结合实际工艺过程进行不断深入、系统地开展研究，为新的高性能、高强度钢产品开发及其稳定性生产工艺控制提供依据和基础。

四、本学科发展趋势及展望

（一）未来 5 年应重点研究的方向及展望

（1）高性能、高强度钢材生产技术相关应用科学基础问题探索研究。高性能、高强度钢材轧制过程中的形变与相变控制机理，形变诱导相变与析出的机制，钢在冷却过程中的纳米尺寸粒子析出与控制机制及钢的强韧化机理等。

（2）大型异形材全轧程及冷却过程热力耦合模拟分析预测及CAE技术。大型异形钢材全轧程过程分析模型及大变形条件下的热力耦合精确模拟分析方法的建立，钢在不同冷却速率及冷却路径条件下的模拟分析，高强韧钢材轧制与冷却后的残余应力模拟分析预测及大型异形钢材轧制的CAE技术等。

（3）钢材组织性能多尺度计算模拟与精确预报及柔性轧制技术。钢材热轧过程中，从宏观尺度到介观、微观尺度的组织演变模型，组织与性能关系的精确预报模型的建立及过程预报，热轧钢的柔性轧制技术的科学规划与在线智能化控制技术等。

（4）结合超快速冷却控制的轧制、冷却与组织性能一体化控制理论与技术。在超快速冷却条件下的组织演变与析出规律，相关分析模型的建立，轧制过程、冷却速率及冷却路径与组织性能一体化控制理论与技术等。

（5）无头轧制、半无头轧制薄规格、超薄规格热带钢轧制相关理论技术。热带无头轧制中间坯高温快速连接的塑性力学机理、冶金材料学及界面科学基础；无头轧制中间坯高温快速连接的动态压力机、模具、中间坯头尾辅助对中装置等的设计制造与控制，中间带坯快速连接区设备的优化衔接配置的关键工程技术；无头轧制、半无头轧制连轧过程中，轧辊与轧件超长时间接触的大塑性变形与传热学、摩擦学等多场耦合理论；半无头轧制超长铸坯凝固与均热控制理论模型及全线工艺控制与集成理论及集成技术等。

（6）开发不同类型的铸坯热送—热装节能技术。根据不同钢种在高温中温状态下的热物理特性及组织演变特性，研究不同钢种在热送温度范围内的组织、物理特性及温度分布等的变化规律，开发不同类型可热送钢种铸坯的热送—热装节能技术，提高热送—热装工艺控制与节能的效果与效率。

（7）根据钢铁产品需求质量、性能与工艺特点，开发并建立高性能钢铁产品的减量化轧制理论与技术。根据钢铁产品需求质量、性能与工艺特点，研究从成分设计减量化、板坯加热、轧制及轧后工艺过程的减量化控制、无酸洗冷轧技术、提高薄规格板带比例、实现部分以热代冷等减量化生产新工艺、新技术到钢材高强韧化促进减量化应用等。

（8）建立完整的钢材产品的设计、生产和应用评价技术与体系，以及钢铁材料数据库与科学选材系统，为下游用户正确选材、合理用材提供理论与技术支撑。

（9）清洁轧制与轧制产品生命周期研究。清洁轧制在无环境影响的热轧、冷轧润滑剂研究开发，冷却、除鳞水的高效循环利用，板带减酸洗或免酸洗技术等方面取得了进展，但还缺乏形成系统的装备技术及全面的推广应用。生命周期评估作为一个面向产品的环境管理工具，主要考虑在产品生命周期的各个阶段对环境造成的干预和影响，在钢铁可持续发展评价中可以发挥以下作用：用于材料竞争和产品设计选材；增加品牌价值和声望、市场优势及竞争力；告知客户；用于二氧化碳和能耗的计算中，进行对标管理等。

（二）建议措施

（1）在项目立项上，集中财力物力，支持优势团队，发展优势方向，力争在重点方向上有较快发展和突破；

（2）在人才引进、设备购置等方面向重点方向倾斜；

（3）对轧制科学与现代材料设计、数值模拟计算科学、现代检测分析与控制相结合的研究和应用予以特别的重视；

（4）研究现行的人才激励政策，使其适应我国冶金科学技术的长远发展的需要。

参 考 文 献

[1] 康永林，朱国明．大型H型钢轧制过程数值模拟及应用［J］．山东冶金，2009，31（5）：1-4.

[2] 董宝田，张勤河，马汝颇，等．大型H型钢开坯轧制中的弹性轧辊仿真分析［J］．锻压技术，2012，32（3）：71-74.

[3] 马博．低合金钢板带热轧过程微宏观多参数耦合建模［D］．秦皇岛：燕山大学，2011.

[4] 朱国明，康永林，马光亭．热轧大型H型钢残余应力相关研究［J］．塑性工程学报，2010，17（5）：88-92.

[5] 崔海燕．百米钢轨矫前弯曲度与残余应力的研究［D］．内蒙古：内蒙古科技大学，2009.

[6] 王勇勤，徐维，严兴春．中厚板横向残余应力控制对策研究［J］．钢铁，2012，47（4）：60-62.

[7] 张进之，段春华，任璐，等．板带轧制板形最佳规程的设定计算及应用［J］．冶金设备，2009，（6）：15-21.

[8] 王连生，杨荃，何安瑞，等．热轧宽带钢厚度及轧制力横向分布的研究［J］．钢铁，2011，46（6）：55-59.

[9] 魏圣明．VC辊平整机板形调控性能的研究［J］．武汉科技大学学报，2010，33（6）：580-584.

[10] 陆小武，彭艳，刘宏民．DC轧机板厚板形控制策略［J］．中南大学学报（自然科学版），2011，42（8）：2309-2317.

[11] 刘相华，高琼，苏晨．变厚度轧制理论与应用的新进展［J］．轧钢，2012，29（3）：1-6.

[12] 赵勐．1780线板形控制数学模型的研究［C］// 第七届中国钢铁年会论文集．2009：429-435.

[13] 陈百红，张红军，鲍岩．鞍钢2150热轧线自动板形控制系统的应用［J］．冶金设备，2011，特刊1：137-140.

[14] 何纯玉，吴迪，赵宪明．中厚板轧制过程横向厚度的计算方法［J］．东北大学学报，2009，30（12）：1751-1754.

[15] 刘华，顾廷权，何小丽．带钢冷连轧机板形控制系统研究［C］// 第八届中国钢铁年会论文集．2011.

[16] 尹元德，李胜祇，康永林，等．大口径P92厚壁管斜轧穿孔分层缺陷形成倾向性研究［J］．热加工工艺，2012，41（13）：13-17.

[17] Yuqing Weng．Ultra-Fine Grained Steels［J］．Metallurgical Industry Press，2009.

[18] Weng Yuqing，Kang Yonglin．Progress in China Steel Rolling Technology in the Past Ten Years［C］// Proceedings of the 10th International Conference on Steel Rolling. Metallurgical Industry Press，2010：1-21.

[19] 王国栋，吴迪，刘振宇，等．中国轧钢技术的发展现状和展望［J］．中国冶金，2009，19（12）：1-14.

[20] 刘东升，李冉，陈少慧．沙钢细晶粒热轧薄带钢的研究和工业生产［J］．钢铁，2011，46（11）：49-55.

[21] 东北大学轧制技术及连轧自动化国家重点实验室．热轧钢铁材料新一代TMCP技术［C］// 2012年“新一代TMCP装备及工艺技术”研讨会论文集．北京：中国金属学会，2012：11-15.

[22] 蔡晓辉，刘旭辉，刘振宇．超快冷方式下热轧双相钢的生产工艺［J］．钢铁，2011，46（10）：57-60.

[23] 王国栋．新一代TMCP技术的发展［J］．轧钢，2012，29（1）：1-8.

[24] 张云祥．高强度线材热加工的组织演变和性能预报系统研究［D］．合肥：华中科技大学，2010.

[25] 唐广波，刘正东，干勇．钢材加工过程组织性能预报技术的研究和应用现状及前景［C］// 2011 塑性成形过程中钢材组织性能预报与控制技术学术研讨会论文集．2011：133-141.

[26] Zhu Guoming，Lv Chao，Kang Yonglin，et al. Three Dimensional Prediction of Microstructure Evolution and Mechanical Properties of Hot Strips［J］. Materials Processing Technology，2011，(291-294)：455-464.

[27] Tan Wen，Liu Zhenyu，Wu Di. Artificial Neural Network Modeling of Microstructure During C-Mn and HSLA Plate Rolling［J］. Journal of Iron and Steel Research，International. 2009，16（2）：80-83.

[28] Sendong Gu，Liwen Zhang，Chongxiang Yue，et al. Multi-field coupled numerical simulation of microstructure evolution during the hot rolling process of GCr15 steel rod［J］. Computational Materials Science，2011，50：1951-1957.

[29] 郑成武，肖纳敏，李殿中，等．多道次带钢热轧中再结晶组织演变的元胞自动机模拟［C］// 2009 热轧钢材组织性能预报研究与应用学术研讨会论文集，2009：53-64.

[30] 董瀚，曹文全，时捷，等．第 3 代汽车钢的组织与性能调控技术［J］．钢铁，2011，46（6）：1-11.

[31] 董瀚，王毛球，翁宇庆．高性能钢的 M^3 组织调控理论与技术［J］．钢铁，2010，45（7）：1-7.

[32] 康永林，周建，赵征志，等．热轧带钢中的纳米析出粒子及其强化作用［C］// 现代化工、冶金与材料技术前沿．北京：化学工业出版社，2010：889-894.

[33] 翁宇庆，杨才福，尚成嘉，等．低合金钢在中国的发展现状与趋势［J］．钢铁，2011，(09)：1-10.

[34] 霍向东，毛新平，吕盛夏，等．CSP 生产 Ti 微合金化高强钢中纳米碳化物［J］．北京科技大学学报，2011，(08)：941-946.

[35] 陈麒琳，李春艳，高吉祥，等．珠钢 EAF-CSP 流程 700MPa 级钛微合金化高强钢的开发［J］．钢铁研究，2009，37（5）：1-3.

[36] 肖爱达．涟钢 CSP Ti 微合金化高强度钢的生产工艺研究［C］// 第七届（2009）中国钢铁年会．北京，2009.

[37] 赵培林，孙新军，汤化胜，等．Nb 微合金化对热轧 700MPa 超高强耐候钢组织和性能的影响［J］．特殊钢，2012，33（1）：46-50.

[38] 殷瑞钰．新形势下薄板坯连铸连轧技术的进步与发展方向［C］// 薄板坯连铸连轧技术交流与开发协会第六次技术交流会论文集．2010，12：1-14.

[39] 康永林，周明伟，刘旭辉，等．半无头轧制薄规格带钢的组织性能与板形［J］．钢铁，2012，47（1）：44-50.

[40] 耿立唐，杨晓江，韩旭光，等．半无头轧制中遇到的问题及解决措施［C］// 薄板坯连铸连轧技术交流与开发协会第六次技术交流会论文集．2010，12：103-105.

[41] 康永林，焦国华，周明伟，等．半无头轧制工艺优化及板带性能与板形分析［C］// 薄板坯连铸连轧技术交流与开发协会第六次技术交流会论文集．2010，12：315-321.

[42] 赵显蒙，康永林，刘旭辉，等．半无头轧制超长铸坯均热过程中温度场的数值模拟［J］．钢铁研究学报，2011，23（8）：16-20.

[43] 殷瑞钰．新形势下薄板坯连铸连轧技术的进步与发展方向［C］// 中国工程院产业工程科技委员会薄板坯连铸连轧技术交流与开发协会．薄板坯连铸连轧技术交流与开发协会第六次技术交流会论文集．2012：315-321.

[44] 娄艳芝，柳得橹，毛新平，等．CSP 工艺钛微合金钢中的碳氮化钛析出相［J］．钢铁，2010，45（2）：70-73.

[45] 焦国华，成小军，温德智，等．涟钢 CSP-700MPa 级低碳贝氏体钢的生产工艺研究［C］// 薄板坯连铸连轧技术交流与开发协会第 6 次技术交流会论文集．2012：161-166.

[46] Zhang Chao，Chen Liang，Zhu Shuai，et al. Rolling Process and Microstructure & Properties of Thin Gauge Ultra-high Strength Strip Manufactured by Wisco CSP Line［C］. Asia Steel International Conference, 2012：25-27.

[47] 李尧．双辊薄带振动铸轧过程仿真模拟及实验研究［D］．秦皇岛：燕山大学，2011.

[48] 陈守东，陈敬超．铝合金连续铸轧凝固过程宏观 - 微观数学模型的建立及耦合［J］．材料导报，2011，25（6）：130-133.

[49] 周国平，于世川，刘振宇，等. 高磷耐候钢铸轧薄带的组织和深拉伸性能［J］. 钢铁研究学报，2011，23（1）：37-41.
[50] 陈守东，陈敬超，吕连灏. 薄带双辊连铸中间包流场数值模拟及优化［J］. 热加工工艺，2011，40（19）：15-18.
[51] 朱光明，侯晓东. 布流器水口倾角对铸轧熔池温度分布的影响研究［J］. 铸造技术，2011，32（1）：83-86.
[52] 牛良朋，葛亚东，杨保中. 浅析唐钢棒材厂四线切分轧制技术［J］. 河北冶金，2011，187：43-45.
[53] 邸全康，王全礼，康永林，等. 四线切分控轧控冷装备设计及工艺［J］. 钢铁，2013，48（1）：34-38.
[54] 刘建萍. 萍钢五切分轧制技术的研发［J］. 江西冶金，2008，28（2）：31-33.

撰稿人：康永林

冶金机械及自动化分学科发展——冶金机械

一、引言

冶金装备是工艺的实现手段和载体，也是产品的制造工具和质量保障条件。钢铁工业是典型的流程工业，在从原料到产品的整个制造过程中，不仅拥有数量众多的关键工艺装备，还存在巨量的承担工艺辅助、生产服务、工艺界面衔接的其他冶金装备。冶金装备研发能力既反映了冶金机械及自动化学科整体水平，也反映了全行业冶金装备及工艺的技术水平和发展潜力。本专题重点介绍本学科近三四年在新理论、新方法以及重大工程集成创新方面所取得的最新进展和本学科发展趋势及展望。

二、冶金机械国内发展现状

（一）冶金机械新理论、新方法、新技术最新进展

1. 新机型和板形控制理论与方法

在板带轧机机型设计理论及技术方面，研究提出“产品决定机型”和以产品为核心的机型设计原则，建立了板带轧机机型设计的一般方法、步骤，并在工程中应用；对机型设计的核心——轧机板形控制性能评价方法和辊系辊形设计方法，进行了深入研究，建立了先进的辊形优化设计方法、模型、软件平台，研制出适合于不同机型及产品的系列辊形技术，丰富和发展了陈先霖院士首创的机型设计理论。

在板形生成理论方面，全面深入研究了薄宽带钢的瓢曲与翘曲的机理和生成条件及全程变形行为，揭示了板形瓢曲与翘曲的力学本质与变形规律，在带钢各类瓢曲与翘曲的力学机理及瓢曲现象的分类与描述等方面获得了新认知，在带钢瓢曲与翘曲变形的力学建模、求解方法、实验研究等领域取得了重要进展，丰富了板形生成理论。

在板形控制理论及技术方面，提出了板形自动控制系统设计、板形控制策略、板形模式识别的新方法，建立以板形调控功效为核心的板形平坦度自动控制数学模型的统一表达形式；深入研究板形平坦度与横向厚差的解耦控制的理论和技术，提出了基于实测板形的板形前馈控制方法和板形闭环反馈解耦控制新方法，将人工神经网络方法、模糊推理、预测控制理论等先进方法应用于板形控制，建立具有多机架参与、前馈与反馈并重、可实现控制目标与控制手段双解耦、基于先进自动控制理论的新一代板形平坦度与横向厚差的自动控制方法、模型和系统，发展了板形控制理论与技术。

2. 板带表面缺陷在线监测方法与系统

北京科技大学高效轧制国家工程研究中心自主研发了基于快速图像处理技术的连铸坯、热轧板带、冷轧板带表面缺陷在线监测方法和检测系统，通过自主开发的图像冻结技术、快速图像处理和模式识别技术等多项创新技术，解决了表面质量在线检测中的一些难点；针对热轧钢板表面状况复杂的特点，采用形态滤波与神经网络等方法开发了热轧钢板表面缺陷的检测与识别算法，解决了水、氧化铁皮与光照不均现象引起的“误识”问题，使缺陷的检出率与识别率达到国际先进水平；通过并行计算技术与快速图像处理算法，解决图像数据的实时处理问题，使得系统在检测速度与检测精度达到国际先进水平；首次在热轧钢板表面检测中采用“线阵 CCD 摄像机 + 激光线光源”的图像采集方案，将高亮度的绿色激光线光源照射到热轧钢板表面，并通过线阵 CCD 摄像机采集热轧钢板表面图像，解决了远距离均匀照明的问题，提高了图像的对比度，相关研究成果已作为成套系统向国内钢铁企业进行推广，已经成功应用于热轧带钢、冷轧带钢、中厚板、连铸板坯等生产线，并推广应用到有色行业。

3. 材料热模拟方法与性能检测技术

东北大学轧制技术及连轧自动化国家重点实验室自主研制了多功能一体化热力模拟试验机，将原来用多台设备才能实现的功能集成为一体，可以模拟温度、应力、应变、位移、力、扭转角度、扭矩等参数，能进行拉伸、压缩、扭转、热连轧、铸造、相变、形变热处理、焊接、拉扭复合、压扭复合等 20 多种实验；克服了 Gleeble 系列热力模拟实验机随着实验内容不同需要更换不同的部件的缺点，最高加热温度达 1700℃，最大压（拉）力达 196kN，最大扭矩达 100N · m；最大行程为 100mm；稳态温度控制精度为 ±1℃；力的控制精度达到满量程的 0.25%；行程的控制精度达到 0.01mm；采样频率≤ 10kHz；恒应变速率变形方式最小变形时间为 18ms；非恒应变速率变形方式最小变形时间为 6ms；价格只相当于国外同类设备的 1/2 左右，为研究材料组织或性能的变化规律、测定热加工过程组织演变规律、评定或预测材料在制备或受热过程中出现的问题、制定合理的加工工艺以及研制新材料提供了重要手段，在新品种开发和工艺优化中可以起到重要作用。东北大学信息科学与工程学院研制发明的“黑体空腔钢水连续测温方法与传感器”解决了测温准确性、稳定性和一致性等关键问题，以低成本解决了冶金工业钢水连续测温的难题，获国家技术发明二等奖，已在多家冶金企业中取得了成功应用。

4. 热轧钢材控制冷却装备技术

东北大学以及国内其他单位开发研究的新一代 TMCP 技术已经开始在国内多家企业建成使用。北京科技大学与东北特钢共同开发了模具钢在线预硬化装备技术，可以对模具钢实现在线淬火。不断发展的控轧控冷技术带动了钢材在线加热和冷却技术及装备的发展。

5. 无线传感器网络技术

北京科技大学机械工程学院将无线传感器网络技术应用于冶金工业中的状态监测，解决了复杂工业环境下无线信号传输、数据融合、自主组网等关键技术，自主研制的基于无线传感器网络的在线监测系统，在冶金企业成功应用的无线监测点数目超过了 400 个，为高温、高湿、高危、区域广、设备密集等复杂工业环境下的设备状态在线监测，提供了技术手段。

6. 冶金机械设计方法及技术

现代冶金装备由机械、液压和控制等多个子系统相互耦合产生整体功能，针对现代冶金机械装备系统的以虚拟样机技术、数字化设计与装配为基础的机械设计自动化，以及统筹考虑冶金装备运行中全系统的静力学和动力学行为的机—液—电系统的耦合动态设计方法等均取得重大进展，成为主流设计方法。中南大学的学者提出的复杂机电系统耦合与解耦设计理论与方法，拟通过机—液—电系统的全域建模和动态行为预测解决该类非线性复杂系统创意与设计问题，是以板带连轧机组为典型代表的现代冶金机械的设计理论的最新成就。

各高校和设计院纷纷将虚拟样机技术引入各自的产品开发中，基本实现了冶金装备设计的自动化，简化了机械产品的设计开发过程，缩短产品开发周期、减少产品开发费用、提高产品整体性能。如，北京科技大学的泥炮、开口机、振动筛、卷取机、拉矫机等的数字化设计，太原科技大学的剪切机、矫直机的数字化设计。国内各主要冶金装备设计单位也都基本实现了针对高炉、转炉、电炉、连铸机、轧机、挤压机等工艺设备的数字化设计和装配。

东北大学率先在振动筛等设备上开展动态设计，北京科技大学也在振动筛、泥炮、开铁口机等多种振动机械上实现了动态设计。近年，国内针对机—液单体设备的动态设计已取得显著成就，但针对机—液—电单体设备（如大型转炉、单架轧机）、尤其是机—液—电集成设备系统（如大型板带连轧机组）的动态优化和解耦设计，还在探索发展中。

7. 冶金机械制造方法及技术

近年，因国家对于高端装备制造和“三基（机械基础件、基础制造工艺及基础材料）技术”的高度重视和大力发展，特大型冶金机械零部件，如轧机牌坊、轧辊等，和精密冶金机械零部件，如压下液压缸、圆盘剪刃、背衬支撑辊系、轧辊轴承、主传动轴、穿孔顶头等，都基本实现国产化设计制造，反映了冶金机械制造方法及技术的发展进步。特别是借助数字化技术、CAX 技术，实现了冶金机械大型铸锻件、大型焊接结构件和大型齿轮等特殊零件自主制造。5000mm 宽厚板轧机的建成标志着我国冶金设备制造业已翻开崭新的一页。

（二）大型冶金装备的集成创新最新进展

1. 炼铁、烧结、焦化机械

500m^2 大型烧结机的成功投产具有划时代的意义，其主体技术装备以及全部配套设备（如混合机、烧结机、环冷机、烧结风机等）均实现了国产化，标志着我国在烧结设备自主设计、制造及安装技术方面上了一个新台阶，也推进了我国烧结设备高效大型化的进程。

6.25m 捣固焦炉顺利投产，标志着我国大型捣固焦炉技术又有新进展。该捣固焦炉吸收了我国 6m 顶装焦炉和 5.5m 捣固焦炉的技术优势，在焦炉机械配置和结构设计上又有新突破。

配套 5500m^3 特大型高炉的高炉煤气全干法除尘技术及装备系统，摒弃了特大型高炉一直采用的湿法除尘工艺，为钢铁行业节能环保做出了突出的贡献。

链篦机—回转窑设备大型化已具备条件。目前中国自主设计制造和安装调试的链篦机—回转窑球团厂中产能规模最大为年产 240 万吨，但从国内目前的机械装备设计制造能力分析，若需建设产能 400 万吨 / 年球团厂，其机械装备中除强力混合机及回转窑主传动液压马达需从国外引进外，其余主要工艺设备如圆盘造球机、链篦机、回转窑、鼓风环冷机均可国内制造供货。

在矿山设备中，国内研发的 HMTK600B 型电动轮自卸车，已通过中国机械工业联合会鉴定，是目前世界上吨位最大、运载效率最高的电动轮自卸车，总体技术性能达到了同类产品国际先进水平。该车可与 35m^3、55m^3、60m^3 电铲高效配套使用，也可与 75m^3 电铲配套使用，能够满足千万吨级露天矿山高效率、低能耗、开采的需要。

2. 炼钢机械

我国已自主掌握大型炉外精炼装备技术及相应工艺，如 300tRH、230tVOD、大型 LF 钢包精炼炉，形成了具有中国特色的炉外精炼技术及装备，并基本占领了国内市场。

具备了转炉炼钢工艺装备的自主集成能力，转炉“一键式”自动炼钢技术普遍应用。京唐公司 300t 转炉采用了脱磷炉与脱碳炉双联生产的先进工艺，是国际上唯一采用双联工艺的 300t 级大型转炉。

近年来，尽管我国电炉座数逐年减少，但炉容向大型化发展。全国产化 100t 超高功率电弧炉已经顺利投产，120t 高阻抗超高功率电炉主体设备已基本达到国际先进水平，并在集束射流氧燃系统等电炉辅助装置等方面取得较好成绩。

国产干式（机械）真空系统是近年我国炼钢设备中又一项重要创新技术装备。重钢股份公司炼钢厂 210t 的RH干式（机械）真空系统及其成套技术为全球首创，先后荣获 2011 年中国冶金科学技术一等奖，被《世界金属导报》评为“2011 年世界钢铁工业十大技术要闻”“2012 节能中国十大应用新技术”。该套装备的关键技术包括干式机械真空泵组的设计、安全运行技术、烟气过滤及除尘系统、与 RH 精炼模式的匹配控制技术。

3. 大型连铸及模铸机械

近年我国在超大断面的方坯、圆坯及板坯连铸装备产业化方面均已取得重大成果。中冶京诚为兴澄特钢设计制造的大圆坯连铸目前最大直径已达 1000mm；中冶连铸为湖北新冶公司设计制造的 410mm × 530mm 大方坯合金钢连铸机；中国重型机械研究院公司为南阳汉冶特钢设计制造的 420mm × 2700mm 直弧形特大型宽厚板坯连铸机；中冶赛迪为新余钢铁公司设计制造的 420mm × 2400mm 宽厚板坯连铸机等。

同时，在异形坯连铸成套装备及异形坯连铸的注入装备（水口）技术、异形坯连铸的结晶器总成技术、异形坯连铸辊列支撑装备技术等关键技术领域均取得了突破。武汉大西洋连铸设备工程公司为山西长治钢铁公司设计制造的异形坯连铸机以及中冶赛迪为邯钢设计制造的大方坯 / 异形坯兼用型多流连铸机是代表性成果。

大型钢锭水冷模铸技术生产的模铸锭是特厚板原料坯的主要来源。传统大型模铸锭采用自然冷却，只能满足厚度 150 ~ 200mm、单重小于 50t 特厚板需求，不能生产厚度 1000mm 以上的钢锭。大型钢锭水冷模铸技术集成了自动开浇及浇速闭环控制技术、浇注和凝固过程在线监测控制技术、液面稳定控制技术、凝固气隙消除技术、高绝热保温冒口技术、强制冷却顺序凝固过程控制技术、内浇道水口自动切断技术、自动开模技术于一体，在同一套装置上可变尺寸规格，用于生产 50t 及以上重量级大型钢锭，能够有效消除或减轻钢锭内部缩孔、疏松、偏析、夹杂等缺陷，钢锭激冷层厚，等轴晶率高，组织致密，从而满足特厚板所需大压缩比、高致密度、高纯净度、高均匀性要求。该技术生产成本适中、生产效率较高、具有定向凝固技术特点，是未来大型钢锭制造技术的发展方向。

4. 板带钢热轧及精整机械

2150mm 以下宽带钢热连轧机组装备国产化取得重大突破，同时进一步对引进的 2250mm 大型宽幅热连轧机消化吸收，创新了具有自主知识产权的大型热连轧机新机型和板形控制核心技术。北京科技大学、武汉钢铁公司和鞍山钢铁公司申报的“宽带钢热连轧生产成套关键技术与应用”和中国第一重型机械集团申报的“2150mm 宽带钢热连轧机组装备关键技术自主创新及工程应用”分别获得了 2010 年度和 2009 年度国家科技进步二等奖。北京科技大学开发的宽带钢热连轧新机型、热轧板形控制技术及系统和全部 L0–L1–L2–L3 级控制软件及数学模型，已推广应用于国内钢铁和有色行业的十多条板带生产线，其性能、技术指标和稳定性处于国际先进水平。

近年来，我国引进了多套5000mm级宽厚板轧机，自主集成了多套中厚板轧机，其中，宝钢、沙钢、鞍钢和五矿营口等都选择了具有超大压延能力和刚度的强力轧机，最大轧制力100000kN以上，主电机功率2×10000kW以上，实现大变形量轧制。中国二重为鞍钢5500mm宽厚板粗轧机研制了具有自主知识产权的主传动万向接轴，多家单位完成了宽厚板轧机锻钢工作辊与支承辊、中厚板加热炉高位板坯托出机、中厚板辊式淬火机设备和宽厚板保护气氛辊底式热处理炉等设备技术成果。

近年来，热轧精整机械装备方面的新成果也较多。中冶陕压重工设备有限公司技术总负责的邯钢集团邯宝钢铁有限公司2250mm热轧横切机组建成投产。太原科技大学与太原重工股份有限公司合作研发的一种新型宽厚板滚动剪切方法与装备技术推广应用。太原科技大学、太原重工、太钢临汾钢铁公司以及济钢公司联合研发的多种形式组合辊系宽厚钢板矫直技术及成套设备投入生产使用。

5. 板带钢冷轧机械

近年来，我国板带钢冷轧装备技术获得了长足的发展，攻克了冷连轧机型设计、板厚控制、板形检测与板形控制、传动系统设计等多项冷轧核心技术，研制出以整辊镶块智能型板形仪和高速冷轧带钢多功能在线检测系统为代表的多种单体设备。

宝钢联合一重等多家国内企业，以宝钢梅山冷轧工程为依托，研发了冷连轧机设备选型、仿真计算、三电系统设计、传动负荷计算和选型技术，形成了核心的冷连轧集成技术，总体技术水平已达到国际先进，某些关键技术和产品质量指标上具有国际领先水平。燕山大学、东北大学与鞍山钢铁股份有限公司合作研制出一种新型的整辊镶块智能型板形仪，以及相配套的板形自动控制系统。燕山大学独立开发了冷带轧机高精度液压厚度自动控制（液压AGC）系统关键技术。宝钢联合北京科技大学采用机器视觉技术检测方案，依靠先进的图像采集、传输和处理技术，实现高速带钢在恶劣环境下，孔洞、边裂检测和宽度测量的功能，成功地开发了“高速冷轧带钢多功能在线检测系统”。武汉科技大学与中冶南方合作攻克了无吹扫轧制残留物处理工艺、变增益双伺服轧制力控制技术、超细雾化高压静电喷涂技术等冷轧生产中的多项技术难题。

6. 钢材热处理及表面处理机械

东北大学和北京科技大学以及其他多家企业相继研发出了多种形式的热轧板带钢在线热处理和钢板及板坯轧后热处理机械装备技术及系统，并且已经成功应用于多家企业，国内市场占有率进一步提高。热轧长材在线热处理机械装备技术也取得新进展。

宝钢通过多年努力，攻克了先进高强度薄带钢柔性产线的工艺和设备集成技术、快速冷却技术、各种先进高强钢产品及其制造技术等技术难题，独创了一条多功能的高强钢柔性产线和研发平台，首创了高氢高速喷气冷却、新型水淬和可移动超细气雾冷却3项快冷技术，技术水平达到国际领先。宝钢自主开发了无取向电工钢退火炉的退火工艺曲线、过程计算机控制系统、涂层配液和控制系统、涂层烘烤等技术，实现了“无取向电工钢退火涂层机组工艺装备技术”的自主集成，达到世界先进水平。宁波宝新不锈钢有限公司攻克了不锈钢光亮退火机组的工艺和设备集成技术、马弗炉制造技术等一系列技术难题，在国内首次实现了宽幅不锈钢光亮退火机组的自主集成。

在板带钢表面处理领域，攻克了普碳钢机械除鳞设备技术，由国内自行设计、制造多条碳钢机械除鳞处理线已投入生产（带钢冷连轧线除外）；同时国内多家企业与研究机构开展了氧化铁皮的直接还原除鳞工艺的实验室研究，初步获得了还原反应温度、气体成分、气体流动速率、吹气角度等对还原效果影响等关键工艺技术。

7. 钢管轧制机械

三辊连轧管机组是2003年出现的最先进的热轧无缝钢管生产技术，10年内在国内外建设了30多套同类机组（其中约20套建在中国），该机组拥有多项先进技术，如三辊轧制技术、液压小仓控制技术（含液压压下）、限动芯棒技术、在线热测壁厚技术、生产工艺控制系统、质量保证系统等。国内研发的三辊连轧管机组具有国际先进水平，已获得专利。

通泽重工开发的6机架二辊连轧管机组，可以实现轧制过程辊缝动态调整，实现了对机架弹跳、轴承间隙等造成的辊缝偏差的自动补偿，有效保证了钢管壁厚精度与连轧管机组各机架的负荷稳定，其立轧机架主传动采用了上传动技术并取得发明专利。

近两年来，适于生产小口径薄壁管的CPE机组得到发展，CPE机组是解决国内无缝钢管生产“以冷代热”问题，替代落后机组的理想机型。国内自主研发的具有国际先进水平的新型CPE机组，已获得推广，其中三爪缩口机和新型CPE顶管机已获得专利。

8. 型钢轧制机械

我国H型钢生产技术与设备日益完善，莱芜钢铁公司研发的“大截面热轧H型钢关键生产技术研究与创新”和马鞍山钢铁公司与东北大学研发的“热轧H型钢在线超快速冷却技术研究”获得近年冶金科学技术奖。

重轨生产设备与技术不断创新，满足我国高速铁路建设需要。攀钢等研发的“100米长尺钢轨在线热处理生产线工艺及装备集成技术开发”获得2010年度国家科技进步二等奖，武钢“研发的大跨度铁路桥梁钢成套技术开发及应用”获得2011年度国家科技进步二等奖，攀钢“高速铁路钢轨平直度控制技术研究”获得2011年冶金科学技术一等奖。

我国第一支具有完全自主知识产权的F型钢产品已投入生产，成功解决了因F型钢不对称导致的变形、侧弯、偏头、扭转等一系列重大技术难题，国内自主研发和制造的105m/s高速线材精轧机组已成功应用于多个企业，设备高速运行稳定，机时产量达到120t/h，其技术和装备水平已达到国际先进水平。该技术提高了线材小规格产品产量和轧制车间总产量，同时提高了热送比例和金属收得率，降低了能耗。

9. 零件轧制机械

以北京科技大学高效零件轧制技术研究推广中心为代表的国内零件轧制技术及装备研

究单位，通过承担完成国家自然科学基金“零件精确轧制成形机理与多学科仿真”与“特大件成形制造技术基础研究”等重点项目以及多项面上项目，国家科技重大专项项目、科技支撑计划项目、火炬计划项目，以及其他科研项目，在零件轧制塑性成形机理、模具设计方法、工艺装备等方面取得新的理论成果，产生大量学术论文、技术专著和发明专利；在零件轧制技术开发及工程应用方面也取得突出成绩，已累计开发并投产的零件500多种，建成生产线200多条，并出口美国、日本、俄罗斯等国家，成果获国家发明、国家科技进步等国家级奖多项。其中“阳极磷铜球室温精密斜轧工艺与设备研发”2012年获得中国有色金属工业协会科技进步一等奖、“万吨级楔横轧高质量汽车轴类件生产技术及应用”2011年获得河北省科技进步二等奖。

三、冶金机械国内外发展比较

近年来，国外冶金机械技术研究的热点主要集中在节能和智能化的工艺装备、产品质量在线检测和质量监控的方法与技术，国内各有关单位已针对如下这些热点技术开展跟踪研究，并不断取得进步，技术差距正在逐渐缩小。

（一）以薄带坯铸轧一体化为代表的近终型连铸装备技术

1. 薄带连铸技术及装备

薄带连铸技术是一种节能高效型新技术，将连续铸造、轧制以及热处理等串联为一体，铸出毫米级的薄带坯，经在线轧制后一次性形成工业产品。与传统板带生产方法相比，可以省略板坯加热和热轧过程，从而节约大量能量。薄带连铸技术工艺方案因结晶器的不同而分为辊式、带式与辊带式等，其中研究最多、进展最快的当属双辊薄带连铸技术。

目前世界上有40多个研究机构及钢铁企业在从事薄带连铸方面的研究，部分已具备工业试生产能力，代表性的有：年产50万吨的美国纽柯公司Castrip生产线、年产90万吨欧洲的Eurostrip工程、日本新日铁/三菱重工的双辊薄带连铸技术、韩国浦项与英国戴维公司共同开发的薄带连铸机等。国内宝钢多年来进行研究工作，正在由中试研究向工业化生产推进。实验室的研究主要集中在铝合金、镁合金、碳钢、电工钢以及不锈钢等方面。

2. 高拉速薄板坯连铸技术及装备

随着薄板坯连铸连轧技术对产能需求的提高，尤其是仅采用单台连铸机的无头连铸连轧进入工业化应用，对连铸产能的需求更为迫切，国际上薄板坯连铸高拉速核心技术如漏斗型结晶器内腔形状与冷却结构优化、电磁制动技术、大通量浸入式水口、保护渣技术以及结晶器振动优化技术等取得了长足进步。目前 80mm 铸坯最大拉速已达到了 7.2m/min、印度 ESPAT 钢厂的 CSP 连铸机生产厚度 55mm 的铸坯，最高拉速曾达到 7.8m/min。我国目前有薄板坯连铸连轧生产线 13 条，其中 7 条 CSP 线，3 条 FTSR 线，3 条 ASP 线，铸速一般≥ 6m/min，开发成功铸速≥ 7m/min。

（二）以节能、高效为特点的无头（半无头）轧制的机械装备技术

热带无头轧制、半无头轧制是在现代钢铁生产线大批量生产高质量薄和超薄规格宽带钢的先进技术。目前国际上实现热带无头轧制的有日本、意大利和韩国，实现热带半无头轧制的仅有德国、荷兰的两条薄板坯连铸连轧生产线。需要解决的主要技术有：常规热连轧流程中的无头轧制中间坯快速连接技术；适应薄和超薄带钢无头轧制、半无头轧制的连轧过程张力控制系统；动态变规格和恒规格轧制技术；飞剪、板带引导辊与卷取机高速协调衔接技术以及热带无头轧制、半无头轧制一体化的系统集成技术。

我国涟钢等三家钢厂的薄板坯连铸连轧生产线在半无头轧制技术做了大量工作，涟钢 CSP 线实现了半无头轧制技术的集成创新，并大批量生产薄规格宽带钢。

（三）材料性能在线检测技术

近年来，材料性能在线检测理论和相关技术及仪器研发取得了很大进展。国外更多的趋向于采用新的检测技术，如激光超声检测技术、X 射线衍射技术、EMAT 检测技术等非接触式测量方法对金属材料在加工成形过程中的材料性能、组织结构进行实时在线检测，使得材料质量更加稳定。

越来越多的研究热点集中在研发材料在制备过程中材料性能、微结构和缺陷在线检测技术，实现对材料晶粒尺度分布、各向异性程度、成形性能、力学强度等材料性能及内部夹杂、裂纹等缺陷的全程、实时、无损检测。通过将检测信息及时反馈至相应生产工序，便于调整工艺参数，保证钢铁产品质量和性能的高稳定性、高均匀性、高一致性。

国内已在起步开展一些工作，与国外尚有较大差距。

（四）面向超高强度产品的板带钢生产装备技术

结构材料高强度化是当前材料技术发展的趋势。研究及实践表明，开发生产超高强度钢板需要首先研发具有更强轧制及精整加工能力的机械装备，比如可以实现超大压下、高刚度轧制的强力轧机，更强大的轧机和平整机的板形控制技术，热态重型矫直机技术、冷态强力矫直技术（尤其是矫直力在 5000t 以上的矫直技术及装备）等。因此，超高强度钢板产品的开发和生产，正在引起一轮针对板带钢热轧、冷轧、精整环节的各主要工艺设备的改进完善设计，以提高能力。

四、冶金机械发展趋势与展望

当前，冶金装备发展的主流趋势是装备的大型化、智能化、绿色化和人性化，今后几年本学科重点需研发的关键核心技术如下所列。

（一）产品质量在线监测技术、性能预测方法和质量诊断技术

开发一系列新的技术以在线检测轧制产品尺寸、形状、板材厚度的高精度检测技术。应用新的检测技术如激光超声检测技术、X 射线衍射技术、EMAT 检测技术对钢材在加工成形过程中的组织结构、晶粒尺寸以及一些性能进行实时在线检测，并进一步对加工过程进行反馈控制，改进和稳定产品质量。

（二）新型近终型铸轧技术

薄带铸轧技术在国际上出现已近 20 年，除美国 Nucor 公司两条生产线外，还没有获得大范围推广应用。我国宝钢已进入中试阶段，不久即可投入试生产。

目前国际上单流薄板坯无头连铸—连轧技术、高速连铸技术是发展方向。我国虽然在部分核心技术、产品开发等方面取得了较大进步，但在单流薄板坯无头连铸—连轧技术、生产薄和极薄板材以及改善热带材表面质量方面亟待突破。

（三）板带快速加热与冷却装备技术

带钢在线可控超快速加热和超快速冷却技术是生产高强韧钢板产品的关键，尽管国内控冷技术发展较快，但与国外先进技术，比如具有代表性的日本 JFE 公司开发 Super OLAC+HOP 技术相比，仍有差距。

国内有望自主开发 HOP（在线感应加热）技术来实现钢板在线加热，实现在线对板带均温或加热补温，以解决目前热钢材控冷不均根本性问题，也可实现钢板在线 HOP 回火热处理。

（四）热连轧机组机电液耦合振动抑制与系统解耦动态设计方法及技术

针对目前普遍存在的热连轧机组机电液多态耦合振动问题，应用复杂机电系统全局耦合动力学行为仿真与振动解耦技术，实现热连轧机组机电液全局解耦动态优化设计，解决热连轧机组的振动问题。

（五）冷连轧机组稳定高速轧制技术

研究设计更好的冷轧润滑剂和润滑工艺，研究开发高速轧制条件下的轧制过程控制技术和系统，解决冷连轧机组高速轧制时的辊缝打滑和辊系颤振问题，实现冷连轧机组稳定高速轧制，包括极限规格品种在内的各种冷轧产品。

（六）实现装备、工艺、控制三位一体的集成式"智能化"系统

冶金装备从设计阶段就应当开始引入智能化的概念。冶金装备的大型化和高速化更需要高水平的装备精度和控制技术，冶金装备的设计、制造、运行需综合优化装备的高产能、高精度、高效率和长寿命等各种因素，才能制造出达到世界先进水平"精准化"的冶金装备。冶金装备的"绿色化"需通过冶金工艺和装备技术的不断创新，在实现节能环保与绿色化的同时，提高企业经济效益，减少环境污染。

参 考 文 献

[1] 中国金属学会，中国钢铁协会. 2011—2020中国钢铁工业科学与技术发展指南[M]. 北京：冶金工业出版社，2012.

[2] 国家自然科学基金委员会，中国科学院. 未来10年中国学科发展战略——工程学科[M]. 北京：科学出版社，2012.

[3] 高金吉，张连凯. 中国高能耗机械装备运行现状及节能对策研究[M]. 北京：科学出版社，2013.

[4] 中国机械工程学会. 中国机械工程技术路线图[M]. 北京：中国科学技术出版社，2011.

[5] 钟掘. 复杂机电系统耦合设计理论与方法[M]. 北京：机械工业出版社，2007.

[6] 国家自然科学基金委员会工程与材料科学部. 机械工程学科发展战略报告（2011—2020）[M]. 北京：科学出版社，2010.

[7] 徐金梧. 中国冶金装备技术现状及发展对策思考[J]. 中国冶金，2009，19（11）：1-4.

[8] 王国栋，吴迪，刘振宇，等. 中国轧钢技术的发展现状和展望[J]. 中国冶金，2009，19（2）：1-14.

[9] 文杰. 软质薄宽带钢冷连轧横向厚差控制理论与技术[D]. 北京：北京科技大学，2013. 5.

[10] 戴杰涛. 薄宽带钢板形翘曲与纵向瓢曲变形行为研究[D]. 北京：北京科技大学，2010. 12.

[11] 刘振宇，王国栋. 钢的薄带铸轧技术的最新进展及产业化方向[J]. 鞍钢技术，2008，（5）：1-8，22.

[12] Cao Jianguo，Liu Sijia，Zhang Jie，et al. ASR work roll shifting strategy for schedule-free rolling in hot wide strip mills[J]. Journal of Materials Processing Technology，2011，211（11）：1768-1775.

[13] 邵健，何安瑞，杨荃，等. 热轧宽带钢自由规程轧制中负荷分配优化研究[J]. 冶金自动化，2010，34（3）：19-24.

[14] 杨固川. 提高中国大单重宽厚板生产能力[J]. 冶金设备，2011，（1）：68.

[15] 王定武. 关于我国发展大单重特厚钢板轧机问题的探讨[J]. 冶金管理，2010，（6）：58.

[16] 曲圣昱，王明林. 鞍钢5500 mm宽厚板轧机技术及装备概述[J]. 鞍钢技术，2010，（3）：49.

[17] 崔风平，孙玮，于秀琴. 当前我国宽厚板轧机主要装备与工艺技术特点[J]. 冶金自动化，2010，（S2）：4.

[18] 高峰，郭为忠，宋清玉，等. 重型制造装备国内外研究与发展[J]. 机械工程学报，2010，46(19)：92-107.

[19] Kenji Hori. 带钢轧机领域新技术的应用[J]. 世界钢铁，2011，(3)：49-53.

[20] 李长生，宋叔尼，梅瑞斌，等. 板材轧制过程中快速有限元在线算法[J]. 机械工程学报，2009，45(6)：193-198.

[21] 蒋建华，丁毅，陈云龙，等. 异步轧制 TWIP 钢的力学性能和微观组织[J]. 钢铁，2011，46(11)：77-81.

撰稿人：张清东　尹忠俊　秦　勤　吴迪平　李洪波　张晓峰
曹建国　闫晓强　刘国勇　杨海波　阳建宏　黎　敏

冶金机械及自动化分学科发展——冶金自动化

一、引言

冶金自动化是典型的应用学科，以冶金工程技术为机理，以计算机技术、控制技术和信息技术为手段，研究冶金过程建模、优化与过程控制，钢铁流程物质流和能量流的管控，以及企业信息化管理等方面的新方法、新技术，并实现集成应用。

2009 年以来，我国冶金自动化技术水平不断提升。钢铁行业工业化和信息化相互促进，融合程度不断加深。以设备数字化、过程智能化、管理信息化为发展方向，以“智能”和“绿色”为主题，钢铁企业在工艺装备、流程优化、企业管理、市场营销和节能减排等方面的自动化、信息化水平大幅提升，并加速向集成应用转变，逐步形成了多层次、多角度的信息化整体技术解决方案。

二、冶金自动化国内发展现状

2009—2012 年，我国冶金自动化、信息化方面，取得了丰硕的研究成果，相关成果获得国家科技进步奖 5 项，冶金科技进步奖 21 项。以下按过程控制、生产管理控制和企业信息化三个层面介绍近年来取得的主要进展。

（一）过程控制的主要进展

目前大中型钢铁生产企业中，工艺装备已经达到或者接近国际先进水平，现场关键工艺环节的自动化仪表和集散控制系统也已经配置到位。将工艺知识、数学模型、专家经验和智能技术结合起来，应用于炼铁、炼钢、连铸和轧钢等典型工位的过程控制和过程优化，取得了丰硕的技术成果，如 550m^2 烧结机智能闭环控制系统、操作平台型高炉专家系统的开发和应用、电弧炉炼钢流程能量优化利用技术的研究与应用、首钢迁钢 210t 转炉炼钢自动化成套技术、宝钢 1880mm 热轧关键工艺及模型技术自主开发与集成、冷轧机板形控制核心技术自主研发与工业应用等，整体水平达到国际先进水平，取得了明显经济效益。

1. 首钢京唐 550m^2 烧结机智能闭环控制系统

采用线性规划、最小二乘法等数学方法及神经元网络方法，解决烧结生产过程流程长、环节多、复杂性、非线性、时变性和不确定性的技术难题，从而实现烧结生产过程的智能化，达到烧结生产低耗、高产和优质的目的。实现了烧结生产的智能闭环控制，达到了国际领先水平。

2. 武钢操作平台型高炉专家系统的开发和应用

操作平台型高炉专家系统是一种基于数学模型的在线专家系统。此专家系统充分考虑我国操作人员的需求，以炉况顺行、炉温控制、布料控制、炉型管理等关键功能为主，开发了面向工长的操作平台。此外还开发了炉缸炉底侵蚀、理论焦比分析等数学模型，对高炉中长期操作提供参考。开发中采用了一些独特技术手段，如布料模型开发基于料面实测技术，高炉内煤气流分布评估模型开发采用红外图像处理技术，炉型管理模型开发采用自组织特征映射方法对炉型分类并找出最佳炉型集，炉温预报模型开发应用模糊理论精确预报铁水温度，炉缸炉底侵蚀预报模型开发考虑凝固潜热并采用有限元和模式识别技术等。该系统达到国际先进水平，其中炉温预报和红外图像评估气流分布的建模技术达到国际领先水平。

3. 莱钢电弧炉炼钢流程能量优化利用技术的研究与应用

电炉炼钢流程是以废钢为主要原料，带有低碳经济、循环经济特征，具有流程短、节能、环保等优点。研究的目的就是提高电弧炉炼钢流程各工位能量利用效率，调整能量流向，组合利用工位间的能量，实现全流程的生产效率、能量消耗等达到国际领先水平。首次将热管蒸发器技术、击波清灰技术、热量回收控制技术应用于电弧炉余热除尘系统。项目整体技术达到国际先进水平。

4. 首钢迁钢 210t 转炉炼钢自动化成套技术

根据迁钢原材料条件、冶炼钢种、炼钢工艺和复吹状况，开发了转炉自动炼钢静态、动态模型。开发了一键式全程自动化炼钢，实现了主控室全封闭自动化炼钢操作。研究了终点低磷的吹炼模式，改善了过程化渣，显著降低了钢中磷含量，比采用炼钢自动化技术前终点磷平均下降 0.007%。不造双渣，终点碳≤ 0.06% 时，终点磷控制水平达到 0.007%。开发了中高碳钢冶炼模式，满足了中高碳钢冶炼要求。采用转炉炼钢自动化成套技术后，转炉后吹率由投运前的平均 28.37% 减少到 3.16%；转炉终点碳、温度双命中率达到 90.51%，其中碳命中率达到 96.34%，温度命中率达到 93.67%；冶炼周期平均缩短 16.8%。项目整体水平达到了国内领先、国际先进。

5. 宝钢 1880mm 热轧关键工艺及模型技术自主开发与集成

以宝钢 1880mm 热连轧建设为契机，以热连轧带钢生产关键工艺及模型技术为突破口，形成了一系列关键技术：①国内首次研发了高等级取向硅钢及高牌号无取向硅钢、IF 钢低温出炉高温终轧等热轧过程温度场控制系列化工艺技术，满足了其热轧关键工艺与质量控制要求；②基于控制冷却速率与空冷时间来控制产品金相组织的思想，国内首次研发形成了采用经济成分设计的热轧先进高强钢（AHSS）分段快冷与低温卷取技术，满足了抗拉强度高达 1200MPa 的热轧高强钢轧制关键工艺控制要求；③首次提出了利用精轧机组后部 3 个机架长行程窜辊与在线磨辊（ORP）相结合的热轧带钢轮廓控制方法，并建立了相应的轮廓控制模型，形成了兼顾带钢轮廓控制与轧制稳定性控制的长行程窜辊策略技术，开发了与工作辊窜辊相结合的在线磨辊 s 用技术，实现了多品种集批生产与交叉轧制的热轧自由轧制技术；④首次研发并集成了粗轧机轧制线标高动态控制、粗轧纠偏与镰刀弯控制、精轧轧制线标高自动设定与调整等轧制稳定性控制技术，满足了高强度薄规格产品轧制稳定性控制的要求；⑤首次在大型热连轧过程控制领域研发了跨系统平台和软硬件环境的热轧过程控制系统集成方法，研发了基于热轧产品特性的产品模型设计技术、不同炉型的加热炉成套模型技术、精细化的轧制模型技术和高精度层流冷却控制技术，形成了支撑热连轧高端产品的过程控制成套模型技术。

6. 鞍钢冷轧机板形控制核心技术自主研发与工业应用

国内首创、自主研发设计了由分块压磁式板形测量辊、DSP 信号处理计算机及信号处理软件所构成的冷轧带钢接触式板形测量系统，实现了我国冷轧机板形测量系统核心技术的突破。世界首创、自主研发出基于模型自适应和影响效率函数相结合的多目标冷轧机板形闭环控制系统理论。该系统适用于冷连轧、单机架冷轧生产的在线高精度板形控制，实现了我国冷轧机板形控制系统核心技术的突破。板形控制系统成功应用于鞍钢 1250 冷轧机工业生产，现场实际的冷轧带钢板形控制保证精度优于 7I。技术成果整体上达到国际先进水平，填补了国内空白。

（二）生产和能源管理控制的成效

目前大中型钢铁生产企业中，已普遍实施了 MES（制造执行系统），通过信息化促进生产计划调度、物流跟踪、质量管理控制、设备维护水平的提升，减少了工艺衔接间的能耗。国内钢铁生产企业近年来开始能源中心建设，通过信息技术、自动化技术实现电力、燃气、动力、水、技术气体等能源介质监控、能源一体化平衡调配、能源精细化管理等功能。

1. 宝钢铸轧产线生产组织优化系统研发与应用

项目以宝钢多条连铸—热轧产线的生产计划与控制为依托，围绕炼钢—热轧生产计划组织优化，形成了面向节能降耗、可适应市场变化的全产线生产组织与加热炉群调度与控制成套技术。研发了基于出钢记号集约管理的炼钢生产组炉优化模型与系统、连铸及热轧优化计划排程模型与系统（包括材料交叉计划、冷热坯分装交叉计划、冷热混装计划、最大化 DHCR 计划的模型优化等），以及加热炉群组织优化与控制技术、热轧生产效率评估工具软件等，国际上独创了计划排程场景仿真与重调度优化技术，充分发挥人—机互动性，提升了计划系统的可用性与适应能力。特别研发了管理决策优化基础软件包，其中部分软件如离散事件仿真平台、大规模混合规划、智能自动建模软件等，填补了我国工业界技术空白。在宝钢应用后，减少资源浪费、减少烧损、成材率提升、节约能源和产能提升等经济效益 1.69 亿元。

2. 首钢京唐能源中心

项目研究开发了钢铁企业能源分析评价、能源计划和能源调控等能源管控一体化技术。研究了能源异构数据集成平台、能源管网 GIS 系统、能源短期预测模型、电力系统智能软五防模型、能源动态仿真模型、能源智能调度技术，开发了可配置得能源管理中心软件，实现了煤气、蒸汽、电力、技术气体和水综合优化管控。通过减少煤气放散、降低蒸汽损失、增加二次能源回收、提高污水回用等实现节能减排，年经济效益约 5084.2 万元。

3. 企业级信息化

随着企业管理水平的不断提高，钢铁企业信息化取得显著进展。基于互联网和工业以太网的 ERP（企业资源计划）、CRM（客户关系管理）和 SCM（供应链管理）等取得很多成功应用范例，在更好地满足客户需求、精细控制生产成本等方面发挥了作用。宝钢在多年的发展过程中，走出了一条从现场走向市场、从制造管理走向企业经营管理、再走向集团化运作管理的发展道路。宝钢的信息化建设很好地支撑了管理创新，从单基地制造管理、到跨地域多基地一体化经营管理、供应链管理、集团管控、决策支持，都有成功案例，引领了行业信息化的发展。

近年来，数据挖掘等先进信息化技术在钢铁企业成功应用并取得了显著经济效益。先进数据挖掘算法和针对钢铁生产数据挖掘问题领域知识相结合，为钢铁企业在钢铁生产工艺与配方优化、质量控制、市场预测与供需链管理、资源分配与生产调度、生产操作优化等方面提供了重要的技术保障。

三、冶金自动化国内外发展比较

欧盟 2006 年发布了钢铁技术平台计划（European Steel Technology Platform，ESTEP），其中提出钢铁智能制造技术重大研究项目，自 2007 年至今持续支持，优先研发领域包括高度自动化的生产链技术、全面过程控制技术和模拟仿真优化技术。通过新检测技术或改进物理模型，测量和在线控制机械性能；集成过程监控、控制和技术管理，实现钢铁生产多准则优化，包括生产率、资源效率和产品质量。

美国在 2008 年由美国科学基金会出面组织起一个国家级“工程虚拟组织”制定智能过程制造（Smart Process Manufacturing）路线图，以强化先进智能系统的应用，促使新产品的加快制造，动态响应对产品的需求和实时优化生产制造和供应链网络，2011 年美国奥巴马总统宣布启动“先进制造合伙计划”，政府拿出 5 亿美元来支持和提高有关建议和计划项目，打造一种集成的、知识支撑的、富于模型的企业，在其中所有运营动作均由前摄性地应用尽可能好的信息和广泛的性能衡量指标体系来决策和执行。

国外冶金自动化技术发展是从信息化向智能化发展，从单元过程向全流程优化发展，强调模型、仿真和优化控制技术在产品开发、生产过程和企业运行全方位应用。国内在单元过程模型和生产组织调度、能源管控方面取得了一些具有国际先进水平的成果，但在产品开发模拟仿真计算和全流程建模和优化方面还需要加强。

四、冶金自动化国内发展趋势及展望

（一）发展趋势

1. 冶金流程在线连续检测和监控系统

采用新型传感器技术、光机电一体化技术、软测量技术、数据融合和数据处理技术、冶金环境下可靠性技术，以关键工艺参数闭环控制、物流跟踪、能源平衡控制、环境排放实时控制和产品质量全面过程控制为目标，实现冶金流程在线检测和监控系统，包括铁水、钢水及熔渣成分和温度检测和预报，钢水纯净度检测和预报，钢坯和钢材温度、尺寸、组织、缺陷等参数检测和判断，全线废气和烟尘的监测等。

2. 冶金过程关键变量的高性能闭环控制

以过程稳定、提高技术经济指标为目标，在上述关键工艺参数在线连续检测基础上，建立综合模型，采用自适应智能控制机制，实现冶金过程关键变量的高性能闭环控制。包括高炉顺行闭环专家系统、钢水成分和温度闭环控制、铸坯和钢材尺寸和组织性能闭环控制等。

3. 计算机流程模拟

采用计算机仿真技术、多媒体技术和计算力学技术，基于各种冶金模型，进行流程离线仿真和在线集成模拟，生成一个分布式、网络化、集成的“虚拟工厂”软件系统环境，通过人机交互和协同计算，模拟钢铁工业产品生产全过程。支持生产组织优化、生产流程优化、新生产流程设计和新产品开发优化，实现以科学为基础的设计和制造。

4. 智能制造和实时管理

（1）在生产组织管理方面，采取基于智能体的人机协同优化计划调度，异常情况下的重组调度技术，以提高生产组织的柔性和敏捷化程度。在质量管理方面，对产品的质量进行预报、跟踪和分析；根据生产过程数据和检化验数据，判定在生产中发生的品质异常。在成本控制方面，采用数据挖掘与预报技术，建立动态成本模型预测生产成本；利用动态跟踪控制技术，优化原材料的配比、能源介质的供应、产线定修制度、生产的调度管理，动态核算成本，以降低生产成本。

（2）协调供产销流程，实现从订货合同到生产计划、制造作业指令、到产品入库出厂发运的信息化。生产与销售连成一个整体，计划调度和生产控制有机衔接；质量设计进入制造，质量控制跟踪全程，完善 PDCA 质量循环体系；成本管理在线覆盖生产流程，资金控制实时贯穿企业全部业务活动，通过预算、预警、预测等手段，达到事前和事中的控制。

5. 物质流与能源流协同优化

在冶金流程工程学指导下，研究钢铁生产物质流与能量流的特征和信息模型。分析生产单元输入—输出特征以及各构成单元之间非线性耦合关系，物质流与能量流动态涨落和相互耦合影响。综合考虑效率最大化、耗散最小化、环境友好性，实现不同环境条件下的多目标协同优化。

6. 知识管理和商业智能

利用企业信息化积累的海量数据和信息，按照各种不同类型的决策主题分别构造数据仓库，通过在线分析和数据挖掘，实现有关市场、成本、质量等方面数据—信息—知识的递阶演化，并将企业常年管理经验和集体智慧形式化、知识化，为企业持续发展和生产、技术、经营管理各方面创新奠定坚实的核心知识和规律性的认识基础。

（二）发展对策

（1）智能控制技术和工艺机理模型结合，实现过程优化和流程间紧密衔接，提高生产效率，降低原料、能量等成本。

（2）新型传感器和智能软测量结合，实现质量参数在线连续检测和自动闭环控制，提高产品质量。

（3）实现 MES（制造执行系统）和 EMS（能源管理系统）的协同管理和多目标实时优化。

（4）在工艺技术指导下，用计算机进行全流程模拟，优化工序间界面，降低成本，提高生产率，实现以定量分析为基础的过程优化设计和产品高效制造。

（5）企业通过管控一体化，实现实时性能管理（Real Performance Management）。

（6）进行知识管理，提升市场、成本、质量等方面的商业智能，保障企业在不确定市场环境下可持续、健康发展。

参考文献

［1］国家科学技术奖励工作办公室公告（第 50 号）.［2009-07-31］. http：//www. most. gov. cn.

［2］国家科学技术奖励工作办公室公告（第 60 号）.［2010-08-02］. http：//www. most. gov. cn.

［3］国家科学技术奖励工作办公室公告（第 65 号）.［2011-09-10］. http：//www. most. gov. cn.

［4］国家科学技术奖励工作办公室公告（第 68 号）.［2012-06-19］. http：//www. most. gov. cn.

［5］2009 年中国钢铁工业协会，中国金属学会冶金科学技术奖获奖项目表.［2009-08-10］. http：//www. chinaisa.org.cn.

［6］2010 年中国钢铁工业协会，中国金属学会冶金科学技术奖获奖项目表.［2010-08-06］. http：//www. chinaisa.org.cn.

［7］2011 年中国钢铁工业协会，中国金属学会冶金科学技术奖获奖项目表.［2011-08-31］. http：//www. chinaisa.org.cn.

［8］2012 年中国钢铁工业协会，中国金属学会冶金科学技术奖获奖项目表.［2012-08-23］. http：//www. chinaisa.org.cn.

［9］ESTEP（European Steel Technology Platform）activity report.［2013-03］. ftp：//ftp.cordis.europa.eu.

［10］中国科学技术协会，中国金属学会. 冶金工程技术学科发展报告（2008—2009）［M］. 北京：中国科学技术出版社，2009.

［11］中国金属学会，中国钢铁工业协会. 2011—2020 年中国钢铁工业科学与技术发展指南［M］. 北京：冶金工业出版社，2012.

［12］国家自然科学基金委员会，中国科学院. 未来 10 年中国学科发展战略——工程科学［M］. 北京：科学出版社，2011.

撰稿人：孙彦广　闫晓强

冶金流程工程学发展研究

一、引言

冶金流程工程学是从整体系统的角度分析研究冶金工程科学和工程技术问题的学科分支。是从 20 世纪 90 年代逐步发展并迅速形成的新领域。

伴随着钢铁工业由单纯追求规模效益、多座炉子多条生产线混合运行、产品结构追求万能化，逐渐向生产流程连续化 / 准连续化、紧凑 / 协同运行、产品专业化和高附加值化的趋向发展；伴随着中国钢铁工业在 20 世纪 90 年代开始走向繁荣过程中的技术决策和实施，积累了大量的经验和新的认识。中国工程院院士殷瑞钰在此基础上进行了去粗取精、由表及里地深入研究，并率领和指导众多中青年冶金学者，结合实际，运用耗散结构理论、协同学、复杂性科学、系统学等方面知识的最新进展，历经 10 多年的努力，在中国首先形成本学科分支。

二、冶金流程工程学国内发展现状

（一）学科形成的背景

1. 工业实践背景

20 世纪 70 年代中期到 80 年代期间，全连铸生产方式的炼钢车间和 4000 ~ 5000m^3 级的大型高炉投入生产，钢铁企业的生产模式发生了改变。全连铸生产模式的应用使得钢铁生产流程的动态运行过程发生了重大变化，时间大大缩短，能耗大幅度降低，金属成材率大幅度提高，并最终导致了流程结构的变革。由此反映出钢铁生产流程中工序功能集和工序关系集的变化，进而促进了流程内工序集的重构性优化。具体的表现形式为整个流程由间歇、停顿、相互等待、随机匹配的生产方式，向流程整体准连续运行的方向转变，即流程紧凑、物流通畅、节奏均衡的准连续运行方式渐具雏形。并且由于产品的专业化分工，以长材为主要产品和以平材为主要产品的钢厂逐渐分化为不同的生产领域。

20世纪80年代以来，国外一些先进的钢厂已经注意到流程整体改进生产和管理。例如，德国蒂森公司Ruhrort厂用Gantt图制订转炉—精炼—连铸的作业计划，一个工作日可连浇23炉钢水[1]。曼纳斯曼公司胡金根厂也用Gantt图借助计算机实施辅助调度[2]。日本新日铁在研发连铸–连轧热装直接轧制生产作业的技术报告[3]中，除论述一系列具体技术外，还特别指出“过程工程生产管理系统”对新作业过程的研发有重要意义。然而，国外这些研究却没有进一步从学术理论上加以探讨，仅仅把它们作为一项具体的先进技术或管理措施来对待。

20世纪90年代，中国钢厂的钢铁制造过程通过一系列共性–关键技术的突破和集成，为钢铁工业的崛起建立了坚实的技术基础。主要的共性技术包括：连铸技术，高炉喷煤技术，高炉一代炉役长寿技术，棒线材连轧技术，转炉溅渣护炉技术，流程工序结构调整下的系统节能技术等。其中全连铸技术对钢厂流程结构调整具有核心性的意义。

20世纪90年代，薄板坯连铸–连轧在美国Nucor投产成功。近终形连铸–连轧的成功意味着钢铁制造流程进一步演化为连续式生产作业方式。

在可以预见的未来岁月中，钢铁材料仍然是必选材料，钢铁作为基本的结构材料和一种重要功能材料的地位不会发生变化。为了使钢铁生产工艺流程和企业市场竞争力达到世界一流的水平，钢厂制造流程生产线的改造、制造流程的结构优化和功能拓展，会在今后的岁月中持续进行。作为一种以高温下物理化学反应转化为特征的生产流程，在产业生态工业链中仍会起到重要作用。冶金工业属于流程制造业，生产流程可谓是产业之本，发展之“根”，迫切需要以新的思路、新的理论加以探索、研究，这必将发展成为冶金学中的一个新分支。冶金流程工程学学科的形成和发展，将对钢厂制造流程革新、企业模式优化、产品质量提高、能耗降低、生产效率提高、制造流程功能拓展和促进循环经济等方面发生重要的影响。

2. 科学理论发展的作用

物理学的发展表明，仅仅深入了解物质的微观构造并不能真正充分地认识事物的本质，应该从微观尺度到宏观尺度整体统一地研究，才能全面地了解事物的本质。普利高津学派发展起来的耗散结构和自组织理论正是针对宏观的、有序结构的形成做出了普遍的解释，使得研究那些看来变幻无常的复杂问题成为可能。耗散结构是一种开放系统，当系统远离平衡，达到某个阈值，就会形成时间和空间上都有序的新系统。而且，它依靠和环境之间的物质—能量交换而存在。冶金生产流程的动态运行过程在本质上也属于耗散结构的自组织问题，而不是孤立系统的命题。

自“熵”概念的提出，直到20世纪70年代大爆炸宇宙学问世，热力学理论的面貌有了鲜明的变化。其间关于对“熵”的认识和争论时有发生。现在人们已经认识到，熵不仅是导致能级贬值的量度，也不仅是无序程度的指标。熵在本质上是表征过程演变的不可逆性的热力学函数。熵增加赋予时间箭头永远指向正方向。耗散结构理论把系统的熵分为2

部分：系统内自组织过程的进行而引起熵增加，也就是发生正熵；系统和环境交换过程的熵则可以为正也可以为负。当环境向系统输入一定的负熵时可以支持系统自组织过程稳定进行。当然，输入有效的信息也相当于输入负熵。

普利高津（Ilya Prigogine）在接受 1977 年诺贝尔化学奖的讲演词中说：耗散结构有三个互相联系的方面：系统功能、时空结构和涨落。功能是内因；因此不难判断，例如高炉和转炉能够组织成有序状态，钢的冶炼和玻璃熔炼则不可能自组织起来。涨落似乎是一种混乱，但涨落触发不稳定性，由于不稳定性可以引起非线性相互作用。时空结构则通过非线性相互作用促成系统宏观动态有序。三个方面的相互影响恰好是一种矛盾的统一体——即所谓“秩序来自混乱”。

哈肯（H.Haken）在 20 世纪 70 年代发展起来的协同学理论认为，平衡附近过程参量的涨落服从泊松分布，很快衰减到零，称为快弛豫变量。远离平衡态时，涨落的非泊松化使之能够被放大，并呈现长程关联性，使时空对称度下降而走向特定的结构。这种慢弛豫变量称为序参量，是系统有序程度的引领者。序参量支配着子系统的行为，并贯穿于系统演化过程的始终。序参量激发子系统之间通过非线性相互作用产生协同现象和相干效应，使系统成为整个结构有序化的自组织结构。

自 20 世纪 30 年代应用化学热力学研究冶金反应开始，冶金由技艺转化为科学，至今已形成了不同时空尺度、不同层次的各类过程原理，例如冶金物理化学、冶金反应工程学、冶金流程工程学等学科分支，可以定量 / 半定量地描述不同时空尺度的过程演变，如表 1 所示。不同时空尺度的过程分别有各自的特征，将不同时空尺度的过程组织起来，形成一种动态—有序、协同—连续运行的“嵌套”结构，将进一步丰富、拓展冶金学科的领域。

表 1　冶金学科的多个时空尺度

层次	学科分支	时空尺度	基础的研究内容	研究方法特征	吸引子	物理基础
微观	冶金物理化学	原子、分子、离子	热力学函数能量关系；冶金反应化学亲合势；熔体构造和性质	实验室测定平衡；相图计算；反应速率和机理测定	平衡态	经典热力学，物质构造学说
介观	冶金反应工程学	反应器、场域	反应器内浓度、温度、停留时间分布；颗粒、液滴、气泡弥散体系	数学和物理模拟；生产条件下参数测量；比拟放大	非平衡稳定态	传输现象理论，线性非平衡热力学
宏观	冶金流程工程学	流程整体（全厂性）区段流程（车间性）	多因子物质流控制；流程解析和集成；物质流—能量流—信息流协调运行	工程设计和模拟运行，流程动态运行优化和信息化表征、调控	动态—有序、连续—紧凑、耗散优化	牛顿力学（动力学），非线性非平衡热力学

3. 对流程（过程工程）的几点哲学思考

（1）科学、技术和工程的关系。工程科学中，科学、技术和工程是三个经常涉及的有密切联系、又有本质区别的研究对象和概念。工程可以看作某些核心技术及相关技术所构成的集成性知识体系，并且要和经济要素合理配置在一起，才能形成工程系统，工程活动的特征是集成、构建。技术是通过经验积累和反映科学原理，体现着巧妙构思和工艺技能的特殊的知识体系，其特征是发明、创新。科学是人类通过生产实践、专门实验和思维探索所认识到的自然和社会的客观规律，是根据研究对象的矛盾特殊性所区分成的多门类、有条理、有逻辑的规律性知识体系。工程和技术都包含人的主观能动性；而科学则是揭示和说明事物发展变化的规律，是客观规律的反映，不可能被发明或创新。经典的科学知识，并不因为是古老的而随时代的前进被废弃或淘汰（如牛顿力学）。工程科学应该能正确反映工程本质及其相关的、实质的技术模块之间相互关系，能经受实验验证和实践检验，并能促进工程系统和各技术单元不断前进的集成性、复杂性和构建性的科学规律的形成。

（2）关于工程演化论。作为耗散结构的自组织过程，工程演化和生物进化具有相当程度的类似性。演化是从一种存在形态向另一个存在形态的转化过程，工程演化离不开技术进步。演化过程可以是连续性—渐进性的“用进废退”和“获得性遗传”（拉马克主义），而更为突出的是“遗传变异”和“适者生存”（达尔文主义），经过选择与淘汰，在演化进程中出现某种类型的“奇异点”，涌现出全新的工程结构。

工程活动是人类利用各种资源和知识创造和构建新的存在物的实践。工程活动体现着自然界与人工界要素配置上的综合集成和与之相关的决策、设计、构建、运行、管理等过程。工程是对相关的、异质异构的技术进行选择、淘汰、整合、协同而集成为技术模块群，并和相关经济要素的优化配置而构成工程集成体。选择和淘汰就是一种竞争。选择是人为的，有主观意识的作用，但又体现了客观的经济规律，不是纯粹靠主观意志能控制的。在选择技术时，还要重视“壁垒”与“陷阱”问题。采用新技术往往过多注意克服壁垒，注意解决技术难题，但有时也会导致个别“新”技术孤立领先，和工程中其他组元不协同、不配套而导致结构失衡的陷阱。总体上说，技术进步是工程演化的重要推动力之一。演化论所研讨的内容是在长的时间尺度上的发展特征和转化规律，演化形成的工程结构（例如流程）能否有利于自己的持续发展，对自然会产生何种影响，都需要经历较长时期才能显现。

（3）关于还原论的缺失。研究工程这类复杂过程时，习惯的方法是把它加以解析，把各个单元孤立起来分类研究各自的运动规律，并浓缩成某种学科理论。这种方法有利于对各种局部性、单元性的事物规律深入认识，但却忽略了单元与单元之间的互动关系，冲淡了整体性。这是一种“还原论”的方法。在分割、还原的过程中，往往丢弃了相互作用界面处的大量动态的、连续的、协同的信息，而这些界面信息涉及结构、动态运行等主要问题；这样就更进一步减弱对整体性事物的了解。单纯从某个局部出发来理解综合性的工程问题，可能会失之于以偏概全，导致谬误。因此要注意克服还原论方法的缺失，把解析过程失落的信息、知识通过整体论、复杂性、协同论等方法挖掘出来。

（4）规律和事件。在科技问题的研究中，最常用的方法是决定论。找到描述过程运动和变化的微分方程，只要确定了初始条件，就可以通过积分（解析的或数值的）预测出变化的轨迹和未来的状况，或者说，只要现在固定，未来就被固定下来。牛顿力学就是决定论方法的代表之一。确实当被研究的问题能够合理的简化时，决定论是十分有效的。决定论方法已成为大多数科技工作者的习惯思维。然而，混沌研究发现，当初始条件是无理数时，演变轨迹会出现差别。例如：$\sqrt{2}$用 1.414 代入还是用 1.4142 代入，初始条件中这样小的改变，两条演变轨迹最初很靠近，而逐渐呈指数方式互相分离。用形象的说法就是“蝴蝶效应”。这意味着牛顿力学的可预测性也不是绝对的。对于复杂的事物和课题，例如工程问题，决定论的适用程度就有限了。在耗散结构中，涨落是离散型事件，但有时却能够触发系统自组织的序参量，这显然不是用决定论方法可以判定的。决定论和随机论，规律和随机事件，是复杂的客观世界的二重性。普利高津说：世界之丰富多彩，不是用一种语言可以完全概括……我们经验的不同方面，不可能用单一的描述包罗。由于客观世界的差异性和复杂性，我们在流程这样的工程问题的研究中，需要注意决定论和随机性互补的思维方式。

（二）学科形成的过程及研究内容

1. 学科形成过程

20 世纪 90 年代，我国在推广全连铸技术的过程中，也就是在中国钢铁工业深化改革、优化结构、生产和技术稳定、健康发展的情况下，逐步开始认识到，连铸工序作为钢铁制造流程结构优化的中心环节，对流程动态运行的连续化、高效化起到了非常重要的作用，推动了钢铁工业结构优化[4]，并因此引导钢铁制造流程向连续—紧凑和动态—有序发展。为保证这一目标的实现，应该进一步深入研究钢铁制造流程的演变过程，并希望从中总结钢铁制造流程以工序功能优化和工序之间结构重组为特征的进行整体优化的规律性。1993 年初，殷瑞钰院士分析了现代钢铁生产流程的演变及其单元工序的功能转化进程，针对我国情况，撰写了《冶金工序功能的演进和钢厂结构的优化》专题论文，由中国金属学会印刷公布，后经过压缩文字后在《金属学报》1993 年第 7 期上发表[5]，由此开创了冶金流程工程学的研究工作。

从 1990 年至 2000 年的 10 年间，在推广全连铸生产的过程中，主要依靠一些新提出的概念，借用相关理论指导实际生产。在此阶段，主要是以网络图论、排队论为理论基础，建立全连铸生产的计算机辅助调度系统[6-11]。同时，理论上的归纳与提炼工作也在逐步进行。提出钢铁制造流程多维物质流管制的基本参数是物质量、时间和温度。指出钢铁生产过程的调控，是以 3 个基本参数及与之相关的其他派生参数作为变量[12]。物质流的调控主要是进行分钟级铁素流通量的核算。对时间参数的调控主要是进行高效调度系统的研发和应用。对温度的调控主要是集中在炼钢过程中钢包周转和钢水温度的优化控制[13]。基于钢铁生产流程的连续化（准连续化）和紧凑化的总体性命题由此产生。提出了钢铁冶金制造流程在物理本质方面是一种多维物质流（以后认识深化正名为多因子物质流），是集成了物态转变、物性控制和物流管制在时间、温度和物质流通量 3 个基本参数在空间上的融合、贯通、协调和控制的过程[14]。

2000 年至 2004 年，在原有理念和实际应用过程出现的问题及其解决过程中，主要集中在提出和定义一系列概念或概念模型。如钢铁生产过程是铁素物质流沿着节点和连接器构成的流程网络，按照一定的程序进行不同形式（连续、准连续、间歇）的动态运行，“流”“流程网络”“程序”是钢厂制造流程动态运行过程的要素。对时间、连续化程度等概念也进行了系统的描述。由此，基本形成了冶金流程工程学的完整理论框架，其标志性的成果是 2004 年《冶金流程工程学》的出版。从这一时期开始，逐步在北京科技大学等主要冶金院校的本科生、硕士研究生和博士研究生中开设了选修、必修课程。

钢铁制造流程多因子物质流控制的概念应用到实际的钢厂的生产运行过程，产生了对钢铁制造流程功能新的阐述。作为一个整体，钢铁制造流程的功能不再是单一的生产出钢产品；现代钢铁生产流程的功能应该包括产品制造、能源转换和社会废弃物消纳 3 个方面。由于能源、资源的短缺，钢铁制造流程不能只关注钢铁产品的生产，还必须综合考虑能量的高效转换、余热余能的及时回收、污染的减少和资源的循环利用，整体优化概念的进一步扩展，形成了新一代钢铁制造流程新的功能，即钢铁产品生产、能源高效利用和社会废弃物消纳处理—再资源化。尽管单个化学反应、单体技术和单体工序也存在诸多的关键科学和技术问题亟待研究，但要达到上述目的，钢铁生产不能只关注单个化学反应、单体装置和工序，而应该从流程整体上考虑冶金功能的合理分配，淘汰落后工序或装置，增加新生的工序，重新设计工序之间的合理衔接和匹配方式。在此过程中，把产品制造、能源转换和环境生态 3 个方面诸多的因素耦合在时间这个主要因素上。

2004 年后，中国国家中、长期科技发展规划中有关流程制造业的科学与技术发展的重大课题——“新一代钢铁制造流程”的研究，从概念和内涵等方面认识到，新一代钢铁制造流程是一个涉及技术集成和结构优化的工程科学命题，不是简单地将若干先进技术和前沿技术捆绑在一起就构成新一代钢铁制造流程。这就改进了局限于推广运用个别先进技术的传统方法，转向流程动态运行的物理本质研究[15]。并提升到工程哲学层面研究[16]。

2. 学科研究内容

主要内容如下：

（1）研究冶金流程动态运行的物理本质，指出流程动态运行的三要素：即“流”“流程网络”和“流程程序”。钢铁制造流程属于耗散结构与自组织过程。钢铁制造流程是一种复杂的、非平衡的开放系统，包含着加热、熔炼、精炼、凝固、相变和塑性形变等物理化学过程。其各单元工序之间具有异质性和非线性相互作用，流程系统和环境之间进行着多种形式的物质、能量、信息的交换，整个流程形成动态—有序运行的耗散结构[17, 18]。当流程的某些参数达到临界值（例如连铸坯厚度和拉速），流程的时间—空间结构发生演化，并形成全新的状态，使过程的进行更加接近连续—紧凑化，呈现出显著的工程效应[19]。

（2）冶金生产流程中基本变量和派生参数的研究。流程的运行过程是一种耗散结构的自组织过程。为了描述流程的整体行为，需要适应不同于对局部过程微观描述的习惯性概念。也就是要用少量几个变量来描述整个冶金生产流程的动态有序运行过程。这些变量应有下述特征：①贯通整个流程中各个工序、装置；②在整个流程运行中可量化表示；③以同一形式，同一单位贯穿流程始末。经过研究[20]，得出了物质量 Q（重量、流量、浓度）、温度 T、时间 t 三个基本变量。流程中各种反应及状态变化，例如铁素物质流的质量、规格、形态等是由上述基本变量决定的派生参数。流程过程的多因子物质流控制，就是通过综合调控这些基本参量来实现物质流的衔接、匹配、连续和稳定的。

（3）冶金制造流程中时间因素的研究。时间是流程运行的一个基本变量。研究指出：不应该把时间简单地认为是一个随机自变量，不应该仅仅把时间作为各类过程，各种因子变化的坐标轴。在冶金流程中，时间作为一个重要的目标值往往被忽视。经过研究发现[21]，如果我们从不同尺度，不同层次的视角去观察过程中时间变量参数，会有不同的概念和认识。在低层次的过程中看似随机的、无序的时间值，在高一层次或更大尺度上看，恰是有序的，甚至是有重要意义的临界值。为了揭示时间因子在流程动态协调运行中的作用，时间参数在流程中的表现形式可以区分为时间点、时间序、时间域、时间位、时间周期、时间节奏等概念。将时间因子作为流程系统动态运行过程中的目标函数来研究，会有效地促进由不同操作方式的工序所构成的复杂生产流程实现稳定、连续/准连续运行。

（4）现代电炉炼钢冶炼周期综合控制理论的研究。以废钢为主要原料的电炉流程生产方式，是另一种重要钢铁生产流程。传统的电炉炼钢法，冶炼周期长，不可能和连续铸钢工序协调—连续化地运行。为使电炉流程生产能够连续紧凑、动态有序地运行，必须改造传统电炉工序的构成模式，即要把还原熔炼的功能调整到出钢以后，而且往电炉引入化学热和物理热源。在此基础上，对电炉工序的冶炼时间作为一个重要的目标函数进行研究尤有必要。傅杰教授研究提出的现代电炉冶炼周期的综合控制理论[22]，很好地反映现代电炉炼钢工序运行过程的内在规律，有利于使电炉炼钢和连铸协调—连续运行。随着我国废钢积累的增加，电炉炼钢技术的发展及其冶炼周期的优化，将会受到更多的重视。

（5）界面技术的研究。按照还原论的视角研究冶金生产过程，只重视某些工序内部的物理化学反应，对于不同工序之间的关系是忽视的，有时仅仅把它作为运输物料的环节，只要保证下一个工序能够进行生产就够了。为此，甚至不惜增加库存，或者以上、下工序相互等待、随机连接的方法，来组织生产过程，既浪费了物资和能源，又占用了资金。流程动态运行过程的研究认识到，工序之间关系的协调—优化具有重要意义。为此，引发了一系列的界面技术的概念和方法[23]。例如，高炉和转炉之间的“一罐到底”技术：铁水罐既作为承接高炉出铁和运输铁水的设备，又作为铁水预脱硫的反应器，同时全部铁水一次准确地装入转炉。既显著节约了运输铁水的时间，又显著提高了铁水脱硫的温度和硫的活度，在不增大投入的前提下，提高了铁水预处理的脱硫效率。其他还有连铸—轧钢加热炉之间的界面技术等。

（6）钢铁制造流程的动态运行研究。钢铁制造过程系统运行动力学是钢铁厂系统运行优化的重要理论基础，具有集成创新性，是工程科学方面的学问。流程中的原料储存及处理、高炉、铁水预处理、转炉、炉外精炼、连铸、加热炉和热轧机等工序/装置构成了流程运行过程中的“刚性”组元和“柔性”组元，这些异质、异构的组元，通过非线性相互作用，形成了“弹性链谐振”方式的动态运行，并呈现出“推力”—“缓冲器”—“拉力”的宏观运行动力学机制。例如在钢厂冶炼生产过程中，高炉是推力源，连铸是拉力源，如能在该区段内构筑合理、优化的“缓冲—协同”机制，则可实现钢厂冶炼系统有序、稳定、高效、连续地运行。从流程系统运行的角度归纳得出钢厂系统运行优化的逻辑与实现关系，构建运行方式—弹性链/半弹性链谐振体系的运行规则，提出指导钢厂制造流程运行优化的“炉机对应”原则、“能耗最小”原则、“拉速决定流通量”原则和“连浇”原则，同时引入流程的组织和控制的动态 Gantt 图，分别对应流程系统运行的有序性、稳定性、高效性和连续性，形成较为完整的流程动态运行优化的规则体系[24]。

（7）流程网络及其物质流—能量流耦合控制理论研究。钢铁制造流程中，以物质流为主体的角度看，铁素物质流与碳素能量流的关系是相伴而行的，而从碳素能量流为主体的角度看，则碳素流物质流与铁素物质流的关系则是时合时分的。因此，在流程中不仅存在物质流网络及相关运行程序，同时还存在与物质流有关的能量流网络及其运行程序。正确认识和实施能量流网络的动态—有序、协同—高效运行，将促进能量转换效率的提高，减小流程的能量耗散和有害物的排放。钢铁厂的节能减排、环境友好工作应该进入以建立能量流网络——能源管控中心为主要标志的发展新阶段[25]。

（8）流程宏观运行动力学的机制和运行规则研究。为了使各工序、装置能够在流程整体运行过程中实现动态—有序、协同—准连续/连续运行，提出了流程设计生产运行过程中较为完整的规则体系[26]：①间歇运行的工序、装置要适应和服从准连续/连续运行的工序、装置动态运行的需要；例如，炼钢炉、精炼炉要适应、服从连铸机多炉连浇所要求提出的钢水温度、化学成分特别是时间节奏参数的要求等；②准连续/连续运行的工序、装置要引导和规范间歇运行的工序、装置的运行行为；例如，高效—恒拉速的连铸机运行要对相关的铁水预处理、炼钢炉、精炼装置提出钢水流通量、钢水温度、钢水洁净度和时间过程的要求；③低温连续运行的工序、装置服从高温连续运行的工序、装置；例如，烧结机、球团等生产过程在产出量和质量等方面要服从高炉动态运行的要求；④在串联—并联的流程结构中，要尽可能多地实现“层流式”运行，以避免不必要的“横向”干扰，而导致“紊流式”运行；例如，炼钢厂内通过连铸机—二次精炼装置—炼钢炉之间形成相对固定的、不同产品的专线化生产等；⑤上、下游工序装置之间能力的匹配对应和紧凑布局是“层流式”运行的基础；例如，铸坯高温热装要求连铸机与加热炉—热轧机之间的工序产能力匹配并固定—协同匹配运行等；⑥制造流程整体运行一般应建立起推力源—缓冲器—拉力源的动态—有序、协同—连续运行的宏观运行动力学机制。

（9）钢铁厂动态精准设计理论和方法研究。工程设计[23]应该体现诸多技术要素、技术单元的动态集成，以确保工程系统运行过程中的整体有序性和稳定性，并易于成为现实的生产力——特别是体现在达产快、运行稳定有效。选择是工程设计的重要关键，亦即从时代宏观环境的需要出发，以要素—结构—功能—效率优化为基础，做出正确的判断与适应。即钢厂的生产流程和产业链的构建与延伸要适应自然、社会、经济、市场和工艺技术不断变化、不断进步的时代性趋势。优化生产流程和产业链的要素—结构—功能—效率，必然要求生产流程对工序 / 装置的合理化选择和工序 / 装置之间的协同化集成；反过来，各种工序 / 装置的要素—结构—功能—效率也必须能适应生产流程的结构—功能—效率优化和产品市场的合理定位。产业链延伸、企业间物质和能量的相互有效、有序利用也是未来钢厂的发展趋势。

工程设计必须克服传统的静态、局部的单体技术设计方法。工程设计不是孤立地选择新技术，而应该从动态—协同的总体目标出发，进行概念设计、顶层设计，使各单元技术形成一个动态—有序、连续—紧凑的工程整体集成效应，达到多目标优化。首钢京唐钢铁公司曹妃甸钢厂的设计体现了这种设计思想。

（10）现代钢厂功能拓展和循环经济。通过对钢厂生产流程动态运行物理本质的研究，揭示出钢厂应具有钢铁产品制造功能、能源高效转换功能和社会大宗废弃物消纳处理和再资源化等三项功能。从产品制造链、商品价值的演变出发，研究了节能、清洁生产和钢铁工业绿色制造问题，强调钢铁制造流程系统优化的重要性，指出钢厂环境问题的概念是要通过节能—清洁生产—绿色制造过程逐步实现环境友好。与此同时，讨论了钢厂生产流程过程中的节能、清洁生产问题和钢材及其制品的绿色度问题。最后展望了与钢铁企业有关的生态工业链和未来钢铁企业在循环经济社会中的角色[27]。

3. 学科研究方法特点

（1）应用耗散结构与自组织理论，建立钢铁制造流程中开放的、远离平衡、合理涨落和非线性相互作用的流程系统

将钢厂作为开放的、不可逆的、远离平衡的复杂系统，通过选择相关的异质的工序单元，进而构建工序单元之间的非线性相互作用和动态耦合，或者流程系统与单元工序之间的非线性相互作用，获得自组织性，并优化其自组织程度，形成不同类型的耗散结构。

（2）建立工程设计理念与运行理论体系

从开放系统的理论体系出发，以钢铁制造流程的整体论、层次论、耗散论为基础，进一步探索工程设计和工程运行的理论体系，包括如下的理论和方法：①结构论；②连续论；③动力论；④嵌入论；⑤协同论；⑥功能论；⑦决定论和随机论。

三、冶金流程工程学国内外发展比较

冶金流程工程学是由我国的科技专家研究、发展、提出的新学科，从微观尺度到宏观

尺度整体统一地研究，应用了普利高津学派发展起来的耗散结构和自组织理论来研究宏观尺度的问题。揭示了冶金流程动态运行的物理本质，提出钢厂要在此基础上设计并构建动态—有序、协同—连续的新一代钢铁制造流程。

为了研究、发展、提出并推广该分学科，出版了学术专著，逐步在大学中设立了相关的课程，建立了相关的学术梯队，开展了有关的学术交流活动，建立了术语体系，并在工程中逐步推广应用，指导了冶金工艺及流程的合理设置和安排。

（一）学术专著

（1）殷瑞钰,《冶金流程工程学》，2004 年（第一版），2009 年（第二版），北京：冶金工业出版社。

（2）Yin Ruiyu，*Metallurgical Process Engineering*，2011. Springer–Verlag，Berlin，Heidelberg，New York.（根据中文本第二版翻译出版）

（3）殷瑞钰,《冶金プロセス工学》，2012，黑崎播磨株式会社，北九州。（根据中文本第二版翻译出版）

（4）殷瑞钰,《冶金流程集成理论与方法》，2013 年，北京：冶金工业出版社。

（二）大学课程

（1）2001—2013 年：北京科技大学冶金工程专业硕士研究生选修课“钢铁制造流程多维物流管制”。

（2）2005—2013 年：北京科技大学冶金工程专业博士研究生选修课“冶金流程工程学”。

（3）2008—2013 年：北京科技大学冶金工程专业本科生必修课“冶金流程工程学”。

（4）其他高等学校硕士生、博士生选修课。

（5）在宝钢等大型钢铁联合企业和有关钢铁冶金设计院、规划院进行系列讲座或专题讲座。

（三）学术梯队

1. 钢铁研究总院先进钢铁流程及材料国家重点实验室

先进钢铁流程及材料国家重点实验室成立于 2005 年，是在科技部的领导下，整合钢铁研究总院基础研究和应用基础研究力量成立的国家级研发机构。重点实验室在原有工作的基础上，致力于当前国际先进钢铁制造流程和先进钢铁材料核心工艺技术的开发与研究，并积极探索技术整合、优化创新的应用基础研究工作新思路。重点实验室结合我国的资源、环境现状，瞄准我国钢铁工业发展的长期目标，重点确立了以下研究方向：接近平衡态的极限冶金基础研究；远离平衡态的凝固与组织控制；先进钢铁材料的理论和技术应用基础研究；钢铁制造流程基本功能与生态化应用基础研究。

2. 北京科技大学冶金工程与战略研究中心

北京科技大学冶金工程与战略研究中心成立于1994年。中心分别与宝钢、武钢、首钢等10多家钢铁企业合作，在钢铁制造流程解析与集成、新一代钢铁流程精准设计、钢厂用能优化以及钢铁厂生产过程的计算机调度方面开展了大量的理论和实践探索，所取得的成果不仅对各钢厂的实际生产起到了重要的指导和推动作用，并且从理论研究和实际应用两个方面为“冶金流程工程学”学科发展提供了支持。

目前学科梯队建设中主要问题为：

（1）钢铁冶金领域的研究人员对冶金流程工程学的认识不足，大部分人员习惯于传统的解析思维，缺乏在整体和宏观的学问上下功夫。人员分布目前主要集中在北京科技大学、钢铁研究总院及少量设计院。

（2）由于种种原因，目前本领域的研究主要由最开始创立本学科的院士领衔，后继者虽多，但还不足以担当领军人物的作用，应该创造条件，着力培养。

（四）学术交流和研讨

学术交流和研讨有力地推动了冶金流程工程学科的研究、发展及推广过程，其中特别是1999年召开以“钢铁制造流程的解析与集成”为主题的第125次香山科学会议，会议上专家从不同角度探讨了钢铁制造流程解析与集成的关键问题，通过对不同钢厂技术改造的成功与弊端分析，找出值得借鉴的经验教训，提出了21世纪我国钢铁企业技术和优化的途径。2009年9月又召开了香山科学会议第356次学术讨论会，会议的主题是“钢铁制造流程中能源转换机制和能量流网络构建的研究”，旨在引导中国钢铁界从钢厂3个功能作用充分发挥的视角，审视钢铁制造流程中铁素物质流和碳素能量流的行为规律，探索构建与铁素物质流在时—空上实现耦合匹配的碳素能量流网络，剖析钢铁制造流程进一步节能减排的潜力。

通过2009年和2011年召开的两次“冶金流程工程学”教学应用研讨会，从冶金教育的角度，提出了冶金流程工程学教育的有关问题。

（五）工程应用

（1）动态精准设计的理念和方法已为我国冶金设计技术人员所认识，设计工作思维方式的转变，在曹妃甸京唐钢铁厂工程等设计和建设工作中取得了优秀成果。（参阅本期学科发展报告之冶金厂设计分学科）

（2）冶金生产流程的物质流—能量流—信息流协调运行和物质流—能量流网络的耦合

控制理论已经和冶金热能工程窑炉热工和系统节能等方面的研究工作相结合，取得了明显的节能效果。（参阅本期学科发展报告之冶金热能工程分学科）

（3）层流式动态运行的生产模式已经在转炉炼钢—连铸作业线生产中实际体现，达到了降低能耗的实际效果。（参阅本期学科发展报告之炼钢专业）

（4）界面技术的实际应用。主要包括唐钢小方坯连铸—棒线材轧机生产线；京唐、沙钢、重钢、达钢等高炉—转炉之间的“多功能铁水罐”；迁钢钢水罐周转调控技术等。

四、冶金流程工程学国内发展趋势及展望

（1）冶金流程工程学的体系的进一步完善，即：①概念的定义和系统化；②理论框架的建立；③方法论；④若干数理模型的建立和求解。

（2）建立流程的动态仿真系统。

（3）在钢厂优化实际过程中，建立典型实例。

（4）教学与科普工作。

参 考 文 献

[1] Weber R A, et al. Secondary steelmaking in a high-output BOS shop [J]. Ironmaking & Steelmaking, 1981. 201-213.

[2] Klaus-Peter, Bernatzki, Dieter Fengler, et al. Disposition und Zeitwirtschaft im Stahlwerk Huckingen unter Einsatz Von Fuzzy-Technologie [J]. Stahl und Eisen, 114 (1994), Nr. 5, s89-95.

[3] 松永久，斋藤实ほか. 新日铁における“制钢—压延直结プロセス”の现状 [J]. 制铁研究 (Seitetsu Kenkyu), 第313号 (1984), 1-12.

[4] 殷瑞钰. 关于钢铁工业和钢厂结构优化的工程评价 [J]. 钢铁, No.3, 1993.

[5] 殷瑞钰. 冶金工序功能的演进和钢厂结构的优化 [J]. 金属学报, 1993, 29 (7), 289-315.

[6] 田乃媛，伊炳希. 全连铸工程中的若干数理问题 [C] // 第八届全国炼钢学术会议论文集. 攀枝花, 1994.

[7] 田乃媛，钱兵. 全连铸生产的物流管理之一 [J]. 炼钢, 1993 (5).

[8] 田乃媛，钱兵. 全连铸生产的物流管理之二 [J]. 炼钢, 1993 (5).

[9] 田乃媛，钱兵. 全连铸生产的物流管理之三 [J]. 炼钢, 1994 (4).

[10] 田乃媛，钱兵，黎志诚，等. 炼钢厂全连铸生产的物流 [J]. 北京科技大学学报 (增刊), 1994, 16: 21-24.

[11] 田乃媛，徐幸天. 全连铸生产计算机调度管理系统 [C] // 第五次全国连铸工作会议. 1995.

[12] 殷瑞钰. 钢铁制造过程的多维物质流控制系统 [J]. 金属学报, 1997, 33 (1), 29-38.

[13] 徐安军. 炼钢厂物流调控系统及其温度—时间流的解析与应用研究 [D]. 北京科技大学博士学位论文, 1996.

[14] 伊炳希. 全连铸生产智能调度系统 [D]. 北京科技大学博士学位论文, 1996.

[15] 殷瑞钰. 钢铁制造流程的本质、功能与钢厂未来发展模式 [J]. 中国科学E辑：技术科学, 2008, 38 (9): 1365-1377.

[16] 殷瑞钰. 哲学视野中的工程 [J]. 西安交通大学学报（社会科学版），2008, 28（1）：1-5.
[17] 殷瑞钰. 关于钢铁制造流程的研究 [J]. 金属学报，2007，43（11）：1121-1128.
[18] 殷瑞钰. 冶金流程集成理论与方法 [M]. 北京：冶金工业出版社，2013.
[19] Yin Ruiyu. The Issues on Continuation of the Production Process in Steel Plant [C] // In：Proceedings of the Eight Japan-China Symposium on Science and Technology of Iron and Steel. Chiba，Japan，1998，10-16.
[20] 殷瑞钰. 钢铁制造流程的解析与集成 [J]. 金属学报，2000，36（10）：1077-1084.
[21] 殷瑞钰. 关于薄板坯连铸 - 连轧问题的工程分析 [J]. 钢铁，1998，33（1）.
[22] 傅杰. 现代电炉炼钢理论与应用 [M]. 北京：冶金工业出版社，2009.
[23] 殷瑞钰. 工程设计创新研究（内部资料）. 2009.
[24] 彭其春. 连铸坯热送热装和 / 或直接轧制过程中的多维物质流管制 [D]. 北京科技大学博士学位论文，2002.
[25] 殷瑞钰. 论钢厂制造过程中能量流行为和能量流网络的构建 [J]. 钢铁，2010（4）.
[26] 殷瑞钰. 冶金流程工程学（第 2 版）[M]. 北京：冶金工业出版社，2009. 236.
[27] 殷瑞钰. 节能、清洁生产、绿色制造与钢铁工业的可持续发展 [J]. 钢铁，2002，37（8）：1-8.

撰稿人：徐安军　曲　英　贺东风

冶金厂设计发展研究

一、引言

冶金厂设计是以冶金工厂设计为对象，将冶金工程技术基础科学、技术科学、工程科学的研究成果集成应用并将其实现工程化的学科。

我国冶金厂设计体系在20世纪50年代由苏联引入，长期以来基本沿用苏联的设计方法。20世纪80年代以后，随着宝钢工程的设计建设，我国冶金厂设计又相继引入了日本和欧洲的设计方法，但仍属传统的“静态—分割”设计方法，即静态的半经验、半理论的设计方法。进入21世纪以后，我国冶金学家殷瑞钰院士创立了冶金流程工程学[1]，继而结合新一代钢铁制造流程的系统研究和首钢京唐钢铁厂工程的设计建设，提出了基于动态—精准设计体系的新一代冶金厂设计理论和方法[2-5]。冶金厂设计学科经历了50多年的发展，目前正在形成以冶金流程工程学、冶金流程集成理论与方法、工程哲学[6]等为基础的具有一定国际影响的学科分支。

近年来，在冶金流程工程学理论研究、冶金厂动态—精准设计研究等领域取得了具有创新性的研究成果，以冶金流程工程学为理论指导的冶金厂设计实践也取得了显著的应用成果。基于先进的冶金厂设计理论，由首钢国际工程公司总体设计，中冶京诚、中冶南方、中冶焦耐等多家工程技术公司共同参与设计的首钢京唐钢铁厂工程，已成为新一代可循环钢铁制造流程的示范工程。

二、冶金厂设计国内发展现状

（一）本学科的演化与发展历程

我国冶金厂设计的历史可以追溯到19世纪后期的洋务运动，其后经历了半封建、半殖民地时期，再到学习苏联时期和改革开放初期。从总体上讲，这一时期从国外引进并学习了通用的设计方法、步骤及其工具，但实际上仍处于一种缺乏现代设计理论体系支撑的状态，无论是流程制造业的设计还是离散型制造业的设计大体都是如此。

直到20世纪末期，我国钢铁工业的发展基本上是以产能扩张、基建投资为主。冶金工程的科研开发工作也侧重于局部领域的理论、材料或单体技术的研究，局限在细节技术、单元操作和单体工艺，较少从钢铁制造全流程优化的角度去分析研究问题。虽然取得了一定程度的发展，但不少优秀的研究成果不能“固化”于工艺、装备的升级换代上，不能稳定、有效地“融合”在钢铁厂生产流程之中，难于对钢铁工业或钢铁企业的整体结构优化产生根本性的推动作用，造成了我国一些钢铁厂追求产能扩张、低水平重复建设，存在整体流程结构混乱、能源消耗高、制造成本高、生产效率低、环境污染严重等诸多问题。究其深层次的原因，主要还是由于长期以来对钢铁厂生产流程的研究重视不够，在工程设计方面局限于单元工序，忽略工序间匹配优化和流程结构优化的整体协同效应。而在理论研究方面主要是建立在反应解析、过程解析的“三传一反”基础上，使得研究微观课题较多，注重追求单元工序或单一装置的强化，而缺乏从整体上研究钢铁制造流程的理念。实践证实，单元工序或装置的优化仅能解决钢铁厂生产过程中的局部问题，对全局和整体结构不能产生根本性的影响；而流程的优劣、合理与否则综合影响产品的成本、质量、生产效率、投资效益、过程排放与环境效益等技术经济指标，直接关系到企业的生存与发展。

改革开放之前，囿于我国当时的国情和钢铁工业粗放、简单的发展方式，我国冶金厂设计一直延续着苏联的设计理念和设计模式，即对不同工序装备的能力进行静态估算，加上工序之间的匹配连接，形成一种堆砌起来的、粗放的生产流程。其特点是只从单元工序的局部出发（即停留在本工序范围内提出静态要求，很少提出上、下游工序之间动态、有序、协调、集成运行方面的要求），分别预留出不同的富裕能力；各工序装备能力的“富裕系数”取决于设计人员（或不同工序用户）的主观需求而不同，而各工序之间的连接方式则是堆砌性的静态连接，缺乏动态运行的计算，采用这种设计方法构建出来的钢铁厂生产流程和工艺装备，在实际运行过程中则会出现前后工序的能力不匹配，功能不协调，信息不顺畅且难于调控。因此，这种“静态估算、简单堆砌”的设计理念和方法，缺乏构建钢铁厂物质流、能量流、信息流网络的理论和方法，未能形成整体流程的设计理念和方法，未有成熟的整体设计分析工具。传统的经验设计方法在当今的工程设计中仍还占据主导地位，由此带来的后果是工程设计和方法上难以有突破性的创新，只能是停留在传统设计方法的基础上进行有限的局部改进。采用传统的工程设计方法，难以真正实现钢铁厂的运行效率、产品质量、投资效益的最佳化；而且，往往是流程建成之时，即是技术改造之始。流程一旦建成以后，只能在不合理流程的基础上改进完善，许多问题甚至无法从根本上得到解决。

世纪之交，我国钢铁工业发展突飞猛进，钢铁产量连续多年保持全球第一，一大批新建或新技术改造的钢铁厂在新世纪之初相继投产。在钢铁产能规模扩张的同时，钢铁生产工艺技术装备水平也得到了大幅度提升，冶金工程创新取得了长足进步[7, 8]。冶金工艺技术装备大型化、现代化成为这一时期的显著特征，一批容积 $2500m^3$ 以上的大型高炉、容量 200t 以上的大型转炉、大型宽带钢热轧—冷轧生产线、面积 260m^2 以上的大型烧结机、炭化室高度 6.0m 以上大型焦炉等具有国际先进水平的冶金工艺技术装备相继建成投产。与此同时，一批新建的钢铁厂也纷纷建成投产，集成了烧结、焦化、炼铁、炼钢—连铸、热轧、冷轧、能源、环境等全流程工序，这些新建钢铁厂设计不仅在技术装备现代化、大型化方面成效显著，而且在工艺优化、流程设计、系统集成等方面也取得长足进步。

20 世纪 90 年代以后，我国冶金学家开始研究冶金厂流程结构及其运行规律[9, 10]，结合国内外钢铁工业发展趋势，对中国钢铁工业技术进步战略的判断、选择和有序推进做了大量工程技术和理论研究工作。在理论上提出并阐述了钢铁制造流程的多因子物质流控制、钢铁制造流程解析与集成[11-13]，钢铁厂结构优化和发展模式、钢铁工业与绿色制造等一系列观点；促进了一大批钢铁厂工艺流程结构的优化，有力推动了我国钢铁工业的持续快速发展。这一时期，冶金厂设计学科新的理论基础已经初步形成。

（二）本学科的发展现状

1. 本学科的总体进展

进入 21 世纪以后，在我国冶金工艺技术装备大型化、现代化的同时，冶金流程工程理论研究也取得重大突破。在冶金厂流程结构优化研究和多项冶金领域关键、共性、重大技术研究成果的基础上，创建了以整个钢铁制造全流程中物质流、能量流和信息流实现“动态—有序”“高效—协同”“连续—紧凑”运行为核心的冶金流程工程学。冶金流程工程学和冶金流程集成理论与方法已作为现代冶金厂设计学科的重要理论基础，成为指导和构建冶金厂流程设计、总图布置、工艺装备选择、流程结构优化的核心思想体系。

冶金流程工程学是建立在制造（生产）流程层次上的大尺度的整体集成性理论，是以物质和能量转换为基础的流程制造业中关于冶金制造流程中的工程科学和工程技术方面的学科，其研究的对象是一个开放的、非平衡的、不可逆的复杂流程体系。流程运行的要素是“流”“流程网络”和“程序”。钢铁制造流程是由性质不同的诸多工序所组成，是一种多因子的“物质流”按一定的“程序”在一个复杂网络结构（流程系统框架）中流动运行现象。

冶金流程工程学涉及冶金生产流程的解析—集成，生产制造过程中的多因子物质流控制，冶金生产流程中的运行动力学等方面的理论研究。冶金流程工程学还包括冶金流程设计的工程理论，冶金企业的结构与模式以及某些工业生态链方面的工程科学与工程技术问题。

目前，在冶金厂设计方面，我国已经具备了现代大型钢铁厂的流程设计、工艺设计、设备设计以及系统集成能力。然而我国钢铁工业正在经历从单纯追求数量到主要追求市场竞争力的过程，围绕工艺流程创新、产品开发、节能降耗、环境保护等领域提出的设计要求越来越高，同时在海外市场与国外大型设计公司的竞争日趋激烈，继续沿用传统的设计理念、理论和方法难以满足钢铁产业结构调整升级的需求，也难以在国际竞争中占有相对优势，这就需要从更高、更广阔的视野以及工程本质的研究上提出新的设计理论，从而提升整个行业的设计水平。

2. 本学科的研究进展与现状

（1）冶金厂工程设计兼具流程制造业与装备制造业双重属性。制造业分为流程制造业与装备制造业两大类，钢铁生产工艺过程的研究属流程制造业，而钢铁生产装备技术的研究则属于装备制造业。因此，新世纪钢铁厂工程设计理念和设计方法的运用有所侧重，针对钢铁生产工艺过程的研究主要是在冶金—材料学科基础科学和技术科学研究的基础上，运用工程科学的理论—冶金流程工程学分析解决问题；而针对钢铁生产装备技术的研究则主要是在满足钢铁生产工艺要求的前提下，运用现代设计方法分析解决问题。

（2）对钢铁厂工程设计的作用和意义有了新的认识，建立了新的工程理念和技术理念。工程设计是工程建设的灵魂，是对项目建设进行全过程的详细策划和表述项目建设意图的过程，是科学技术转化为生产力的关键环节，是体现技术和经济双重科学性的关键要素，是实现项目建设目标的决定性环节。没有现代化的设计，就没有现代化的建设。科学合理的工程设计，对加快工程项目的建设速度、提高工程建设质量、节约建设投资、保证项目顺利投产并取得较好的经济效益、社会效益和环境效益具有快定性作用。钢铁厂的竞争和创新表象上体现在产品和市场，其根源却来自于设计理念、设计过程和制造过程，工程设计正在成为市场竞争的始点，设计的竞争和创新关键在于工程复杂系统的多目标群优化[14]。

（3）新一代钢铁厂的功能已拓展为先进钢铁产品制造、高效能源转换和消纳废弃物并实现资源化的“三个功能”。钢铁厂钢铁产品制造功能是在尽可能减少资源和能源消耗的基础上，高效率地生产出成本低、质量好、排放少且能够满足用户需求不断变化的钢材，供给社会生产和居民生活消费。能源转换功能与钢铁制造功能相互协同耦合，即钢铁生产过程同时也伴随着能源转换过程。以高炉—转炉—热轧流程为代表的钢铁联合企业，其实质是冶金—化工过程，也可以视为是将煤炭通过钢铁冶金制造流程转换为可燃气、热能、电能、蒸汽甚至氢气或甲醇等能源介质的过程。废弃物消纳—处理和再资源化功能，即钢铁厂制造流程中的诸多工序、装备可以处理、消纳来自钢铁厂自身和社会的大宗废弃物、改善社会环境负荷，促进资源、能源的循环利用。

（4）钢铁厂工程设计实现了静态设计向动态—精准设计的转变。传统的工程设计方法，即采取静态的半经验、半理论的工程设计方法。动态—精准设计是从动态—协同运行的总体目标出发，对先进的技术单元进行判断、权衡、选择、再进行动态整合，把各有关的单元技术通过在流程网络化整合和程序化协同，使“物质流”“能量流”“信息流”的流动/流变过程在规定的时—空边界内动态—有序化运行，形成一个动态—有序，连续—紧凑的工程整体集成效应，达到多目标优化的目的。而现代工程设计方法是要运用冶金流程工程学动态—精准设计的理论开展钢铁厂工程设计创新工作，对于钢铁生产制造流程设计而言，运用冶金流程工程学理论尤为重要。冶金流程工程学的核心是通过研究钢铁制造流程的功能优化、结构优化、效率优化、耗散最小化，实现钢铁制造流程的有序化、协调化、高效化、连续化生产。其基本方法是采用工序功能集合的解析—优化、工序之间关系集合的协调—优化、流程工序集合的重构—优化的方法，开展钢铁厂工程设计创新工作。动态—精准设计方法是建立在动态—有序、协同—连续 / 准连续地描述物质 / 能量的合理转换和动态—有序、协同—连续 / 准连续运行的过程设计理论的基础上，并实现全流程物质 / 能量的动态—有序、协同—连续 / 准连续地运行过程中各种信息参量的设计；甚至进一步推进到计算机虚拟现实。其目的是提高钢铁厂的市场竞争能力，实现可持续发展。

（5）形成了对钢铁制造流程动态运行过程物理本质的新认识。钢铁制造流程动态—有序运行的基本要素是“流”“流程网络”和“程序”。其中“流”是制造流程运行过程中的物质性主体，“流程网络”同“节点”和“连接器”构成是“流”运行的承载体和时间—空间边界，而“程序”则是“流”的运行特征在信息形式上的反映。物质流（主要是铁素流）在能量流（主要是碳素流）的驱动和作用下，按照设定的“程序”，沿着“流程网络”作动态—有序的运行，实现钢铁厂“三个功能”的多目标群优化。

（6）重视钢铁生产流程中的界面技术。界面技术是指主体工序之间的衔接—匹配、协调—缓冲技术及相应的装置（装备）。主要体现在要实现生产过程物质流（应包括流量、成分、组织、形状等）、生产过程能量流、生产过程温度、生产过程时间等基本参数的衔接、匹配、协调、稳定等方面。界面技术在传统的冶金厂工程设计中一直被忽略，而从动态—精准设计的角度分析，界面技术则是优化钢铁生产流程、促进生产流程整体运行的稳定、协调和高效化、连续化的关键环节。对于高炉—转炉生产流程中，重要的界面技术包括：高炉—转炉区段的界面技术、炼钢炉—连铸机区段的界面技术和连铸机—热连轧机区段的界面技术。

（7）应用动态—精准设计理论、方法和先进设计手段，采用三维动态计算机辅助设计、模拟仿真技术、计划网络控制技术和有限元计算分析软件等现代设计方法，提高工程设计动态—精准设计程度。时间管理对于制造流程中多因子“物质流”运行的紧凑—连续性具有决定性的影响，在钢铁制造流程中，各工序、装置运行过程在时间上的协调至关重要。时间在钢铁制造流程中的表现形式是以时间点、时间域、时间位、时间序、时间节奏、时间周期等形式表现出来。解析时间的表现形式，要建立有效的钢铁厂信息调控系统。时间在钢铁制造流程中具有既是自变量又是目标函数的两重性，研究钢铁制造流程整体运行的本质和运行规律，使钢铁制造流程中物质流、能量流、信息流的实现协同优化，使其“层流”运行，减少“紊流”运行状态，从而提高钢铁制造流程的运行效率。

（8）冶金厂工程设计面临工程设计人员思维方式的转变，新一代冶金厂的设计将改变设计人员的设计理念和设计思维。长期以来，由于工程设计人员既受到传统教育模式的影响，又受到工作背景和经历的影响，一般工程设计人员对基础科学和技术科学知识积累较多，而对工程科学的理论研究相对不足，参加工作后又长时期从事钢铁生产制造流程某一生产工序的工程设计工作，习惯于从某一具体生产工序的角度考虑问题，其设计思路具有一定的局限性，很难从钢铁生产制造整个流程的全局高度去分析、解决本工序的工程设计问题。因此，开展新世纪钢铁厂工程设计创新工作，工程设计人员其思维方式的转变，思维层次的提高更具有战略意义，也是解决工程设计持续创新的关键。

3. 本学科发展的主要成绩

以中冶京诚、首钢国际工程公司为代表的冶金工程技术公司，从2006年开始，应用“新一代钢铁厂动态—精准设计理论与方法”进行现代化钢铁厂设计。通过对钢铁制造流程的工程科学问题的研究探索，对冶金厂设计理念、理论、方法提出了新的认识，并将创新研究成果应用于工程实践，推动了钢铁厂结构调整和流程优化，为钢铁企业节省了工程投资，为钢铁制造流程的整体调控和智能化高度集成提供了理论依据。与此同时，冶金关键单元技术和工程化集成技术得到重点突破，在关键、共性、重大技术领域取得一系列科技成果，对冶金厂设计学科理论与实践提供了有效的支撑。

首钢京唐、首钢迁钢、鞍钢鲅鱼圈钢铁厂都是近年来我国自主设计建设的国际一流的高效化钢铁厂，通过对首钢京唐、首钢迁钢、鞍钢鲅鱼圈等大型钢铁厂全流程高效快节奏生产工艺与质量控制技术集成的研究，探索了全流程高效快节奏生产工艺与运行规律、研究开发出各工序间的工艺衔接与界面匹配技术、炼钢—精炼—连铸—连轧高效快节奏运行模式、建立全流程信息化集成系统和大批量、低成本洁净钢生产体系与质量保证体系，并取得了重大科技成果。冶金关键单元技术和工程化技术集成主要在如下方面得到了突破。

（1）构建先进的工艺流程。按照冶金流程工程学理论，在解析各工序（单元）“功能—结构—效率”的基础上对钢铁生产全流程进行系统优化和集成，为构建新一代钢铁厂先进工艺流程探索了理论和积累了实践经验。

（2）建立集中—紧凑的生产布局。以“流”（物质流、能源流、信息流）为核心，建设最优化的“物质流、能源流、信息流”耦合的生产布局，实现物质—能量—时间—空间的相互协调，促进钢铁生产整体运行稳定、协调，实现高效化、集约化、连续化，为新一代钢铁厂集约化的“联合—集中”布局建立了示范。

（3）开发高效—短捷的界面技术。在高效化生产流程中生产过程日趋连续化，将炼铁、炼钢和轧钢三大单元工序有机地结合为一体，整体进行生产调度安排。为保证流程的连续性，采用“连续—紧凑”较刚性的连接减少系统缓冲环节，避免缓冲造成过多的时间延误和温度损失。在炼铁—炼钢界面采用“一罐到底”铁水运输工艺，减少铁水倒罐过程；在连铸—热轧界面采用连铸坯在线“热装热送”工艺，提高连铸坯热装温度，提高生产效率，实现节能减排。

（4）自主研发先进的大型工艺装备。科学合理的工艺技术装备大型化是钢铁工业技术发展的主导方向，也是提高生产效率、实现节能减排和降本增效的根本措施。以首钢京唐钢铁厂为代表，设计并采用了处理量2500万吨/年大型原料场，7.63m焦炉和260t/h大型干熄焦，400万吨/年球团带式焙烧机，500m^{2}烧结机，5500m^{3}高炉，“2+3”大型转炉“全三脱”冶炼工艺及多功能RH二次精炼装置，2150mm/1650mm双流板坯连铸机，

2250mm/1580mm 热连轧机组，以及 2230mm、1700mm、1420mm 冷连轧机组等国内外先进的大型冶金技术装备，使全流程的生产效率显著提高、生产运行成本明显降低，为新一代钢铁厂工艺技术装备大型化、高效化积累了经验。

（5）关键、共性单元工艺技术取得重点突破。近年来，我国成功开发了利用劣质煤生产高品质焦炭技术和低品质矿的综合利用技术；开发了大型高效、节能环保的烧结工艺技术，显著提高了烧结矿质量和生产效率；自主设计了具有国际先进水平的特大型高炉，掌握了实现特大型高炉冶炼稳定顺行的综合技术；设计开发了基于“全三脱”冶炼工艺的高效率、低成本洁净钢生产工艺流程和技术装备，实现了转炉炼钢高效化生产与无缺陷连铸坯高效连铸生产的耦合匹配；开发了高效、低成本的精准轧制技术，设计并应用了新一代高性能、高质量钢铁产品制造工艺；开发并应用了沿海钢铁厂大型海水淡化工艺技术；开发并应用了高效能源转换技术，利用冶金二次能源使钢铁厂自供电率达到 96% 以上；按照循环经济理念，建立了冶金资源、能源循环和绿色制造技术体系。

4. 本学科的实践探索与推广应用

目前，在冶金厂工程设计领域，我国已经具备了现代钢铁厂的流程设计、工艺设计、设备设计和系统集成能力，建立了新一代钢铁厂功能—结构—效率优化和系统集成、流—程序—网络的运行体系、高效紧凑的界面技术、动态精准设计、洁净钢生产平台等冶金厂设计学科的基础理论，通过首钢京唐、鞍钢鲅鱼圈、马钢新区、邯钢新区、重钢新区等重大项目的实践，使我国冶金厂设计的理论研究和实践得到了快速的发展。

首钢京唐钢铁厂将新一代可循环钢铁流程工艺技术所开发的各项重大单元技术成果进行系统集成，成为具有 21 世纪国际先进水平的钢铁厂，建成了新一代可循环钢铁流程的示范基地，实现了中国钢铁工业的新飞跃。在设计开发 5500m^3 特大型高炉无料钟炉顶设备[15]、1300℃高风温顶燃式热风炉[16]、特大型高炉煤气全干法除尘[17]、“2+3” 全三脱洁净钢生产平台[18, 19]、“一罐到底”的多功能铁水罐直接运输[20]等重大单元技术的基础上，通过工序功能—结构—效率的解析、优化和系统集成，构建了 2 座高炉、1 个炼钢厂、2 套热连轧机的流程结构，实现了全流程的精准匹配和动态协调。与国内外先进钢铁厂相比，系统运行效率显著提高。通过建立全厂生产指挥中心、能源管控中心，构建了全厂流—程序—网络运行系统[21, 22]。通过研究开发炼铁—炼钢界面标准轨距“一罐到底”多功能铁水直接运输技术[23]，将高炉与炼钢之间的距离缩短为 900m[24, 25]，减小铁水温降 30 ~ 50℃，使铁水进入 KR 脱硫站的平均温度达到 1387.5℃。由于取消了铁水倒罐站，取消了炼钢厂房铁水倒罐跨，减小炼钢厂房面积约 1150m^2，节约倒罐站设备及厂房投资 4000 万元以上，每年可减少烟尘排放约 4700t，减少岗位定员约 100 人，每年降低生产运行成本 6000 万元以上。自主研究开发了利用汽轮发电机低温、低压乏汽进行低温多效海水淡化新工艺，实现了“热—水—电三联产”，系统热效率提高到 82.23%。系统可以进行 3 种工况切换运行，充分利用不同品质的富裕蒸汽资源，减少蒸汽放散。设计并应用了 4 套单套产水量为 1.25 万吨 / 天的低温多效蒸馏技术的海水淡化装置，每年可替代淡水资源1750万吨，为社会制碱厂提供浓盐水约1000万吨，减少了浓盐水的直接外排，实现了资源的循环利用。其中，2套日产水量1.25万吨/天的低温多效海水淡化装置的2套装机容量25MW前置发电机组，每年发电3.5×10^{8}kW·h，减少外购电量。采用上述先进工艺技术，每年可创造经济效益约9800万元，社会效益和环境效益显著。构建了大型转炉"2+3"洁净钢生产平台，与常规的复吹工艺相比，通过提高基元反应效率，建成以铁水"全三脱"少渣冶炼为工艺特色的洁净钢生产新流程，实现钢材洁净度提高一倍，硫、磷、氢、氮、氧杂质元素总含量可降低到70×10^{-6}以下，炼钢石灰消耗量降低到25kg/t，炼钢渣量减少到50kg/t，转炉生产效率提高一倍，与传统转炉生产普通钢相比，吨钢生产成本降低39.6元。研究并采用新一代钢铁厂精准设计和流程动态优化技术，通过建立动态—有序运行的理论框架和物理模型及仿真模型，对钢铁厂各工序（系统）从原燃料的消耗、产能匹配、各项工艺参数的确定、能源动力的消耗到能源设施的布局、工序之间的衔接等进行了深入的解析研究，在温度、物质的成分品位、运行节奏、能源的输入和输出等方面均进行了精准的计算和优化配置。通过运用精准设计理论，构建了首钢京唐钢铁厂动态有序、连续紧凑、精准协调的生产运行体系。实践表明，从高炉出铁进入炼钢厂脱硫、脱硅—脱磷、脱碳；炉外精炼、连铸；到热轧工序形成热轧产品，通过对全过程的运行节奏、温度调节、成分控制、作业组织进行动态、精准的优化，可将整个时间目标控制在400min以内。

5. 本学科近期所取得的科技成果

随着动态精准设计体系的创建和实践应用，进入新世纪以后，我国一批新建和技术改造的钢铁厂工程设计取得了较好的成效。首钢京唐钢铁厂工程技术创新、首钢迁钢新建板材工程工艺技术装备自主集成创新、重钢新区钢铁制造流程优化与创新等项目均获得了省部级科学技术进步一等奖。据不完全统计，近年来，我国主要冶金工程技术公司取得省部级科学技术进步奖30余项[26–28]。2008年以来，首钢京唐1号5500m^{3}高炉工程设计、马钢股份公司"十一五"技术改造和结构调整500万吨/年钢铁联合工程设计、宝钢集团上海浦东钢铁厂有限公司搬迁工程宽厚板轧机工程设计等20余项工程设计获得了全国优秀工程设计奖。以中冶京诚、中冶赛迪、中冶南方、首钢国际工程公司4家具有综合甲级设计资质的工程技术公司为例，2009—2012年共申请专利2481项，CNKI检索科技论文299篇，获得冶金科学技术奖33项。

三、冶金厂设计国内外发展比较

1. 国外冶金厂设计研究的发展现状

（1）国外先进的设计企业具有核心的技术产品。国外从事冶金厂设计的企业大多都是工程公司，都拥有核心设计技术和相关装备核心制造技术能力，其设计思想以工艺装备的形式体现。目前，世界上具有完整冶金设备生产线制造能力的工程技术公司主要集中在欧洲，具有代表性的冶金工程技术公司包括德国西马克—德玛克公司集团公司（SMS）、德国西门子奥钢联集团公司（Siemens-VAI）和意大利达涅利集团公司（Danieli）。达涅利的研究报告显示，全球50%以上的市场份额由上述3家冶金设备公司所控制（其中，意大利达涅利占15%、德国西门子奥钢联占18%、德国SMS占18%），且三大公司均在欧洲。除此之外，日本新日铁住金、JFE等冶金工程技术公司也占据了9%的全球市场份额。

（2）国外先进的设计企业能够满足钢铁企业对设备可靠性和稳定性的第一要求[29, 30]，借助先进的信息化技术和装备制造技术，将工艺、技术、设备、自动化控制等多种要素集成为一个整体，形成自主技术或产品，在市场竞争中具有较强的优势。

（3）国外先进的冶金工程设计企业具有完备的计算机硬件平台，计算机三维仿真设计基本达到普及阶段，新型冶金装备的设计开发采用现代计算机信息化技术，通过数值模拟仿真技术手段，以“数字化样机”开发为基础进行新产品的开发研制，同时具有完备的对装备（产品）测试手段、产品中试试验条件和产品工业化试验条件，具有企业的研发中心和工程技术中心等坚实的研发基础。

（4）国外大学、研究机构、冶金企业在研究开发方面各有分工，在设计理论研究方面以高等院校为依托，大学和设计企业结合紧密，运用先进的设计理论和设计方法，使设计水平得到持续提升。

2. 我国冶金厂设计与国外先进水平的比较

（1）我国冶金厂设计企业的优势在于现代特大规模钢铁联合企业的设计和建设，以及将新产品、工艺、装备技术为一体的集成创新[31-33]。这是因为工程是在特定自然和社会条件下，由诸多基本经济要素和技术集成系统组合—集成在一起的系统。其中，技术集成系统体现着相关的、但功能又不同的异质技术群通过动态—有序的集成所形成的特定结构和动态运行的特征。而且这一特定的技术集成系统必须要与特定的自然、社会条件下诸多经济基本要素（如资源、土地、资本、劳动力、市场、环境等）互相协同作用，并通过构建和运行，形成工程系统，并使之产生特定的、预期的功能和价值。如果所选则的技术不能恰当地、有效地“嵌入”到工程系统中去，不仅会降低该技术本身的功能与效率，往往也会影响工程系统的功能、结构和效率。所以，我国在冶金厂工程设计领域，特别是钢铁厂整体设计以及全流程动态运行的实践经验和认识更为丰富，在冶金厂动态—精准设计理论和设计方法研究方面我国目前正处于积极探索之中，国际文献中并未检索到冶金流程工程研究的相关报道[34-36]。

（2）冶金厂动态—精准设计理论和方法已在一些新建钢铁厂设计和老厂技术改造过程中得到应用或验证。基于循环经济理念设计的新一代可循环钢铁工艺流程在首钢京唐等新世纪钢铁厂中得到成功应用；鞍钢鲅鱼圈钢铁厂、重钢新区钢铁厂、邯钢新区钢铁厂、马钢技术改造等工程设计也都借鉴或应用了冶金厂动态—精准设计理念和方法，取得了很好的实践应用效果。

（3）近期我国在现代冶金厂的功能解析与集成研究领域具有突出成就，在国际上率先提出了基于洁净钢制造流程的设计理论和设计体系。但在设计模型、设计工具和信息技术应用等方面与国际先进水平，如日本、欧洲等发达国家相比仍存在较大差距。尽管我国采用的绘图软件和分析软件绝大部分都是引进国外最先进的工具软件，但从行业认可、市场推广、设计人员使用情况来看，目前设计人员仍普遍采用二维绘图工具，仅在少量工程中采用三维设计，这与国外普遍采用三维设计具有较大的差距，而且兼顾设备设计和工厂设计并适合冶金工程的三维设计软件都很不完善。在钢铁制造流程动态仿真设计方面与国外相比也差距较大，欧洲阿赛洛—米塔尔公司通过二次开发，对冶金过程的生产运行系统实现了流程仿真，在炼钢、二次冶金、连铸等主要工序基本实现了三维动态仿真运行。目前国内还处于研发阶段，中冶京诚、北京科技大学、中冶赛迪、首钢国际工程公司等单位投入了很大的力量正在从事这方面的开发研究工作。在基于时间管理和计划网络控制技术的动态设计软件开发应用、冶金厂三维仿真设计等领域，我国与国际先进水平仍存在较大差距[37，38]。

（4）尽管我国冶金厂工程设计近年来取得突出成就，运用动态—精准设计体系设计建成了首钢京唐钢铁厂等新一代钢铁厂，但仍缺少普遍推广应用的成果，传统的“静态—分割设计”体系仍在沿用，总体上与国际先进水平仍有差距。

四、冶金厂设计国内发展趋势及展望

1. 未来 5 年应重点研究的方向及展望

（1）未来 5 年，提高我国冶金厂工程设计创新能力的总体战略思路是：以冶金流程工程学和动态—精准设计理论和方法为核心，构建我国冶金厂工程设计创新理念、理论及设计方法的完整体系。重视顶层设计和需求引导，结合我国新建或改建的冶金厂工程建设项目，以实施冶金厂工程设计创新理念、理论及设计方法工程化技术集成创新为载体，结合冶金厂生产过程的动态运行，完善新一代钢铁制造流程，全面提升我国冶金厂工程设计创新能力，以此带动我国钢铁制造流程实现全面转型，转变我国冶金厂经济发展增长方式，提高我国冶金厂的市场竞争力和可持续发展能力。

（2）今后一个时期，应着力建立和完善现代冶金厂的“三个功能”，构建现代冶金厂的设计目标是：满足市场需求，提高企业核心竞争力和可持续发展能力，建设资源节约型、环境友好型冶金厂，大力发展循环经济，实现与社会和生态环境的和谐发展。

（3）建立新一代钢铁厂工程设计建设的基本目标是：建立高效率、低成本、稳定生产洁净钢的生产体系；高效率、低排放的能源转换体系和余热余能回收利用系统以及大宗社会废弃物的处理—消纳—再资源化系统。

（4）以实现流程动态—有序运行的动态—精准设计设计方法为工具，设计的新一代钢铁厂钢铁制造流程应具有如下主要特征：流程高效化、生产集约化、工艺现代化、装备大型化、产品洁净化、资源循环化、环境友好化、效益最佳化并且与社会和生态环境和谐发展。体现在新一代冶金厂应具有高质量、高效率、低成本、清洁化的生产运行体系。

通过努力继续保持现有的学科理论探索优势，在总体上缩小在信息化技术应用开发，特别是在三维动态仿真设计等领域的差距，力争有 1 ~ 2 项研究成果达到国际前沿水平。

2. 发展对策与建议

（1）建立冶金厂设计理论、方法创新的联合研究中心。以工程技术公司（设计院）、科研院所、高等院校等为依托，构建国家级或行业级我国钢铁厂工程设计创新理念、理论及设计方法研究中心。以实施工程设计理论创新重大专项为载体，力争在较短时期内构建和完善以冶金流程工程学和动态—精准设计理念、理论为核心的我国冶金厂工程设计创新理念、理论及设计方法的完整体系，并不断培养具有工程设计创新能力的工程技术人员，为企业输送人才，使我国冶金厂工程设计创新理念、理论及设计方法的研究走到世界前列。

（2）推广应用以三维动态仿真设计为核心的动态—精准设计方法，包括信息化工具开发和冶金厂三维工程设计等，推进冶金工程设计创新平台的建设。以我国综合型冶金工程技术公司为依托，构建国家级或行业级我国冶金工程设计理念、理论及设计方法工程化应用研究中心，将动态—精准设计方法真正结合我国新建或改建钢铁厂工程建设项目推广应用。以实施工程设计理论工程化集成创新重大专项为载体，验证冶金工程设计创新理念、理论及设计方法的应用效果，通过工程化应用不断完善工程设计创新理念、理论及设计方法，并通过生产实际应用构建新一代可循环钢铁制造流程，转变我国钢铁工业经济发展方式，提高我国钢铁厂的市场竞争力和可持续发展能力，推动我国由钢铁大国转变为钢铁强国。

（3）国家在政策上、研发经费上支持工程冶金工程设计企业的创新与发展。通过冶金厂工程设计创新理念、理论及设计方法和工程化应用研究平台建设，构建我国以政府为主导、市场为导向、企业为主体、“产、学、研、用”有机结合的冶金厂工程设计创新体系。逐步理顺我国高校、设计院、科研院所、冶金企业在冶金工程设计中的地位和相互关系，发挥各方所长，形成我国冶金厂工程设计创新的整体优势，使我国冶金厂工程设计技术创新体系建设步入世界先进前列。

（4）推进加强对工程设计标准规范的管理，提高到国际化水平。国家相关部门要加强对工程设计标准规范的管理，提高到国际化水平，国家相关部门对工程勘察、设计标准规范，包括强制性标准条文实施统一的动态管理，并在网站发布，加强标准规范及时性、有效性管理。制定标准规范是一项跨部门、跨行业、跨领域的综合性工作。国家有关部门可以委托中国钢铁工业协会、中国金属学会对现行标准规范开展梳理，指导新兴技术领域的标准规范的制定。对重复、矛盾和不利于新技术应用的标准规范，应予以修订或编制新标准规范，并应征求勘察、设计、施工、生产单位的意见和建议，使新标准规范明确、统一、便于实施。国家相关部门要制定明确的规范更新周期，适应社会经济技术发展，并且具有一定相对稳定性。应适当延长新旧标准规范的更替期，便于工程项目的设计建设，同时也为工程设计人员学习、消化和掌握新的标准规范留有比较充足的时间。

建议国家相关部门组织开展国内标准规范与国际标准规范的接轨工作，开展外文版标准规范的编制和出版工作。加强、理顺标准规范的宣传和贯彻，责成有关行业协会统一举办标准规范的宣贯讲座，搭建制定（修订）标准规范的专家与设计人员沟通的平台，以加强对标准规范的理解和贯彻。

（5）政府有关部门应研究现行的人才激励政策，支持创新型设计人才培养成长。建议国家在政策、税收、研发经费、课题资助等方面应加大对从事工程设计企业的支持力度。由国家搭建工程设计企业的科技成果转化平台，鼓励国内用户优先采用国产核心设备，并进行适当补贴或税收减免，加速落后产品、产能的淘汰，积极促进国产设备的升级改造。限制核心设备的大量进口，加收核心设备进口附加税，以减轻对国内相关技术发展的冲击；在招投标活动中，注重企业科技创新能力，以此提升工程设计科技创新内涵，充分调动冶金厂设计企业在科技创新方面的积极性和创新动力。

参考文献

[1] 殷瑞钰. 冶金流程工程学（第 2 版）[M]. 北京：冶金工业出版社，2009：274-350.

[2] 殷瑞钰，汪应洛，李伯聪. 工程演化论 [M]. 北京：高等教育出版社，2011.

[3] 殷瑞钰. 高效率、低成本洁净钢“制造平台”集成技术及其运行 [J]. 钢铁，2012，47（1）：1-8.

[4] 殷瑞钰. 关于新一代钢铁制造流程的命题 [J]. 上海金属，2006，28（4）：1-5，13.

[5] 何巍，张福明. 冶金工程设计理念的创新与实践 [M]. 北京：冶金工业出版社，2010.

[6] 殷瑞钰，汪应洛，李伯聪. 工程哲学 [M]. 北京：高等教育出版社，2007.

[7] 殷瑞钰. 中国钢铁工业的崛起与技术进步 [M]. 北京：冶金工业出版社，2004.

[8] 中国金属学会，中国钢铁工业协会. 2006—2020 年中国钢铁工业科学与技术发展指南 [M]. 北京：冶金工业出版社，2006.

[9] 殷瑞钰. 冶金工序功能的演进和钢厂结构的优化 [J]. 金属学报，1993，29（7）：289-315.

[10] 殷瑞钰. 钢铁制造流程的多维物流控制系统 [J]. 金属学报，1997，33（1）：1-5.

[11] 田乃媛. 钢铁制造流程多维物流管制研究的进展 [J]. 钢铁研究，2002，30（5）：1-4.

[12] 刘青，田乃媛，殷瑞钰. 炼钢厂的运行控制 [J]. 钢铁，2003，38（9）：14-18.

[13] 刘茂林，田乃媛，徐安军. 高炉—转炉区段物流过程解析 [J]. 北京科技大学学报，2000，22（1）：8-11.

[14] 李喜先，等. 工程系统论 [M]. 北京：科学出版社，2007.

[15] 张福明，钱世崇，张建，等. 首钢京唐 5500m³ 高炉采用的新技术 [J]. 钢铁，2011，46（2）：12-17.

[16] 张福明，梅丛华，银光宇，等. 首钢京唐 5500m³ 高炉 BSK 顶燃式热风炉设计研究 [J]. 中国冶金，2012，22（3）：27-32.

[17] 张福明. 大型高炉煤气干式布袋除尘技术研究 [J]. 炼铁，2011，30（1）：1-5.

[18] 殷瑞钰. 关于高效率、低成本洁净钢平台的讨论 [J]. 中国冶金，2010，20（10）：1-10.

[19] 张福明，崔幸超，张德国，等. 首钢京唐炼钢厂新一代工艺流程与应用实践 [J]. 炼钢，2012，28（2）：1-6.

[20] 李湘臣，田乃媛. 铁水包功能综合化的边界条件及实施的可行性分析 [J]. 钢铁研究，2006，34（3）：51-53.

[21] 张春霞，殷瑞钰，秦松，等. 循环经济社会中的中国钢厂[J]. 钢铁，2011，46(7)：1-6.
[22] 顾里云. 首钢京唐钢铁公司能源管控系统建设的理论与实践[J]. 冶金自动化，2011，35(3)：24-28.
[23] 邱剑，田乃媛. 首钢炼铁—炼钢界面模式的研究[J]. 钢铁，2004，39(4)：74-78.
[24] 张福明，钱世崇，殷瑞钰. 钢铁厂流程结构优化与高炉大型化[J]. 钢铁，2012，47(7)：1-9.
[25] 尚国普，向春涛，范明浩. 首钢京唐钢铁厂总图运输系统的创新及应用[J]. 中国冶金，2012，22(8)：1-6.
[26]《中国钢铁工业年鉴》编辑委员会. 中国钢铁工业年鉴(2010)[M]. 北京：中国钢铁工业年鉴编辑部，2010.
[27]《中国钢铁工业年鉴》编辑委员会. 中国钢铁工业年鉴(2011)[M]. 北京：中国钢铁工业年鉴编辑部，2011.
[28]《中国钢铁工业年鉴》编辑委员会. 中国钢铁工业年鉴(2012)[M]. 北京：中国钢铁工业年鉴编辑部，2012.
[29] 郭鸿发，等. 冶金工程设计(第1册 设计基础)[M]. 北京：冶金工业出版社，2006.
[30] 袁熙志. 冶金工艺工程设计[M]. 北京：冶金工业出版社，2003.
[31] 殷瑞钰. 中国钢铁工业的成就、命题和发展[J]. 冶金管理，2003，(5)：4-11.
[32] 徐匡迪. 20世纪——钢铁冶金从技艺走向工程科学[J]. 上海金属，2002，24(1)：1-10.
[33] 殷瑞钰. 节能、清洁生产、绿色制造与钢铁工业的可持续发展[J]. 钢铁，2002，37(8)：1-8.
[34] Takashi Miwa Development of Ironmaking Technologies in Japan [J]. Journal of Iron and Steel Research International，2009，16(S2)：14-19.
[35] Tatsuro Ariyama，Shigeru Ueda. Current Technology and Future Aspect on CO_2 Mitigation in Japanese Steel Industry [J]. Journal of Iron and Steel Research International，2009，16(S2)：55-62.
[36] Masayuki Kawamoto. Recent Development of Steelmaking Process in Sumitomo Metals [C] // In：The 2nd International Symposium on Clean Steel (ISCS2011). Shenyang，China，2011.
[37] Toshiyuki Ueki，Kiyohito Fujiwara，Noriaki Yamada，et al. High Productivity Operation Technology of Wakayama steelmaking Shop [C] // The 10th China-Japan Symposuim on Science and Technology of Iron and Steel. Chiba，Japan，2004：116-123.
[38] Ogawa Yuji，Yano Masataka，Kitamura Shinya，et al. Development of the continuous dephosphorization and decarburization process using BOF [J]. Tetsu-to-Hagane，2001，87(1)：21-28.

撰稿人：张福明　颉建新　周颂明　李传民

ABSTRACTS IN ENGLISH

Comprehensive Report

Report on Metallurgical Engineering and Technology

I. Introduction

Metallurgical Process Engineering Science is an important discipline among all engineering technology disciplines, which is the foundation and guarantee for boosting the development of metallurgical industry. Especially since the worldwide financial crisis in 2008, new development of metallurgical engineering technology discipline has become the most important driving force for the Chinese steel industry to overcome the difficulties, optimize the structure, put energy conservation and consumption reduction into practice, and achieve sustained and steady development together with other segments of the Chinese national economy.

Steel is one of materials with the most innovative potential and sustainable development in the 21st Century. Steel is such a kind of material product required by machinery industry, energy industry, chemical industry, transportation industry, construction industry, aviation and aerospace industry, defense industry and other industries. With the emergence of new technologies, new equipment and new processes of metallurgy industry and promotion and application of theories and practices of metallurgical engineering process science, iron and steel products will develop towards being cleaner and higher performance so as to achieve efficient use of resources and energy, environmental protection and green development and sustainable development of steel industry.

In recent years, China's Metallurgical Engineering Science has developed rapidly, especially metallurgy process optimization, product development and metallurgical equipment manufacturing have made great progress in terms of theory and engineering technology. Some research fruits have reached world-class level or advanced level. Talent cultivation also develops in synergy. China has become one of R & D powers in the global steel metallurgy industry.

Steel-related metallurgical engineering technology is herein described, whereas non-ferrous metallurgy is not herein included. According to new situations of industrial development and academic development, sub-disciplines of metallurgical physical chemistry, metallurgical reaction engineering, iron and steel metallurgy (ironmaking and steelmaking), rolling, metallurgical machinery and automatization are retained in 2013' Special Report on Metallurgical Process Engineering Science. At the same time, raw materials and processing of metallurgy, metallurgical thermal engineering, new contents related to metallurgical process engineering science and designs of metallurgical plants in other sub-disciplines are added in 2013' Special Report on Metallurgical Process Engineering Science.

II. The Latest Research Advancements of Metallurgical Process Engineering Science in the Past Four Years

The Chinese researchers put forward some innovative theories, perspectives and application results with respect to the fundamental scientific research for metallurgical engineering technology, such as: ① The Chinese researchers make descriptions for alumino-silicate melt structure, calculate oxygen ions of such structure, set up new models for forecasting viscosity and conductivity of complex slag systems, and establish quantitative relationship between conductivity and viscosity; ② In the field of metallurgical reaction kinetics, Gas-solid Phase Reaction Kinetics Model is proposed. High-temperature oxidation kinetics forecast for description materials (such as magnesia carbon brick and AlN) of such model and the like are universal; ③ Molten salt electrolysis is combined with carbon thermal reduction so as to improve preparation techniques for titanium and alloys effectively; ④ High-concentration ion media of alkali metal under sub-molten salt state is proposed for the disposal of vanadium slag, which can improve the recycling rate of vanadium. Vanadium and chromium can be extracted simultaneously.

In terms of metallurgical technology, importance is attached to technological development and application research for standalone processes, standalone devices and standalone technologies, and more emphasis is placed on technology research and development of system integration and cross-disciplinary integration. Various new techniques and new equipment of beneficiation are comprehensively utilized to upgrade the low comprehensive utilization level which features low grade and great difficulty in beneficiation in China. Self-developed innovative technologies are applied in large-sized and medium-sized blast furnaces which witness new advancements in terms of high blast temperature and long service life. New progress is made for large scale, automatization and intelligentization of metallurgical equipment. Efficient, low-cost and clean BOF steel production system concepts and technologies are proposed. New-generation TMCP Technology, independently developed by China, has come up to the international advanced level. The applications of modern equipment and automatization control technology in wide range of steel products in large quantity generally improve overall performance of steel (i.e., cleanliness, uniformity, quality stability, strength and toughness). The development of key high-quality special steel varieties basically meets the development needs of emerging industries. Systematic energy conservation theory and energy flow network optimization technology are applied to push forward "Three Dry and Three Utilizations (Dry Quenching of Coke, Dry Dedusting of Blast Furnace Gas and Dry Dedusting of Converter Gas; Comprehensive Utilization of Water, Utilization of Secondary Energy (represented by byproduct gases) and Utilization of Solid Waste (represented by blast furnace slag and converter slag))" and other key generic technologies. In China, comprehensive energy consumption per ton of steel, fresh water consumption per ton of steel and comprehensive emission level of pollutants have dropped significantly.

In the current 21st Century, metallurgical thermal engineering spearheads to launch the research for Industrial Ecology in the industrial sector, puts forward that "source control" is permanent cure and "end-of-pipe treatment" is temporary solution, and demands that the requirements of environmental protection must be met at all aspects from product design, supply of raw materials and fuels, product manufacturing, product usage to recycling after the end of product life.

In recent years, metallurgical engineering technology innovations have continuously harvest new fruits, among which the most important advancements in the perfect integration of theory and production technology are demonstrated at the following three aspects:

1. Metallurgical Process Engineering Theories are further improved, and Metallurgical Process Engineering Science is formed

In 1993, YIN Ruiyu (Academician of the Chinese Academy of Engineering) brought forward "Metallurgical Process Engineering Science". He published the monograph entitled *Metallurgical Process Engineering Science* in 2004 and published the English version of this monograph in 2011. Afterwards, he publishes another monograph entitled *Metallurgical Process Integration Theory and Methodology* in 2013. As important works independently authored by this Chinese scientist with respect to metallurgical process engineering science theory, both of such monographs help understanding, research and analysis for material flow and energy flow in steel production process and "Function—Structure—Efficiency" involved in circulation process from the perspective of engineering science, put forward a number of new concepts, new methods and new theories, and form a new systematic metallurgical process engineering science framework. The issues of Energy conservation, Clean Production and Green Manufacturing of Steel Industry are investigated. And it is proposed that environmental problems of steel plants should be solved through energy conservation, clean production and green manufacturing in order to achieve environmental friendliness step by step. The eco-industrial chain of steel industry and the role of steel industry in the future recycling economy and society are highly expected.

New-generation steel manufacturing processes embody three functions (i.e., manufacturing of steel products, efficient use and conversion of energy and society-wide waste digestion), and efficiently integrate the advanced industry-wide technologies at home and abroad. Energy conservation and emission reduction are achieved thanks to the innovative Technologies of Desulfurization, Desilicication and Dephosphorylation, Rapid RH Vacuum Refining, High-speed Continuous Casting and Efficient Rolling, and these high-efficient, low-cost and clean steel production technologies help the quality of Made-in-China products to achieve world-class level.

"New-generation Steel Manufacturing Process" is essentially a proposition involved with process engineering and technological integration and optimization. Research fruits and epitomized applications of Metallurgical Process Engineering Science are exemplified by design, construction and post-commissioning operation of new-generation large-scale production processes in Jingtang Iron and Steel, Chongqing Iron and Steel and other steel plants, as well as local optimization and transformation of original steel production processes in Jiangsu Shagang Group, Tangshan Iron and Steel, etc.

Design theories and methods of Dynamics-Precision for new-generation steel plants bring forth new cognition of design concepts, theories and methods for metallurgical plants. The up-to-date research results are applied in engineering practice, which push forward structural adjustment and optimization of steel plants, save project investments for steel plants, and achieve production intensification, process modernization, upsizing of equipment, control informatization, clean product, resource recycling, environmental friendliness, efficiency optimization and harmonious development of the whole society.

2. Upgrading of steel products and accelerated optimization of product mix witness significant achievements

Low-cost and efficient converter clean steel production system technology, new-generation TMCP technology, fine-grained steel rolling theory and new technologies of improved organizational control and phase transition control are applied, which are self-developed by China and effectively give impetus to the upgrading of steel products.

Firstly, favorable results are obtained in upgrading and quality stability control of wide range of products in large quantity. For example, deformed steel bar (≥ 400MPa and ≥ 500MPa) account for 55%, anti-seismic reinforcement bar, high-strength rigid line, refractory weather-proof steel plate, H-shaped steel, corrosion-resistant steel plate for shipbuilding, large-scale cryogenic pressure vessel plate for liquefied natural gas (LNG), high-strength steel plate for automobile (700-

1, 500MPa), top-quality surface plate for automobile, thin-gauge galvanized anti-fingerprint aluminum plate for household appliances, heavy-gauge pipeline steel (X80) and other varieties of steel materials witness the high quality which is close to or up to the international advanced level.

Great breakthroughs are made in the development of key varieties, which basically meet the development needs of emerging industries. For example, in the field of high-quality special steel, heat-resistant and high pressure-resistant pipe (600℃) for ultra-supercritical thermal power units in electric power industry, high-performance stainless steel for nuclear power generating units, alloy steel pipe, corrosion-resistant alloy U-shaped pipe relied on imports in the past, which can be self-sufficient in China. High-grade oriented silicon steel (HiB), produced with low-temperature process, sees iron loss of less than 0.80 W/kg, which has been successfully tailored to the manufacturing of large-sized transformer (500kV) . Series 400 Ferritic Stainless Steel and duplex stainless steel enjoy the world-class physical quality, which have been widely used. Such stainless steels not only meet the domestic needs, but also march towards the foreign markets. Seamless pipes with various strength grades and special fasteners are used in the oil development.

3. Great progress is made for independent design and manufacturing of large-scale, automatized and intelligentized metallurgical equipment in China

The automatization and intelligentization of superlarge-sized blast furnace ($5000m^3$) and supporting large coke furnace, sintering machine and pelletizing equipment, independently developed by China, have come up to the international advanced level. Self-developed 200-ton electric furnace set equipment, the world's largest cross-section round billet continuous casting machine, superlarge-sized square/rectangular continuous casting machine, super-thick slab caster, 400-ton mining vehicles, large-sized die forging equipment, wide strip continuously rolling units(below 2000mm)and medium-thickness plate production units(below 4000mm) are fully localized. Localization of cold rolling mill forges ahead from single stand to continuous rolling mil; from general-coldness plate mill to automobile plate mill, tin plate mill, stainless steel plate mill and silicon steel plate mill; and from medially-wide strip mill to wide strip mill.

"Research and Development of Specially-thin Strip Steel High-speed Acid Rolling Process and Outfit" , "Low-temperature High-magnetic Induction Oriented Silicon Manufacturing Technology Development and Industrialization" and "Advanced High-Strength Thin Strip Steel Manufacturing Technology and Industrialization" , independently developed by Baosteel, win China Metallurgical Science and Technology Award (Special Award) of 2011, 2012 and 2013, respectively. Difficulties of Cold Continuous Rolling Wide Strip Mill, Manufacturing of Highly-

Oriented Silicon Steel Sheet and High-Strength Thin Gauge Cold-Rolled Plate Equipment, Automatized and Intelligentized Control Equipment Technology are solved, while other new processes and technologies are innovated and developed.

The above three major research advancements and achievements not only represent the main development directions of metallurgical engineering technology in recent years, but also drive comprehensive technical progress in metallurgical raw materials and pre-processing, metallurgical reaction engineering, steel metallurgy, rolling and other sub-disciplines. For example, high air temperature of blast furnace, long service life blast furnace, high-temperature high-pressure CDQ, BOF steelmaking with little slag, superlarge-sized blast furnace, converter dry dedusting, vacuum refining of mechanical vacuum pump system, electric furnace clustering oxygen lance, top-bottom composite smelting and electromagnetism metallurgy in the field of steel metallurgy sub-discipline; new-generation TMCP and thin slab casting-semi-endless rolling in the field of rolling sub-discipline and many other technological achievements of independent innovation quickly reach the world-class advanced level or leading level, which make contributions to the structural optimization of China's steel industry.

Advancements of Metallurgical Process Engineering Science are also embodied by the appraisal events of Metallurgical Science and Technology Progress Award and Youth Metallurgical Science and Technology Award of the Chinese Society for Metals and the like. During 2010-2013, China Metallurgical Science and Technology Award (Special Award) is grandly presented for three research fruits, and a total of 306 research fruits have won the first prize, the second prize and the third prize of Metallurgical Science and Technology Progress Award. During 2010-2012, 25 research fruits won National Invention Award and National Science and Technology Progress Award, while three scientists won Science and Technology Award for Chinese Youth and two scientists won Guanghua Engineering Science and Technology Award. In 2010 and 2012, Youth Metallurgical Science, Technology Award of the Chinese Society for Metals was conferred to 26 young scientists. Moreover, 36 young scientists also won honorary title of "Advanced Young Scientific and Technical Worker of Metallurgy Industry".

Metallurgical enterprises, research institutes and universities attach importance to upgrading of independent innovation capability, which not only place priority on introduction, digestion, absorption and re-innovation of foreign patents and proprietary technologies, but also pay more attention to development and declaration of self-developed patented technologies, as well as popularization and application of innovative approaches.

Talent cultivation mechanism witness new progress. Key professional colleges and universities of metallurgical engineering technology science have launched Phase III of Project 211, Project

985 and construction of "Excellent Science Innovation Platform" . Enterprises, universities and research institutes made great progress in the establishment of national engineering technology centers and national engineering laboratories.

III. Comparison for Research Progress of Metallurgical Engineering Technology Science at Home and Abroad

China's metallurgical engineering technology science reaches the international advanced level on the whole, and some disciplines even play a leading role in the world. For example, the most prominent achievement—Metallurgical Process Engineering Science is such as theory originated by Chinese scientist. Thanks to the great development of metallurgical process engineering theory in recent years, new-generation steel manufacturing processes achieve the industrialization, while two new elements of other sub-disciplines of Metallurgical Process Engineering Science are incubated, i.e., Metallurgical Process Engineering Science and Design of Metallurgical Plants. Such two new research contents and outcomes are not only gradually included in teaching materials of metallurgy-specific universities in China, but also turn into new contents and new criteria of metallurgical design, which reach the international advanced level in terms of theory and practical application.

Metallurgical melt thermodynamics and physical property model: China is continuously in the forefront in the world. The molten salt is combined with carbon thermal reduction to improve titanium and alloy preparation technology. Clean production of chromium salt with sub-molten salt method, comprehensive utilization of vanadium slag, treatment of laterite chromium ore and other researches and applications keep international advanced level. However, there are wide gaps in the research for metallurgical thermodynamics and kinetics experiments compared with the international advanced level.

Metallurgical reaction engineering: The latest achievements of computational fluid dynamics are fully employed, which are applied in numerical simulation of fluid flow in metallurgical reactor. Development of numerical simulation optimization technology for superlarge steel ingot solidification process witnesses remarkable advancements. However, in the campaigns for high efficiency, energy saving, emission reduction and recycling, theoretical research for processes and research for production processes are poorly integrated.

Open pit mining processes and transportation technologies: China continues to represent the international advanced level. Beneficiation processes witness continuous innovations in China, which mark international advanced level (and even globally-leading level in some segments) .

Particularly breakthroughs have been made in the development of efficient beneficiation equipment and beneficiation flotation reagents. However, in the field of cutting mining technology tailored to the rocks with high intensity, large-scale mining, continuous production and equipment modernization have been achieved abroad. By contrast, China is still at the stage of research and development. Research and development of intelligentized mines orient to hydraulics, synergy and automatization in foreign countries, whereas China has just started in this regard.

Metallurgical thermal engineering: Industrial furnace thermal engineering theory and control technology are applied in energy-efficient heating furnace so that the level of equipment, thermal efficiency and computer control reach the international advanced level. But there is still a gap in waste heat and surplus energy recycling of steel production process compared with that in foreign countries. Fundamental theoretical research lags behind, while energy system analysis methods and evaluation indicators are imperfect.

Ironmaking and steel metallurgy: Blast furnace gas dry dedusting technology and equipment, coupled with TRT power generation, harvest wonderful fruits in terms of energy conservation and pollution reduction, which are favorably popularized. Efficiency and longevity technology of blast furnace and high air-temperature technology of blast furnace have reached international advanced level. However, some blast furnace fuels are still dwarfed by high fuel ratio, low level of equipment, less investment in environmental protection, poor environmental governance and other problems. Sensible heat of slag is basically not recycled.

In the iron and steel metallurgy steelmaking: High-efficiency and low-cost converter clean steel production technology, with the Chinese characteristics, has reached the international advanced level. Control technology for non-metallic inclusions in steel, thin slab casting and rolling technology, constant casting speed technology for conventional slab, steelmaking process system simulation and optimization technology achieve world-class level. However, research and development of electric furnace steelmaking still tail after the peers in the foreign countries. Original innovations are unavailable in terms of solidification process theory and continuous casting technology.

Rolling discipline: Theory, development and practical application of new-generation TMCP technology play a leading role in the world. Thin slab semi-endless rolling technology keeps globally-advanced level. High-efficiency and low-cost clean steel production technology and fine-grain steel rolling theory and process control technology are widely applied. Upgrading of wide range of products in large quantity and development of some key varieties embody international advanced level. However, endless slab rolling technology has been commercially applied in foreign countries, which is still at research and development stage in China. There are still gaps in accurate forecasting for structure properties of steel materials and flexible rolling compared with those in foreign countries. Interdisciplinary integration is insufficient, and innovative capacity falls short of demand in China.

Metallurgical machinery and automatization: Online monitoring methods and systems for surface defects of plates and strips reach the international advanced level. Large-scale metallurgical equipment integration and innovation represent international advanced level in terms of large scale and intelligentization. However, ultra wide strip hot-cold rolling mill units, thin slab casting and rolling units and other equipment rely on imports from foreign countries. Awareness of intellectual property rights declaration for research and development of metallurgical equipment and technology is not strong. There are no metallurgical equipment brands, while self-initiated innovation is insufficient. In terms of metallurgical automatization, it is urgently needed to launch research and development of data-driven and knowledge-driven intelligent control software for production process. In terms of production management and energy management and control, research and development of integrated business model, dynamic scheduling, intelligent optimization and other technologies are required.

IV. Development Trends and Outlook of Metallurgical Engineering Technology Science

1. With outlook on the development trends of metallurgical engineering technology at home and abroad, Key Development Trends and Focuses of Metallurgical Engineering Technology are specified as follows:

(1) Green Development of steel industry. Steel is one of materials with the most innovative potential and sustainable development in the 21st Century. Green Development of Steel Metallurgy not only will support the rapid development of China's national economy and meet the people's upgraded consumer demand, but also will play an important role in boosting Green Development of the Chinese economy.

Green Development of steel enterprises and metallurgical enterprises must implement "Two Transformations", namely, 1) Development mode: transformation from extensive development mode with simple pursuit for quantitative expansion to scientific development mode with focus on energy conservation, clean production and low-carbon development; and 2) Corporate function: transformation from simple steel products manufacturers to ecological steel enterprises engaged in product manufacturing, energy conversion and society-wide waste digestion.

Steel enterprises should attach importance to environmental operations. As for product development, it is necessary to attach importance to the development of energy-saving and environment-friendly new functional materials, but also pay attention to the improvement on quality and quality stability. It is necessary to attach importance to energy conservation and emission reduction of products on their own, but also emphasize energy conservation and emission reduction effect of new products in other industries. It is necessary to organically integrate design, procurement, production, transportation, marketing, product recycling and utilization, etc. The adverse impacts on the environment should be minimized.

(2) It is necessary to perfectly combine metallurgical process engineering science with design, production and operation of metallurgical plants. With Design Philosophy of Dynamics-Precision, it is necessary to set up innovative theories and innovative design approaches for design of metallurgical plants in China. In other words, it is necessary to focus on applications in the construction of new metallurgical plants, and pay more attention to transforming the existing plants and giving guidance for applications in the routine production.

(3) It is necessary to emphasize new opportunities and challenges brought by the rapid development of information science and cloud computing to metallurgical engineering and Metallurgical Process Engineering Science, give full play to the role of interdisciplinary disciplines which link up Information Science and Metallurgical Process Engineering Science, integrate strengths and promote each other, and push metallurgical engineering and Metallurgical Process Engineering Science to a new peak.

(4) It is necessary to attaches great importance to exploitation and utilization of resources, especially exploitation and utilization of low-grade refractory intergrown ore, manganese ore and nickel ore and rational use of steel scrap resources.

(5) It is necessary to pay close attention to research highlights and emphases in various fields of international Metallurgical Process Engineering Science. Financial and material resources should be invested so as to increase the inputs for key development projects, support strong teams, and strive to achieve rapid development and make breakthroughs at focused directions.

(6) It is necessary to strengthen the innovation support system for the relevant industries and disciplines, including policy support system, technical service system, investment and financing service system, legal service (intellectual property rights) system, talent training and incentive system, etc. It is necessary to strengthen collaborative innovation capacity building among enterprises, universities, research institutes and users with enterprises as the mainstay, and enhance the integrated competitiveness of metallurgical industry and metallurgical enterprises.

2. According to development trends and outlook of metallurgical engineering technology science, the following tasks should be fulfilled with great efforts:

(1) It is necessary to upgrade independent innovation capabilities of metallurgical industry and relevant disciplines, and improve the construction of industry-wide scientific and technological innovation support system.

(2) It is necessary to spread and popularize next-generation steel manufacturing process technology knowledge, set good examples of ecological civilization construction among steel plants, and promote the key generic technologies.

(3) It is necessary to eliminate backward production capacity in accordance with the new national environmental protection standards and the new requirements for energy saving and emission reduction, and launch research, development and promotion for new technologies, new equipment and new processes dedicated to energy saving and emission reduction.

(4) It is necessary to exert greater scientific exploration efforts for iron ore, manganese ore and coal resources in China, and improve the level of comprehensive resource utilization.

(5) It is necessary to give more support for basic theoretic research of relevant disciplines, especially supports for discipline forelands, key critical fields and comprehensive research of relevant disciplines, and strive to make breakthroughs as soon as possible.

(6) It is necessary to strengthen the cultivation, training and incentives for leading talents and of science and technology backbone talents, advocate innovative approaches and innovative culture, encourage the debates among different academic insights, and foster the tolerant academic atmosphere.

Written by Hong Jibi, Su Tiansen, Zhong Zengyong, Li Wenxiu

Reports on Special Topics

Development of Physical Chemistry of Metallurgy

The main originative–theoretical and application progress and achievements in the branch of physical chemistry of metallurgy of China in recent five years include the following aspects. 1) The new generation of the geometric model of solution received widespread application. Proposed the structure of alumino–silicate melts, calculated the concentration of oxygen ions in the melts, and developed a novel model for prediction of electrical conductivity of these complex systems. 2) Experimental studies indicated that the model for prediction of oxidation kinetics of nonmetallic materials by Chinese scientists possesses a universal feature in a certain extent, and will be able to play an instructive role in developing and selecting new non–organic and nonmetallic materials. 3) A combination of electrolysis in molten salt with carbothermic reduction, effectively improved the technology of titanium and titanium–alloy preparations. 4) Made new achievements in technological design and related fundamental in green processes, such as in the productions of alumina, chromic salts, and the treatments of titanium–rich slag.

The branch of physical chemistry of metallurgy in China developed in recent five years faster and covers wide areas. The academic communications are active, and the aging structure of researchers in the team now has reached reasonable. Comparing with the same branch in the world developed countries, our modeling study on the thermodynamic and physical properties of melts still maintains in the frontier line, the research and application of sub–molten salt method in clearly producing chromic salt, utilizing titanium rich slag, and treating laterite ore are in the advanced level in the world. However, there is still a lack in world–leading and influential scientists in the branch of physical chemistry of metallurgy in China. We also feel a distance existing to the world frontier level in the fields of experimental studies of thermodynamics and kinetics of metallurgy, as well as in application of "the soft science in metallurgy" to process simulation and optimization. We have noticed a lack of significant originalities existing in our research.

The following research directions should be emphasized in the future work: the physical chemistry of metallurgy corresponding to refining of clean and alloying steel; the searching the routes with high efficiency for comprehensive utilization of multi–metallic ores with complex chemical composition and low grade; application of electrical chemistry methods to metal extraction and alloy preparation; process simulation and process optimization with the computation using "the soft science of metallurgy" . We suggests: 1) giving strong support to teams with superiority and in key research directions; 2) encouraging international cooperation and collaborations; 3) to facilitate the process for the young scientists becoming leading persons in their scientific and technological fields.

Written by Zhang Jiayun, Yan Baijun

Development of Metallurgical Reaction Engineering

Discipline of metallurgical reaction engineering focuses on transfer of momentum, heat, and mass inside a metallurgical reactor and their effects on the reaction rates. From 2010 to 2012, three conferences of metallurgical reaction engineering have been held in Guizhou University, Northeastern University, and Hebei United University, respectively. For each conference, more than one hundred representatives attended and more than 110 academic papers have been received, during which many new achievements in the fields of metallurgical reaction engineering in our country were fully reflected.

Domestic metallurgical reaction engineering discipline get great achievements, shown as the follows: absorbing the latest knowledge in the field of computational fluid dynamics and applying those to the fluid flow numerical simulation in metallurgical reactor; optimization of the solidification process of liquid steel, especially of large ingot, based on latest numerical simulation methods; development of clean metallurgical technologies and to design new resources-energy-saving reactors; and more researches toward much larger or smaller scales are being carried out.

The key points in further developments of metallurgical reaction engineering which are recommended to be strengthened are: practical research of technology model in metallurgical process; applied basic research for metallurgical process optimization and control; study on engineering enlargement theory and technology; measurement and calculation of kinetic parameters in metallurgical transfer system.

The development of metallurgical industry in Europe, America, Japan and other developed countries is near stable, even stagnated or significantly reduced. Correspondingly, the development on metallurgical reaction engineering tends to be stagnated in those countries.

It suggests that: special fund and topic research on metallurgical reaction engineering discipline should be established; to encourage the combination of industries, universities, and research institutes to develop the research of metallurgical reaction engineering; to make metallurgical reaction engineering as required courses for metallurgical graduate students in the related universities; to establish the second order subcommittee of China Society of Metals –Metallurgical Reaction Engineering Branch.

Written by Li Shiqi, Zhu Miaoyong, Zhang Yanling

Development of Mining and Mineral Processing Engineering

In recent years, with the development of the steel industry, iron ore demand is constantly increasing, and the ore–body that are previously considered to be not explored or difficult to recover have been started to explore, including such refractory ore–bodies as thick deposits below quaternary period (including sand layer), deep underground deposits, residual ore–body in mined–out area, soft or broken ores (rocks), hematite, limonite, siderite, micro–fine iron ore and low–grade manganese etc. In this regard, a series of researches on mining engineering and mineral processing have been conducted. In mining engineering field, the theories and technologies, consisting of three–stage mining theory, realm boundary determining, the transition layer forming and parameters, the transition time and the measures to make production stable and the safety control, are proposed for the transition from open pit to underground mining. For complex and refractory ore–body, the environment reconstructing theory and the safety mining process comprehensively considering each complex factor are put forward. Also, processes in high efficient mining and energy saving have been gained. In mineral processing engineering, a breakthrough in beneficiation of hematite, limonite, siderite, micro–fine iron ore, low grade manganese has been made, which makes the mineral processing discipline be the world's advanced level. Different beneficiation process is generated for different types of ores. And the distinctive and efficient beneficiation equipment with energy saving and efficiency increasing have been developed. The development of flotation reagents and its application have been broken through; And significant progresses on the total automatic control process in beneficiation production have been achieved.

With the industry growing, groups of talents have been trained, and the number of doctors, masters and undergraduate are dramatically increased. A series of key projects for complex and refractory ores have been driving numbers of personnel improving rapidly and a number of international-level research achievements gained. Therefore, both the quantity and quality of personnel training have been significantly improved. Young academic backbones are growing up fastly, the academic team made up of the elder, the medium and the young has been formed, and the echelon structure is becoming more reasonable.

In the next five years, the mining engineering will be investigated from aspects of the remote mining equipment and technology, the regional centralized mining technology, the deep hoisting and transportation technology, the intensive and efficient mining, transport and equipment for extra-deep open pit, key process and equipment research of large capacity continuous filling with mine tailings, the rock-cutting machines and the rock cutting technology, the high concentration curing safely-spiled technology with tailing and so on. The mineral processing engineering mainly focuses on the development and improvement of the high efficient beneficiation techniques specially for the mineral resources in China, research of the serialized and large efficient and energy-saving beneficiation equipment, the development of low toxic (non-toxic) beneficiation reagents, the beneficiation automation control and information management technology of the plant, and the totally comprehensive utilization of tailings resources.

Written by Wang Yunmin, Xie Jianguo, Huang Lifu, Zhou Guanghua

Development of Metallurgical Thermal Engineering

Abstract: Based on original metallurgical furnace discipline, metallurgical thermal engineering discipline started to form and develop in the deepening process of metallurgical industry energy conservation step by step. It has a history over 60 years. On the background of metallurgical industry, metallurgical thermal engineering serves the significant demand for the national, industrial and local construction. It also focuses on interdisciplinary and grasps the frontier, setting a unique identity in similar disciplines. The characteristics of the discipline are like pyrological theory of Industrial furnaces, systems energy conservation for process industry, energy flow network optimization and metallurgical industrial ecology, etc. Its academic status is always in the forefront of the domestic and foreign counterparts. In recent years, metallurgical thermal engineering has obtained many important achievements and breakthroughs in subject construction, scientific research, academic exchanges and personnel training, making an important contribution to energy conservation and sustainable economic development of China's iron and steel industry. ① It develops and improves pyrological theory of industrial furnaces, develops High Temperature Air Combustion method and regenerative flame furnace technology, designs and builds a number of energy-efficient furnaces successfully, with furnace equipment and control ranking the international advanced level. ② It proposes the concept of "energy carrier" and creates systems energy conservation theory as a long-term energy-saving guidelines of metallurgical industry, which has made outstanding contributions to the energy conservation of China's iron and steel industry. ③ It puts forwards the concepts of energy flow and energy flow network and carries out the energy flow and energy flow network mathematical model, energy flow forecasting, optimization, buffer and control research work, which has made rapid progress. Since the "Eleventh Five-Year", systems energy conservation with efficient recovery, conversion, and cascade utilization of waste heat, as well as the collaborative innovation of material and energy flow as the main feature of China's large and medium-sized iron and steel enterprises developed, giving birth to a new round of energy conservation theory and technology, with simultaneously developing energy, economic and environmental benefits, such as route with one open ladle from BF to BOF, hot delivery and hot charge, dry de-dusting, heat recovery for electricity generation, etc. ④ With the raising concept of "environmental mountain" and basic research to realize China's industrial ecology, it has found that changes in steel production have a major impact on resource efficiency and environmental impact, confirmed the critical value of the annual rate of decline of the environmental impact in the process of economic growth and exported the decoupling condition with economic growth, making great contributions to energy conservation and industrial ecology of China's iron and steel industry.

The report summarizes the energy conservation course in recent 30 years of China's iron and steel industry and reveals the variation of the energy consumption per ton of crude steel, the potential energy conservation, and the gap between domestic and abroad, China's energy consumption per ton of crude steel is 6.2%-13.5% higher than the advanced steel producing countries. It points out that potential energy conservation on condition of unequilibrium and dissipative states and the collaborative innovation of material and energy flows are the modern proposition to achieve overall optimization of steel manufacturing processes. Also the report decomposes the state, existing problems, and contrast between domestic and abroad of metallurgical thermal engineering, as well as future trends and prospects. At last, it points out that the future directions of the next five years are coupling optimization of material flow, energy flow and information flow, recovery and reuse of waste heat, construction of energy management system and study of energy consumption evaluation indices system, etc., which promoting the overall optimization of steel manufacturing process.

Written by Cai Jiuju, Wang Li, Sun Wenqiang, Zhang Xinxin

Development of Iron and Steel Metallurgy—Iron Making

In recent years, iron making technology advances and equipment levels have been improved significantly. The technological advances in iron making raw materials are: sintering process system theory, the use of low-quality iron ore technology, intelligent sinter control systems; large-scale pellet equipment, hematite oxide pellet production technology, roasting production technology, etc.; tamping coke production technology, new methods of the high reactivity coke, coal briquette coking technology; the technological advances in blast furnace are: blast furnace charging equipment in China and burden distribution control technology, blast furnace gas dry dust, blast furnace longevity technology, high blast temperature technology, oxygen pulverized coal injection technology, blast furnace operation integrated technology, expert systems and monitoring technology, low temperature metallurgy technology theory and applications; in iron environmental protection, China's key steel enterprises iron making process in reducing energy consumption and pollutant emission reduction achieved such good results; For other iron making processes such as direct reduction and smelting reduction iron making technology are also in deepen research.

China's steel enterprises belong to the extensive development mode generally. The main problems are: a serious shortage of resources and energy, corporate restricted by foreign monopoly, disorder caused by the development of advanced and backward multi-level co-exist. Development Strategies for the iron discipline: the use of new technology to further improve the quality of coke, ore-depth study of the situation of increasingly depleted agglomeration technology, vigorously promote high air temperature and oxygen enrichment technology, further realization of environmentally friendly and stable production of blast furnace low carbon iron, in-depth study of blast furnace longevity technology and oxy blast furnace iron making technology, improving the level of blast furnace operation, deepen understanding of the concept of blast furnace operation, vigorously develop new techniques and new technology.

Written by Zhang Jianliang, Yang Tianjun, Wang Xiaoliu,
Sha Yongzhi, Feng Gensheng, Liu Zhengjian, Jiao Kexin

Development of Iron and Steel Metallurgy—Steelmaking

The steelmaking technology in China developed very fast in recent years and has reached almost the same level as that in USA, developed European countries, etc. The key technologies which rapidly developed include mechanical stirring typed hot metal desulfurization pretreatment, DeP + DeC BOF steelmaking technology, slag remaining+double slag BOF steelmaking technology, highly automatic control of BOF steelmaking, RH vacuum degassing, constant casting speed CC, high speed slab CC, heavy reduction in slab CC, fast and "laminar flow" typed steelmaking-refining-CC production technology, refining and casting technology for extra low oxygen special steels, high efficiency and energy saving EAF steelmaking technology, etc.

Development of the steelmaking technology in future will focus on further enhancing the production efficiency, lowering the production cost, improving product quality and strengthening environment protection, such as: (1) Develop higher efficient processing technologies, for instance, do not use LF refining to produce HSLA steels, use final solidification reduction in continuous casting for producing thick plates, etc. (2) Low cast and mass production of clean steels. There will be remarkable increase in ratios of KR desulfurization pretreatment, RH vacuum degassing, etc. (3) Reuse the steelmaking slab, such as the slag remaining + double slag BOG steelmaking technology, secondary refining slag recycling, etc. (4) Widely using IT technologies, like the automatic controls of steelmaking, refining and casting, intelligent production scheduling and control system, intelligent slab quality control system, etc. (5) Stable and finely control of whole steelmaking production line, including high level operation control, narrow composition control, number, shape and property control of the non-metallic inclusions, etc. (6) Tight control of environment pollution, like dry de-dusting technology for BOF steelmaking, control and de-dusting of whole source of dust in steelmaking shops, noise control, etc.

The main gap to the steelmaking technology leading countries of Japan and Korea is: (1) Originally innovated important technologies are less. (2) Lack of academic leaders with large academic influences. (3) Internationalization degree is still low.

Written by Wang Xinhua

Development of Rolling Science

The present report highlights the latest research progress of rolling theories and technologies in our country in the last three years, including: 3D thermal mechanical coupled numerical simulation in the whole rolling process, combined with multi-field and multi-scale simulation analysis; predictive analysis of residual stress for high strength steel; flatness control theory based on the full process monitoring and control technology; metal flow and deformation analysis during perforation and rolling process for steel tube; rolling theory and technology of fine grain steel; TMCP technology based on the ultra-rapid cooling process; deformation, phase transformation and microstructure control theory; microstructure and properties prediction models, monitoring and control technology; theory, technology and the industrial trials progress of the third-generation automotive steels; nano particles precipitation theory, and nano TiC precipitation control in titanium micro-alloyed steel; the key technology and application of nano precipitation hardening 600 MPa-700 MPa (yield strength) ultra-high strength steel; semi-endless rolling technology; process, production development, microstructure and property control of thin slab casting and rolling; thin strip casting technology; flatness indication and control technology; slit rolling technology; clean rolling and life cycle of rolling products study and so on.

In addition, it has been introduced briefly the theory and technology of rolling platform construction, improvement of academic teams, as well as the domestic and international academic exchange activities in our country during the last three years. Finally, the key research direction of rolling discipline has been prospected for the next five years, and meanwhile the relevant proposals and measures have been put forward.

Written by Kang Yonglin

Development of Metallurgical Machinery and Automation—Metallurgical Machinery

The metallurgical machinery is the means and carrier to realize the process, which are also the manufacturing tools and quality guarantee conditions of the product. Actually, the change and development of the metallurgical process are the main driving force for the progress of the metallurgical machinery technology. Meanwhile, the technical progress of metallurgical machinery sometimes might also trigger and promote the technical progress of the metallurgical process and product. In fact, sometimes, a new process technology might be kept in a state of "pilot production" or even "concept" due to the lagged research and development of the equipment. The research and development ability of the metallurgical equipment reflects the overall level of the sub-disciplines of the metallurgical machinery and automation, as well as the technological level and development potential of the industry-wide metallurgical equipment and process.

The subjective report on the metallurgical machinery discipline will focus on the introductions to the latest progress achieved by the discipline in the aspects of the new theories, new methods, and major project's integrated innovation in the recent three or four years, as well as the development trend and prospect of the discipline.

In the recent three or four years, the latest progress of the new theories, new methods and new technologies obtained in the field of metallurgical machinery in China is generalized and embodied in the new machine model & shape control theory and method, on-line monitoring method and system for plate & strip surface defect, material thermal simulation method and performance detection technology, wireless sensor network technology, controlled cooling equipment technology for hot rolled steel, metallurgical machinery design method and technology, metallurgical machinery manufacturing method and technology, and so on seven aspects; with solid and obvious progress achieved, the theoretical level and scientific & technological research level on the metallurgical machinery in China has generally closed to the world's advanced level and China has reached the international advanced level in individual fields so that the gap between China and the world's most advanced level has been significantly narrowed down.

After years of effort, the equipment technical level of the iron and steel industry in China has been substantially improved and the overall technology level over the metallurgical equipment of the backbone enterprises has entered the world's advanced ranks, as well as has realized the significant transformation from the situation focusing on introduction in the past to the independent development at the moment. The independent innovation over the large-scale metallurgical equipment dominated by the industry has practically promoted the modernization and self-development process of the metallurgical equipment in our country. The self-reliant design, manufacture and integration of the Chinese metallurgical equipment have also obtained great achievements. Actually, the independent integration capability of the Chinese metallurgical technical equipment has been greatly enhanced and the localization rate of the equipment has been significantly increased.

In recent years, the key points of the overseas study over the metallurgical machinery technology have been focused on the energy-saving and intelligent process equipment, method and technology for product quality on-line detection and quality control.

At present, the mainstream trend of the metallurgical equipment is upsizing, intelligence, greenization and humanization of the equipment. The key core technology required to be researched and developed in the next few years includes: product quality on-line monitoring technology, performance prediction method quality diagnosis technology, new near-net-shape roll casting technology, strip rapid heating and cooling equipment technology, hot continuous rolling unit electric hydraulic coupling vibration suppression and system decoupling dynamic design method and technology, and cold continuous rolling unit stable high-speed rolling technology.

The development of the China's iron and steel industry might be slowed down and it might enter into a new phase of development, actually, it will be forced to adjust the industrial structure and development mode so as to promote the large iron and steel industry to grow stronger. Definitely, it will require the further improvement for the equipment level of the China's iron and steel industry, especially the self-development capacity and application level of the China's metallurgical machinery and automation equipment, as well as the "intelligence, numerical control and greenization" of the metallurgical equipment to support the transformation and rejuvenation of the China's iron and steel industry.

Written by Zhang Qingdong, Yin Zhongjun, Qin Qin, Wu Diping, Li Hongbo, Zhang Xiaofeng, Cao Jianguo, Yan Xiaoqiang, Liu Guoyong, Yang Haibo, Yang Jianhong, Li Min

Development of Metallurgical Machinery and Automation — Metallurgical Automation

Metallurgical automation is an application subject, it is focused on technology research of process model and optimization control, mass flow and energy flow plan and scheduling, enterprise management information for steel works.

In recent years, great metallurgical automation technology progresses have been achieved in China's metallurgical industry. The report summaries the progresses in the following three fields:

(1) In the field of process control, the main progresses are .intelligent closed control system of sinter machine, blast furnace expert system based on operation platform, fully automation steelmaking converter control system, electric arc furnace energy optimization, key process models and control technology for hot rolling and cold rolling.

(2) In the field of production management, the manufacturing executive system (MES) promotes the production planning and scheduling, mass flow tracking, product quality management and equipment predictive maintenance. The energy management center have been used for energy centered monitor, balance scheduling and dynamic management.

(3) In the field of enterprise management information, various computer management systems, such as ERP、CRM and SCM, have been applied to meet the customer demands and control cost. Advanced technologies such as data mining are used for decision support of process technology optimization and product quality improvement.

The report compares the gap between domestic and abroad. Though some advanced process model and production management technologies have been mastered, there are many research works to be done, such as in the field of new product development simulation and fully processes optimization.

The report points out some future research directions of metallurgical automation, including onsite continuous instrumentation and monitoring, key variables advanced closed control, fully process simulation, intelligent manufacturing and real time management, mass flow and energy flow cooperation, and business intelligence.

Written by Sun Yanguang, Yan Xiaoqiang

Development of Metallurgical Manufacturing Process Engineering

Steel manufacturing process is a complex, non-equilibrium and open system, containing heating-up, smelting, refining, solidification, reheating, phase change and plastic deformation. In order to investigate and study the functions, structure and efficiency of the manufacturing process, one must first of all have a theoretical understanding of the process. The macroscopic physical theory—Prigogine's theory of the dissipative structure and self-organization in non-equilibrium systems and Haken's theory about the synergetic was applied as the key to interpretation of the physical essence of the metallurgical process engineering. The initial understanding today is that the manufacturing process as a "multi-factor flow" moves in a dynamic and orderly fashion and according to certain program within a complex net structure composed of various procedures and inter-procedural connectors, to realize certain groups of objectives. These following topics were studied:

Analysis and integration of the steel manufacturing process.

Basic variables and derivative parameters for steel manufacturing process.

Time factor in manufacturing process.

Control of tap-to-tap time of modern EAF process.

Concerning interface techniques.

Operation dynamics of production processes.

Dynamic mechanism and operation rules of process running.

Coupling control theory of mass flow and energy flow in steel manufacturing process.

Dynamic design theory for steel plant.

Function extension of steel plants and circular economy society.

With these investigation and studies the methodology and philosophy of resolving complex integrated problems of greater dimensions and higher levels that are of extreme importance for the engineering were brought forward. A new branch of disciplinary course called Metallurgical Process Engineering was developed in China in recent decades.

Written by Xu Anjun, Qu Ying, He Dongfeng

Development of Metallurgical Plant Design

As one of the secondary subdivisions of metallurgical engineering studies, targeted at metallurgical plant design, the studies of metallurgical plant design integrate and apply the research results of metallurgical engineering foundational science, technology science and engineering science, and in turn achieve an engineering approach. This branch of studies has, as its basis, metallurgical process engineering, metallurgical processes integration theory & method and engineering philosophy, and has achieved certain international influence.

China has already possessed the expertise of process design, plant design and equipment design as well as the technical know–how of system integration for modern large–scale steel plants, and it has created and put into application a dynamic–precision engineering system. A new generation of circulating steel plant, advanced by international standard, is designed and built. These metallurgical plants feature significantly high–efficient process, intensive production, large–scale equipment, etc. With the development of these metallurgical plants, a system of engineering philosophy, theory and method for metallurgical plant is established. And at the same time, significant breakthroughs in key–unit metallurgical technology and engineering integration are made; a series of scientific–technological achievements in various technical fields of key technologies, common technologies and significant technologies are acquired, providing effective support to the theory development and practice of the studies of metallurgical plant design. With these efforts, the beginning of new century has witnessed good achievements of plant engineering for newly–built plants and technical modernization projects.

The advantage of metallurgical plant design in China lies in its innovation in integration. However, comparisons with other technical giants abroad show that there exist still gaps in research and development of core technologies, 3–D simulating CAD, innovation of design method, etc.

In the coming period, the metallurgical process engineering and the theory and method of dynamic–precision should be centered, to establish a comprehensive system of philosophy, theory and design method for metallurgical plant design innovation. In its continuous efforts to keep the current advantage in theoretical exploration, China should work to narrow the gaps, in general, in information technology application, especially in 3–D dynamic simulation design, and at the same time, strive to obtain one or two research achievements that have international leading edge.

Written by Zhang Fuming, Jie Jianxin, Zhou Songming, Li Chuanmin

索 引

H

J

K

L

M

N

Q

R

S

T

W

X

Y

Z